教育部高等学校电子信息类专业教学指导委员会规划教材
高等学校电子信息类专业系列教材

The Introduction and Application Examples on Digital
System Design with Verilog HDL

Verilog HDL数字系统
设计入门与应用实例

王忠礼　主编
Wang Zhongli

王秀琴　**夏洪洋**　副主编
Wang Xiuqin　Xia Hongyang

U0284057

清华大学出版社
北京

内 容 简 介

本书系统地介绍了硬件描述语言 Verilog HDL 以及数字系统设计的相关知识,主要内容包括 EDA 技术、FPGA/CPLD 器件、Verilog HDL 基础知识以及设计实例、基于 FPGA/CPLD 数字系统设计实例。书中各章都配备了思考与练习题。

本书以应用为主,突出实践性,结构严谨,书中的实例新颖、典型。本书适合作为电子信息工程、通信工程、电子信息科学与技术、自动化、电气工程等电子与电气类相关专业本科教材和研究生参考书,同时也可供电路设计和系统开发工程技术人员学习参考。

图书在版编目(CIP)数据

Verilog HDL 数字系统设计入门与应用实例/王忠礼主编. —北京:清华大学出版社,2019(2024.8重印)
(高等学校电子信息类专业系列教材)
ISBN 978-7-302-51130-4

Ⅰ. ①V… Ⅱ. ①王… Ⅲ. ①VHDL 语言－程序设计－高等学校－教材 Ⅳ. ①TP312

中国版本图书馆 CIP 数据核字(2018)第 200441 号

责任编辑:黄 芝 战晓雷
封面设计:李召霞
责任校对:梁 毅
责任印制:沈 露

出版发行:清华大学出版社
   网 址:https://www.tup.com.cn,https://www.wqxuetang.com
   地 址:北京清华大学学研大厦 A 座   邮 编:100084
   社 总 机:010-83470000   邮 购:010-62786544
   投稿与读者服务:010-62776969,c-service@tup.tsinghua.edu.cn
   质量反馈:010-62772015,zhiliang@tup.tsinghua.edu.cn
   课件下载:https://www.tup.com.cn,010-83470236
印 装 者:三河市龙大印装有限公司
经 销:全国新华书店
开 本:185mm×260mm 印 张:24.75 字 数:601 千字
版 次:2019 年 4 月第 1 版   印 次:2024 年 8 月第 9 次印刷
印 数:8501~10000
定 价:59.50 元

产品编号:078885-01

高等学校电子信息类专业系列教材

序

FOREWORD

我国电子信息产业销售收入总规模在 2013 年已经突破 12 万亿元,行业收入占工业总体比重已经超过 9%。电子信息产业在工业经济中的支撑作用凸显,更加促进了信息化和工业化的高层次深度融合。随着移动互联网、云计算、物联网、大数据和石墨烯等新兴产业的爆发式增长,电子信息产业的发展呈现了新的特点,电子信息产业的人才培养面临着新的挑战。

(1)随着控制、通信、人机交互和网络互联等新兴电子信息技术的不断发展,传统工业设备融合了大量最新的电子信息技术,它们一起构成了庞大而复杂的系统,派生出大量新兴的电子信息技术应用需求。这些"系统级"的应用需求,迫切要求具有系统级设计能力的电子信息技术人才。

(2)电子信息系统设备的功能越来越复杂,系统的集成度越来越高。因此,要求未来的设计者应该具备更扎实的理论基础知识和更宽广的专业视野。未来电子信息系统的设计越来越要求软件和硬件的协同规划、协同设计和协同调试。

(3)新兴电子信息技术的发展依赖于半导体产业的不断推动,半导体厂商为设计者提供了越来越丰富的生态资源,系统集成厂商的全方位配合又加速了这种生态资源的进一步完善。半导体厂商和系统集成厂商所建立的这种生态系统,为未来的设计者提供了更加便捷却又必须依赖的设计资源。

教育部 2012 年颁布了新版《高等学校本科专业目录》,将电子信息类专业进行了整合,为各高校建立系统化的人才培养体系,培养具有扎实理论基础和宽广专业技能的、兼顾"基础"和"系统"的高层次电子信息人才给出了指引。

传统的电子信息学科专业课程体系呈现"自底向上"的特点,这种课程体系偏重对底层元器件的分析与设计,较少涉及系统级的集成与设计。近年来,国内很多高校对电子信息类专业课程体系进行了大力度的改革,这些改革顺应时代潮流,从系统集成的角度,更加科学合理地构建了课程体系。

为了进一步提高普通高校电子信息类专业教育与教学质量,贯彻落实《国家中长期教育改革和发展规划纲要(2010—2020 年)》和《教育部关于全面提高高等教育质量若干意见》(教高【2012】4 号)的精神,教育部高等学校电子信息类专业教学指导委员会开展了"高等学校电子信息类专业课程体系"的立项研究工作,并于 2014 年 5 月启动了《高等学校电子信息类专业系列教材》(教育部高等学校电子信息类专业教学指导委员会规划教材)的建设工作。其目的是为推进高等教育内涵式发展,提高教学水平,满足高等学校对电子信息类专业人才培养、教学改革与课程改革的需要。

本系列教材定位于高等学校电子信息类专业的专业课程,适用于电子信息类的电子信息工程、电子科学与技术、通信工程、微电子科学与工程、光电信息科学与工程、信息工程及其相近专业。经过编审委员会与众多高校多次沟通,初步拟定分批次(2014—2017 年)建设约 100 门课程教材。本系列教材将力求在保证基础的前提下,突出技术的先进性和科学的前沿性,体现创新教学和工程实践教学;将重视系统集成思想在教学中的体现,鼓励推陈出新,采用"自顶向下"的方法编写教材;将注重反映优秀的教学改革成果,推广优秀的教学经验与理念。

为了保证本系列教材的科学性、系统性及编写质量,本系列教材设立顾问委员会及编审委员会。顾问委员会由教指委高级顾问、特约高级顾问和国家级教学名师担任,编审委员会由教育部高等学校电子信息类专业教学指导委员会委员和一线教学名师组成。同时,清华大学出版社为本系列教材配置优秀的编辑团队,力求高水准出版。本系列教材的建设,不仅有众多高校教师参与,也有大量知名的电子信息类企业支持。在此,谨向参与本系列教材策划、组织、编写与出版的广大教师、企业代表及出版人员致以诚挚的感谢,并殷切希望本系列教材在我国高等学校电子信息类专业人才培养与课程体系建设中发挥切实的作用。

吕志伟 教授

前 言
PREFACE

党的二十大报告强调"必须坚持科技是第一生产力、人才是第一资源、创新是第一动力，深入实施科教兴国战略、人才强国战略、创新驱动发展战略，开辟发展新领域新赛道，不断塑造发展新动能新优势"。

随着电子技术、计算机应用技术的不断发展，现代数字系统的设计思想、设计方法以及实现方式都进入了崭新的阶段。这一变化促使电子设计自动化（EDA）技术快速发展，很多公司推出各类高性能的 EDA 工具，同时也促使高性能 FPGA/CPLD 器件出现。FPGA/CPLD 器件具有功能强大、开发周期短、投资小、便于修改等优点，已经成为硬件设计的首选器件。Verilog HDL 是 IEEE 标准的硬件描述语言，无论是电子设计工程师还是高等院校的学生都应该熟练掌握它，以提高工作效率。本书的主要内容就是把 FPGA/CPLD 器件、高性能的 EDA 工具和 Verilog HDL 三者结合起来，以实现现代数字系统的设计。

本书共分 12 章。第 1 章对 EDA 技术以及数字系统的设计方法和流程进行介绍。第 2 章首先对可编程逻辑器件进行综述，然后介绍 FPGA/CPLD 器件的结构、工作原理和主流产品。第 3 章介绍 QuartusⅡ 的基本操作、设计输入、设计处理、时序分析和层次设计。第 4 章是 ModelSim 使用指南。第 5 章介绍 Verilog HDL 的基本语法、模块结构和基本语句等内容。第 6 章介绍数字电路的仿真与测试等内容。第 7 章介绍 Verilog HDL 的描述风格、进程和层次设计。第 8 章和第 9 章分别介绍了组合逻辑电路和时序逻辑电路的程序设计。第 10 章介绍有限状态机的设计。第 11 章介绍数字系统设计实例，包括数字跑表、交通灯控制器、自动售货机、采样控制模块、可控脉冲发生器的设计。第 12 章介绍基于 FPGA 数字系统设计实例。

本书从实用的角度出发，紧密联系教学实际，语法介绍简明清晰，实例内容丰富，重点突出。各章均附有思考与练习，建议读者在学完一章内容以后认真完成本章的练习，以加深和巩固所学的知识。相信本书会为读者的学习和工作带来一定的帮助。

本书可以作为高等院校电子信息工程、通信工程、电子信息科学与技术、自动化、电气工程等电子与电气类相关专业本科教材和研究生参考书，同时也可供电路设计和系统开发工程技术人员学习参考。

本书第 1、2 章由陈晓洁编写，第 3、4 章和附录 C 由赵金宪编写，第 5、6、7 章由王秀琴编写，第 8、9、10 章和附录 A、B、D 由王忠礼编写，第 11、12 章由夏洪洋编写。

在本书的编写过程中，北华大学的马惜平老师、黑龙江科技大学的江晓林、刘付刚老师对书稿提出了宝贵的建议和意见，编者在此表示由衷的感谢！

由于编者水平有限，书中难免存在疏漏，敬请广大读者批评指正。

编 者
2018 年 12 月

目 录
CONTENTS

绪　　论

1.1　EDA 技术的发展概况

电子设计自动化(Electronic Design Automation,EDA)是指利用计算机完成电子系统的设计。EDA 技术是以计算机和微电子技术为先导,汇集了计算机图形学、拓扑、逻辑学、微电子工艺与结构学和计算数学等多种计算机应用学科最新成果的先进技术。

EDA 技术以计算机为工具,代替人完成数字系统的逻辑综合、布局布线和设计仿真等工作。设计人员只需要完成对系统功能的描述,就可以由计算机软件进行处理,得到设计结果,而且修改设计如同修改软件一样方便,可以极大地提高设计效率。

从 20 世纪 60 年代中期开始,人们就不断开发出各种计算机辅助设计工具来帮助设计人员进行电子系统的设计。电路理论和半导体工艺水平的提高,对 EDA 技术的发展起了巨大的推进作用,使 EDA 的作用范围从 PCB 板设计延伸到电子线路和集成电路设计,直至整个系统的设计,也使 IC 芯片系统应用、电路制作和整个电子系统生产过程都集成在一个环境中。根据电子设计技术的发展特征,EDA 技术发展大致分为 3 个阶段。

1. CAD 阶段(20 世纪 60 年代中期～20 世纪 80 年代初期)

这一阶段的特点是出现了一些单独的工具软件,主要有 PCB(Printed Circuit Board)布线设计、电路模拟、逻辑模拟及版图的绘制等,通过计算机的使用,将设计人员从大量烦琐重复的计算和绘图工作中解脱出来。例如,目前常用的 Protel 早期版本 Tango、用于电路模拟的 SPICE 软件和后来产品化的 IC 版图编辑与设计规则检查系统等软件,都是这个阶段的产品。这个时期的 EDA 一般称为 CAD(Computer Aided Design,计算机辅助设计)。

20 世纪 80 年代初,随着集成电路规模的增大,EDA 技术有了较快的发展。许多软件公司如 Mentor Daisy System 及 Logic System 等进入市场,开始供应带电路图编辑工具和逻辑模拟工具的 EDA 软件。这个时期的软件主要针对产品开发,在设计、分析、生产和测试等不同阶段分别使用不同的软件包。每个软件只能完成其中的一项工作,通过按顺序循环使用这些软件,可完成设计的全过程。但这样的设计过程存在两个方面的问题:第一,由于各个工具软件是由不同的公司和专家开发的,只解决一个领域的问题,若将一个工具软件的输出作为另一个工具软件的输入,就需要人工处理,过程很烦琐,影响设计速度;第二,对于复杂电子系统的设计,当时的 EDA 工具由于缺乏系统级的设计考虑,不能提供系统级的仿真与综合,设计错误如果在开发后期才被发现,将给修改工作带来极大不便。

2. CAE 阶段(20 世纪 80 年代初期~20 世纪 90 年代初期)

这个阶段在集成电路与电子设计方法学以及设计工具集成化方面取得了许多成果。各种设计工具,如原理图输入、编译与连接、逻辑模拟、测试码生成、版图自动布局以及各种单元库已齐全。由于采用了统一的数据管理技术,因而能将各个工具集成为一个 CAE (Computer Aided Engineering,计算机辅助工程)系统。按照设计方法学制定的设计流程,可以实现从设计输入到版图输出的全程设计自动化。这个阶段主要采用基于单元库的半定制设计方法,采用门阵列和标准单元设计的各种 ASIC(Application Specific Integrated Circuits)得到了极大的发展,将集成电路工业推入了 ASIC 时代。多数系统中集成了 PCB 自动布局布线软件以及热特性、噪声、可靠性等分析软件,进而可以实现电子系统设计自动化。

3. EDA 阶段(20 世纪 90 年代以来)

20 世纪 90 年代以来,微电子技术以惊人的速度发展,其工艺水平达到深亚微米级,在一个芯片上可集成数百万乃至上千万只晶体管,工作速度可达吉赫级,这为制造出规模更大、速度更快和信息容量更大的芯片系统提供了条件,但同时也对 EDA 系统提出了更高的要求,并促进了 EDA 技术的发展。此阶段主要出现了以高级语言描述、系统仿真和综合技术为特征的第三代 EDA 技术,不仅极大地提高了系统的设计效率,而且使设计人员摆脱了大量的辅助性及基础性工作,将精力集中于创造性的方案与概念的构思上。

下面简单介绍这个阶段 EDA 技术的主要特征。

(1) 高层综合(High Level Synthesis,HLS)的理论与方法取得较大进展,将 EDA 设计层次由 RTL 级提高到了系统级(又称行为级),并划分为逻辑综合和测试综合。逻辑综合就是对不同层次和不同形式的设计描述进行转换,通过综合算法,以具体的工艺背景实现高层目标所规定的优化设计;通过设计综合工具,可将电子系统的高层行为描述转换到低层硬件描述和确定的物理实现,使设计人员无须直接面对低层电路,不必了解具体的逻辑器件,从而把精力集中到系统行为建模和算法设计上。测试综合是以设计结果的性能为目标的综合方法,以电路的时序、功耗、电磁辐射和负载能力等性能指标为综合对象。测试综合是保证电子系统设计结果能够稳定可靠工作的必要条件,也是对设计进行验证的有效方法,其典型工具有 Synopsys 公司的 Behavioral Compiler 以及 Mentor Graphics 公司的 Monet 和 Renoir。

(2) 采用 HDL(Hardware Description Language,硬件描述语言)来描述 10 万门以上的设计,并形成了 VHDL(Very High Speed Integrated Circuit HDL,超高速集成电路硬件描述语言)和 Verilog HDL 两种标准硬件描述语言。它们均支持不同层次的描述,使得复杂集成电路的描述规范化,便于传递、交流、保存与修改,也便于重复使用。它们多应用于 FPGA/CPLD/EPLD 的设计中。大多数 EDA 软件都兼容这两种标准。

(3) 采用平面规划(floor planning)技术对逻辑综合和物理版图设计进行联合管理,做到了在逻辑综合早期设计阶段就考虑到物理设计信息的影响。通过这些信息,设计者能更进一步进行综合与优化,并保证所做的修改只会提高性能而不会对版图设计带来负面影响。这在深亚微米级布线延时已成为主要延时的情况下,对加速设计过程的收敛与成功是有所帮助的。在 Synopsys 和 Cadence 等公司的 EDA 系统中均采用了这项技术。

(4) 可测性综合设计。随着 ASIC 的规模与复杂性的提升,测试难度和费用急剧增大,由此产生了将可测性电路结构制作在 ASIC 芯片上的想法,于是开发了扫描插入、BIST(Built-In Self Test,内建自测试)、边界扫描等可测性设计(Design For Testability,DFT)工具,并已集成到 EDA 系统中。其典型产品有 Compass 公司的 Test Assistant 和 Mentor Graphics 公司的 LBLST Architect、BSD Architect、DFT Advisor 等。

(5) 为带有嵌入 IP(Intellectual Property,知识产权)模块的 ASIC 设计提供软硬件协同系统设计工具。协同验证弥补了硬件设计和软件设计流程之间的空隙,保证了软硬件之间的同步协调工作。协同验证是当今系统集成的核心,它以高层系统设计为主导,以性能优化为目标,融合逻辑综合、性能仿真、形式验证和可测性设计。其典型产品有 Mentor Graphics 公司的 Seamless CAV。

IP 核是知识产权核或知识产权模块,用于 ASIC 或 FPGA/CPLD 中预先设计好的电路功能模块。IP 在 EDA 技术开发中具有十分重要的地位,按照与 EDA 技术的关系分为软 IP、固 IP、硬 IP。软 IP 是用 Verilog HDL 等硬件描述语言描述的功能块,并不涉及用什么具体电路元件来实现这些功能。固 IP 是完成了综合的功能块,具有较大的设计深度,以网表文件的形式提交客户使用。硬 IP 提供设计的最终阶段产品——掩模。

(6) 建立并行设计工程(Concurrent Engineering,CE)框架结构的集成化设计环境,以适应当今 ASIC 的如下一些特点:数字与模拟电路并存,硬件与软件设计并存,产品上市速度必须快。在这种集成化设计环境中,使用统一的数据管理系统与完善的通信管理系统,由若干相关的设计小组共享数据库和知识库,并行地进行设计,而且在各种平台之间可以平滑过渡。

1.2　设计方法和设计流程

1.2.1　设计方法

1. 传统的系统硬件电路设计方法

在 EDA 出现以前,人们采用传统的硬件电路设计方法来设计系统。传统的硬件电路采用自下而上(bottom up)的设计方法。其主要步骤是:根据系统对硬件的要求,详细地编制技术规格书,并画出系统控制流图;然后根据技术规格书和系统控制流图,对系统的功能进行划分,合理地划分功能模块,并画出系统功能框图;接着就是进行各功能模块的细化和电路设计;各功能模块电路设计调试完毕以后,将各功能模块的硬件电路连接起来,再进行系统的调试;最后完成整个系统的硬件电路设计。例如,在一个系统中,其中一个功能模块是十进制计数器。设计的第一步是选择逻辑元器件,由数字电路的知识可知,可以用与非门、或非门、D 触发器、JK 触发器等基本逻辑元器件来构成一个计数器。设计人员根据电路的简单程序,价格是否合理,购买和使用的方便性及各自的习惯来选择元器件。第二步是进行电路设计,画出状态转换图,写出触发器的真值表,按逻辑函数将元器件连接起来,这样计数器模块的设计就完成了。系统的其他模块也按照此方法进行设计,在完成所有硬件模块设计后,再将各模块连接起来进行调试,如有问题则进行局部修改,直至系统调试完毕。

从上述过程可以看到,系统硬件的设计是从选择具体逻辑元器件开始的,并用这些元器件进行逻辑电路设计,完成系统各独立功能模块设计,然后再将各功能模块连接起来,从而完成整个系统的硬件设计。上述过程从最底层设计开始,到最高层设计完毕,故将这种设计方法称为自下而上的设计方法。

传统自下而上的硬件电路设计方法的主要特征如下所述。

(1) 采用通用的逻辑元器件。设计者根据需要,选择市场上能买得到的元器件,如54/74系列,来构成所需要的逻辑电路。随着微处理器的出现,系统的部分硬件电路功能可以用软件来实现,这在很大程度上简化了系统硬件电路的设计。但是,选择通用的元器件来构成系统硬件电路的方法并未改变。

(2) 在系统硬件设计的后期进行仿真和调试。系统硬件设计好以后才能进行仿真和调试,进行仿真和调试的仪器一般为系统仿真器、逻辑分析仪和示波器等。由于系统设计时存在的问题只有在后期才能发现,一旦考虑不周,系统设计存在缺陷,就需要重新设计系统,使得设计费用和周期大大增加。

(3) 主要设计文件是电路原理图。在设计调试完毕后,形成的硬件设计文件主要是由若干张电路原理图构成的。在电路原理图中详细标注了各逻辑元器件的名称和相互间的信号连接关系。该文件是用户使用和维护系统的依据。如果是小系统,这种电路原理图只要几十张、几百张就可以了;但是,如果系统很复杂,那么就可能需要几千张、几万张甚至几十万张。如此多的电路原理图给归档、阅读、修改和使用都带来了极大的不便。

传统的自下而上的硬件电路设计方法已经沿用了几十年,随着计算机技术、大规模集成电路技术的发展,这种设计方法已落后于当今技术的发展。一种崭新的自上而下的设计方法已经兴起,它为硬件电路设计带来了重大的变革。

2. 新兴的 EDA 硬件电路设计方法

随着各种新兴的 EDA 工具开始出现,特别是 HDL 的出现和可编程逻辑器件的发展,使得传统的硬件电路设计方法发生了巨大的变化,新兴的 EDA 设计方法采用了自上而下(top down)的设计方法。所谓自上而下的设计方法,就是从系统总体要求出发,从最高层设计开始,逐步将设计内容细化,最后完成系统硬件的整体设计。

各公司的 EDA 工具基本上都支持两种标准的 HDL,分别是 VHDL 和 Verilog HDL。利用 HDL 对系统硬件电路的自上而下设计一般分为 3 个层次,自上而下设计系统硬件的过程如图 1-1 所示。

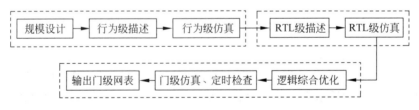

图 1-1　自上而下设计系统硬件的过程

第一层为行为级描述,它是对整个系统的数学模型的描述。一般来说,对系统进行行为级描述的目的是试图在系统设计的初始阶段,通过对系统行为级描述的仿真来发现系统设计中存在的问题。在行为级描述阶段,并不真正考虑其实际的操作和算法用什么方法来实现,考虑更多的是系统的结构及其工作过程是否能达到系统设计规格书的要求,其设计与器件工艺无关。

第二层是 RTL 级描述(又称数据流描述)。用第一层的行为级描述的系统结构程序是很难直接映射到具体逻辑元件结构的,要想得到硬件的具体实现,必须针对某一特定的逻辑综合工具将行为级描述的 HDL 程序转换成 RTL 级描述,然后导出系统的逻辑表达式,再用仿真工具对 RTL 级描述的程序进行仿真。如果仿真通过,就可以利用逻辑综合工具进行综合了。

第三层是逻辑综合。利用逻辑综合工具,可将 RTL 级描述的程序转换成用基本逻辑元件表示的文件(门级网表),也可将综合结果以逻辑原理图方式输出,也就是说逻辑综合结果相当于在人工设计硬件电路时,根据系统要求画出了系统的逻辑电原理图。此后再对逻辑综合结果在门电路级上进行仿真,并检查定时关系。如果一切正常,那么系统的硬件设计基本结束;如果在某一层上仿真的发现问题,就应返回上一层,寻找和修改相应的错误,然后再向下继续未完的工作。

由逻辑综合工具产生门级网表后,在最终完成硬件设计时,还可以有两种选择:一种是由自动布线程序将网表转换成相应的 ASIC 芯片的制造工艺,定制 ASIC 芯片;另一种是将网表转换成相应的 PLD 编程码点,利用 PLD 完成硬件电路的设计。EDA 自上而下的设计方法具有以下主要特点:

(1)电路设计更趋合理。硬件设计人员在设计硬件电路时使用 PLD 器件,就可自行设计所需的专用功能模块,而无须受通用元器件的限制,从而使电路设计更趋合理,其体积和功耗也可大为缩小。

(2)采用系统早期仿真。在自上而下的设计过程中,每一层都进行仿真,从而可以在系统设计早期发现设计中存在的问题,这样就可以大大缩短系统的设计周期,降低费用。

(3)降低了硬件电路设计难度。在使用传统的硬件电路设计方法时,往往要求设计人员在设计电路前写出该电路的逻辑表达式和真值表(或时序电路的状态表),然后进行化简等,这一工作是相当困难和繁杂的,特别是在设计复杂系统时,工作量大,也容易出错。采用 HDL 语言,就可免除编写逻辑表达式或真值表的过程,使设计难度大幅度下降,从而也缩短了设计周期。

(4)主要设计文件是用 HDL 编写的源程序。在传统的硬件电路设计中,最后形成的主要文件是电原理图。而采用 HDL 设计系统硬件电路时,主要的设计文件是用 HDL 编写的源程序。如果需要,也可以将 HDL 编写的源程序转换成电原理图形式输出。

用 HDL 编写的源程序作为归档文件有很多好处:一是资料量小,便于保存;二是可继承性好,当设计其他硬件电路时,可以使用文件中的某些库、进程和过程程序;三是阅读方便,阅读程序很容易看出某一硬件电路的工作原理和逻辑关系,而阅读电原理图,推知其工作原理需要较多的硬件知识和经验,而且看起来也不那么一目了然。

1.2.2 设计流程

可编程逻辑器件的设计是指利用 EDA 开发软件和编程工具对器件进行开发的过程。高密度复杂可编程逻辑器件的设计流程如图 1-2 所示,它包括设计准备、设计输入、功能仿真、设计处理、时序仿真、器件编程及器件测试 7 个步骤。

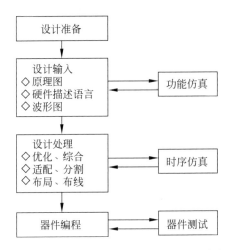

图 1-2 高密度复杂可编程逻辑器件的设计流程

1. 设计准备

在系统设计之前,首先要进行方案论证、系统设计和器件选择等准备工作。设计人员根据任务要求,如系统的功能和复杂度,对工作速度和器件本身的资源、成本及连线的可布性等方面进行权衡,选择合适的设计方案和合适的器件类型。一般采用自上而下的设计方法,也可采用传统的自下而上的设计方法。

2. 设计输入

设计人员将所设计的系统或电路以开发软件要求的某种形式表示出来,并送入计算机的过程称为设计输入。常用的设计输入方法如下所述。

(1) HDL 输入。HDL 输入方式是现今大规模数字集成电路设计的良好形式,除了 IEEE 标准中的 VHDL 与 Verilog HDL 两种形式外,有些 FPGA 厂家也推出了专用语言,如 Quartus 下的 AHDL。HDL 在状态机、控制逻辑、总线功能方面较强,使其描述的电路能在特定综合工具(如 Synopsys 公司的 FPGA Compiler Ⅱ 或 FPGA Express)作用下以具体硬件单元较好地实现。HDL 输入方式具有支持不同层次的描述、不依赖 FPGA 厂家的工艺器件、便于修改、可以用任意的文本编辑器作为输入平台等特点。

(2) 原理图输入。原理图输入在顶层设计、数据通路逻辑、手工最优化电路等方面具有图形化强、单元简洁、功能明确等特点。另外,在 Altera 公司的 Quartus 软件环境下,可以使用 Memory Editor 对内部存储器进行直接编辑置入数据。

常用方式是以 HDL 为主,以原理图为辅进行混合设计,以发挥二者各自的特色。通常,FPGA 厂商的软件与第三方软件设有接口,可以把第三方设计文件导入进行处理。如 Quartus 与 Foundation 都可以把 EDIF 网表作为输入网表而直接进行布局布线,布局布线后,可再将生成的相应文件交给第三方软件进行后续处理。

(3) 波形输入和状态机输入。这是两种常用的辅助设计输入方法。使用波形输入法时,只要绘制激励波形和输出波形,EDA 软件就能自动地根据响应关系进行设计;使用状态机输入法时,设计者只要画出状态转换图,EDA 软件就能生成响应的 HDL 代码或者原理图,使用起来十分方便。但是需要指出的是,波形输入和状态机输入方法只能在某些特殊情况下减少设计者的工作量,并不适合所有的设计。

3. 功能仿真

完成设计输入后,经 HDL 编辑器检查没有语法错误,即可通过仿真软件验证其功能是否符合系统规范,这一阶段的验证称为前仿真、功能仿真或行为仿真。通过仿真能及时发现设计中的错误,加快设计进度,提高设计的可靠性。需要强调的是,前仿真仅对逻辑功能进行测试模拟,以了解其实现的功能是否满足设计要求,仿真过程没有加入时序信息,不涉及具体器件的硬件特性,如延时特性。仿真结果将会生成报告文件和输出信号波形,从中便可以观察到各个节点的信号变化。如果发现错误,则返回设计输入步骤修改逻辑设计。

4. 设计处理

设计处理是器件设计中的核心环节。在设计处理过程中,编译软件将对设计输入文件进行逻辑化简、综合优化和适配,最后产生编程用的编程文件。

1) 语法检查和设计规则检查

设计输入完成后,首先进行语法检查,如检查原理图中有无漏连信号线,信号有无双重来源,文本输入文件中关键字有无输入错误等各种语法错误,并返回错误信息报告供设计人员修改,然后进行设计规则检验,检查总的设计有无超出器件资源或规定的限制,并返回编译报告,指明违反规则的情况以供设计人员纠正。

2) 逻辑优化和综合

逻辑优化和综合是根据设计功能和实现该设计的约束条件(如面积、速度、功耗和成本等),将设计描述变换成满足要求的电路设计方案。也就是说,被综合的文件如果是 HDL 文件(或其他相应文件),综合的依据是逻辑设计的描述和各种约束条件,综合的结果是一个硬件电路的实现方案,而该方案必须同时满足预期的功能和约束条件。满足要求的方案可能有很多,综合器将产生一个最优的或接近最优的结果。因此,综合的过程也就是设计目标的优化过程,最后获得的结构与综合工具的工作性能有关。这个阶段产生网表,供布局布线使用,网表中包含了目标器件中的逻辑元件和互连的信息。

综合的过程实质就是将较高层次的设计描述自动转化为较低层次的描述的过程。综合有下面几种形式。

(1) 将算法表示、行为级描述转换为 RTL 级描述,即从行为描述到结构描述,称为行为综合。

(2) 将 RTL 级描述转换到逻辑门级(可包括触发器),称为逻辑综合。

(3) 将逻辑门表示转换到版图表示,或转换到 PLD 的配置网表表示,称为版图综合或结构综合。根据版图信息能够进行 ASIC 生产,有了配置网表即可完成基于 PLD 器件的系统实现。

综合器是能够自动实现上述转换的软件工具,或者说,综合器是能够将原理图或 HDL 表达或描述的电路功能转化为具体的电路网表结构的工具。

HDL 综合器和软件程序编译器有本质的区别,两者的区别如图 1-3 所示。软件程序编译器是将 C 语言或汇编语言等编写的程序编译为 0、1 代码流,而 HDL 综合器则是将用 HDL 编写的程序代码转化为具体的电路网表结构。

3) 适配和分割

首先确立优化以后的逻辑能否与器件中的宏单元和 I/O 单元适配,然后将设计分割为多个便于识别的逻辑小块形式映射到器件相应的宏单元中。如果整个设计较大,不能装入

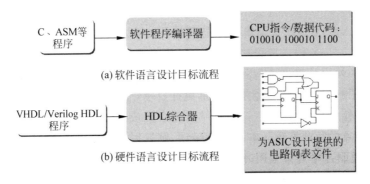

图 1-3　HDL综合器和软件程序编译器的区别

一个器件时,则可以将整个设计划分(分割)成多块,并装入同一系列的多个器件中去。分割可全自动、部分自动或全部由用户控制,目的是使器件数目最少,器件之间通信的引脚数目最少。

4)布局和布线

布局和布线工作是在上面的设计工作完成后由软件自动完成的,它以最优的方式对逻辑元件进行布局,并准确地实现元件间的互连。布线以后软件自动生成报告,提供相关设计中各部分资源的使用情况等信息。

5. 时序仿真

在布局和布线完成后,提取有关器件延时、连线延时等时序参数(在反标注文件中),在此基础上进行的仿真称为后仿真,也称为时序验证。它是最接近真实器件运行的仿真。时序验证的目的是为了检查设计中是否有时序上的违规。由于不同器件的内部延时不一样,不同的布局布线方案也给延时造成不同的影响,因此在设计处理以后,对系统和各模块进行时序仿真,分析其时序关系,估计设计的性能,以及检查和消除竞争冒险等是非常有必要的。实际上这也是与实际器件工作情况基本相同的仿真。

另外,在布局布线后,也要对实际布局布线的功能块延时和实际布线延时进行静态时序分析。静态时序分析可以说是整个FPGA设计中最重要的步骤,它允许设计者详尽地分析所有关键路径并得出一个有次序的报告,而且报告中含有其他调试和时序,以便计算各通路性能,识别可靠的踪迹,检测建立和保持时间的配合。

6. 器件编程和测试

时序仿真完成后,软件就可产生供器件编程使用的数据文件。对EPLD/CPLD来说,是产生熔丝图文件,即JED文件;对FPGA来说,是产生位流数据文件(bit stream generation),然后将编程数据放到对应的具体可编程器件中去。

器件编程需要满足一定的条件,如编程电压、编程时序和编程算法等。普通的EPLD/CPLD器件和一次性编程的FPGA需要专用的编程器来完成器件的编程工作。基于SRAM的FPGA可以由EPROM或其他存储体进行配置。在线可编程的PLD器件不需要专门的编程器,只要一根编程下载电缆就可以了。

在器件编程完毕后,可以用编译时产生的文件对器件进行校验、加密等工作。对于支持JTAG技术,具有边界扫描测试(Boundary Scan Testing,BST)能力和在线编程能力的器件来说,测试起来就更加方便。

1.3 主要的 EDA 开发软件及厂家

全球 EDA 厂商有近百家,大体可分两类:一类是 EDA 专业软件公司,较著名的有 Mentor Graphics、Cadence Design Systems、Synopsys、Viewlogic Systems 等;另一类是半导体器件厂商,他们为了销售自己的产品而开发 EDA 工具,较著名的公司有 Altera、Xilinx、AMD 和 Lattice 等。EDA 专业软件公司独立于半导体器件厂商,推出的 EDA 系统具有较好的标准化和兼容性,也比较注重追求技术上的先进性,适合学术性基础研究单位使用。而半导体厂商开发的 EDA 工具能针对其器件的工艺特点做出优化设计,以提高资源利用率,降低功耗,改善性能,比较适合产品开发单位使用。在 EDA 技术发展策略上,EDA 专业软件公司面向应用,提供 IP 模块和相应的设计服务;而半导体厂商则采取器件生产、设计服务和 IP 模块提供三位一体的战略。

1.3.1 主要的 EDA 厂家

1. Altera 公司

Altera 公司是可编程片上系统(System-On-a-Programmable Chip,SOPC)解决方案的倡导者,Altera 公司结合带有软件工具的可编程逻辑技术、知识产权(IP)和技术服务,在世界范围内为客户提供高质量的可编程解决方案。

由 Altera 公司提供的开发 FPGA/CPLD 的集成化设计环境 Quartus Ⅱ,易学易用,其可视化、集成化设计环境等优点为大家所认可,设计输入、仿真、编译、综合、布局布线和下载都可以使用这个集成环境来完成。Quartus Ⅱ 支持 Altera 公司推出的所有最新的 FPGA 器件,提供了一种与结构无关的设计环境,用户只需要使用自己熟悉的开发工具,通过软件提供的各种输入方式进行编译、仿真和综合,便可设计出需要的可编程逻辑器件。而且 Quartus Ⅱ 软件还提供了 SOPC 设计的一个综合开发环境,包括系统级设计、嵌入式软件开发、可编程逻辑器件设计。SOPC Builder 配合 Quartus Ⅱ,可以完成集成 CPU 的 FPGA 芯片的开发工作。DSP Builder 是 Quartus Ⅱ 与 MATLAB 的接口,可以利用 IP 核在 MATLAB 中快速完成数字信号处理的仿真和最终 FPGA 实现。

Altera 公司的主流 FPGA 产品分为 3 类:一是低成本 FPGA,面向中低端应用,如 Cyclone 系列;二是高性能 FPGA,面向高端应用,如 Stratix 系列;三是主要用于对成本和功耗敏感的收发器以及嵌入式应用的产品,如 Arria Ⅱ 系列。

2. Xilinx 公司

Xilinx(赛灵思)公司是全球领先的可编程逻辑完整解决方案的供应商,研发、制造并销售范围广泛的高级集成电路、软件设计工具以及作为预定义系统级功能的 IP 核。Xilinx ISE 设计套件为嵌入式、DSP 和逻辑设计人员提供了 FPGA 设计工具,以及在 IP 产品方面确立了业界新标准。Xilinx 公司的主流 FPGA 分为两大类:一类侧重低成本应用,容量中等,可以满足一般的逻辑设计要求,如 Spartan 系列;侧重高性能应用,容量大,能满足各类高端应用,如 Virtex 系列。用户可以根据自己的实际应用,在性能可以满足的情况下,优先选择低成本的器件。

3. Lattice 公司

Lattice 是 ISP(In-System Programmable,在系统可编程)技术的发明者,ISP 技术极大地促进了 PLD 产品的发展。Lattice 公司在 PLD 领域发展多年,拥有众多产品系列,是世界第三大可编程逻辑器件供应商。目前 Lattice 公司主流的 FPGA 产品分为两大类:非易失 XP/XP2 系列 FPGA 和 ECP2M/ECP3 高性价比 FPGA。

1.3.2 主要的 EDA 开发软件

根据设计流程和功能,EDA 工具又可以分为设计输入工具、综合工具、仿真工具、实现与优化工具、后端辅助工具、验证与调试工具和系统级设计环境 7 类。

(1) 设计输入工具。这是任何一种 EDA 软件必须具备的基本功能。如 Cadence 公司的 Composer、Viewlogic 公司的 Viewdraw,VHDL、Verilog HDL 是主要设计语言,许多设计输入工具都支持 HDL(如 Multisim 等)。另外,像 Active-HDL 和其他的设计输入方法,包括原理和状态机输入方法,以及设计 FPGA/CPLD 的工具大都可作为 IC 设计的输入手段。

(2) 综合工具。综合工具可以把 HDL 变成门级网表。这方面 Synopsys 工具占有较大的优势。主流的综合工具包括 Synplify 公司的 Synplify/Synplify Pro、Synopsys 公司的 FPGA Compiler Ⅱ/Express、Exemplar Logic 公司的 LeonardoSpectrum 等。

(3) 仿真工具。几乎每个公司的 EDA 产品都有仿真工具。Verilog-XL、NC-Verilog 用于 Verilog HDL 仿真,Leapfrog 用于 VHDL 仿真,Analog Artist 用于模拟电路仿真。Viewlogic 的仿真器有 viewsim 门级电路仿真器、speedwave VHDL 仿真器、VCS-Verilog 仿真器。Mentor Graphics 有其子公司 Model Tech 出品的 VHDL 和 Verilog 双仿真器 ModelSim。Cadence、Synopsys 用的是 VSS(VHDL 仿真器)。现在的趋势是各大 EDA 公司都逐渐采用 ModelSim。此外,Aldec 公司的 Active-HDL 也有相当广泛的用户群。

(4) 实现与优化工具。这类工具包含的面比较广。Quartus Ⅱ 集成的实现工具主要有 Assignment Editor(约束编辑器)、LogicLock(逻辑锁定工具)、PowerFit Fitter(布局布线器)、Timing Analyzer(时序分析器)、Floorplan Editor(布局规划编辑器)、Chip Editor(芯片编辑器)、Design Space Explorer(设计空间管理器)和 Design Assistant(设计助手,用于检查设计可靠性)等。

(5) 后端辅助工具。Quartus Ⅱ 内嵌的后端辅助工具主要有 Assembler(编程文件生成工具)、Programmer(下载配置工具)和 PowerGauge(功耗仿真器)。

(6) 验证调试工具。Quartus Ⅱ 内嵌的调试工具有 SignalTap Ⅱ(在线逻辑分析仪)和 SignalProbe(信号探针),常用的板级仿真验证工具还有 Mentor Tau、Synopsys HSPICE 和 Innoveda BLAST 等。

(7) 系统级设计环境。Quartus Ⅱ 的系统级设计环境主要包括 SOPC Builder(可编程片上系统设计环境)、DSP Builder(内嵌 DSP 设计环境)和 Software Builder(软件开发环境)。

ModelSim 可以说是业界最流行的仿真工具之一,其特点是仿真速度快,精度高,支持 VHDL、Verilog HDL 以及 VHDL 和 Verilog HDL 混合编程的仿真。ModelSim 的 PC 版的仿真速度很快,甚至和工作站版的仿真速度不相上下。

思考与练习

1. EDA 技术的发展经历了哪几个阶段？每一个阶段的特点是什么？
2. 说明新兴的 EDA 硬件电路设计方法和传统的系统硬件电路设计方法的特点。
3. 可编程逻辑器件的设计流程包括哪几个步骤？
4. 简述软 IP、固 IP 和硬 IP 的特点。

## 第 2 章

可编程逻辑器件

2.1 可编程器件概述

随着微电子设计技术与工艺的发展,数字集成电路从电子管、晶体管、中小规模集成电路、超大规模集成电路(VLSI)逐步发展到今天的专用集成电路(ASIC)。ASIC 的出现降低了产品的生产成本,提高了系统的可靠性,缩小了设计的物理尺寸,推动了社会的数字化进程。但是 ASIC 设计周期长、改版投资大、灵活性差等缺陷制约着它的应用范围。硬件工程师希望有一种更灵活的设计方法,根据需要,在实验室就能设计、更改大规模数字逻辑,研制自己的 ASIC 并马上投入使用,这是提出可编程逻辑器件的基本思想。

2.1.1 ASIC 及其分类

ASIC 直译为"专用集成电路",它是面向专门用途的电路,以此区别于标准逻辑(standard logic)、通用存储器、通用微处理器等电路。ASIC 是专门为某一应用领域或某一专门用户需要而设计制造的大规模集成电路或超大规模集成电路,具有体积小、重量轻、功耗低、高性能、高可靠性和高保密性等优点。目前在集成电路领域,ASIC 被认为是用户专用集成电路(customer specific IC),即它是专门为一个用户设计和制造的。换言之,它是根据某一用户的特定要求,能以低研制成本、短交货周期供货的全定制、半定制集成电路。

ASIC 的概念早在 20 世纪 60 年代就有人提出了,但由于当时设计自动化程度低,加上工艺基础、市场和应用条件均不具备,因而没有得到适时发展。进入 20 世纪 80 年代后,随着半导体集成电路的工艺技术、支持技术、设计技术、测试评价技术的发展以及集成度的大大提高,电子整机、电子系统高速更新换代的竞争态势不断加强,为开发周期短、成本低、功能强、可靠性高以及专利性与保密性好的专用集成电路创造了必要而充分的发展条件,并很快形成了用 ASIC 取代中、小规模集成电路来组成电子系统或整机的技术热潮。ASIC 的分类如图 2-1 所示。

1. 模拟 ASIC

除目前传统的运算放大器、功率放大器等电路外,模拟 ASIC 由线性阵列和模拟标准单元组成,与数字 ASIC 相比,它的发展还相当缓慢,其原因是模拟电路的频带宽度、精度、增益和动态范围等暂时还没有一个最佳的办法加以描述和控制。但模拟 ASIC 可减少芯片面

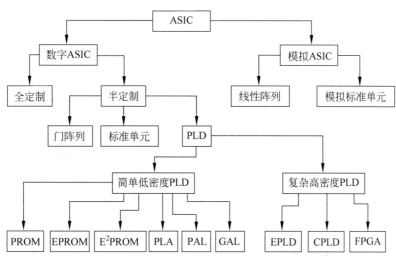

图 2-1　ASIC 的分类

积,提高性能,降低费用,扩大功能,降低功耗,提高可靠性,缩短开发周期,因此其发展也势在必行。科学的发展要求电子系统具有高精度、宽频带、大动态范围的增益和频带实时可变性等性能,因此在技术上要求采用数字和模拟混合的 ASIC,以提高整个电子系统的可靠性。

生产厂家可提供由线性阵列和标准单元构成的运算放大器、比较器、振荡器、无源器件和开关电容滤波器等产品,对标准单元的简单修改仅需几小时,新单元设计只需几天,同电路相匹配的最佳电阻、电容值在几小时内即可获得,并且阵列的使用率高达 100%。

2. 数字 ASIC

1) 全定制 ASIC

全定制(full custom design approach)ASIC 的各层掩模是按特定电路功能专门制造的,设计人员从晶体管的版图尺寸、位置和互连线开始设计,以达到芯片面积利用率高、速度快、功耗低的最优化性能。设计全定制 ASIC,不仅要求设计人员具有丰富的半导体材料和工艺技术知识,还要具有完整的系统和电路设计的工程经验。全定制 ASIC 的设计费用高,周期长,比较适用于大批量的 ASIC 产品,如彩电中的专用芯片。

2) 半定制 ASIC

半定制(semi-custom design approach)ASIC 是一种约束型设计方法,它是在芯片上制作好一些具有通用性的单元元件和元件组的半成品硬件,用户仅需考虑电路逻辑功能和各功能模块之间的合理连接即可。这种设计方法灵活方便,性价比高,缩短了设计周期,提高了成品率。半定制 ASIC 包括门阵列、标准单元和可编程逻辑器件 3 种。

门阵列(gate array)是按传统阵列和组合阵列在硅片上制成具有标准逻辑门的形式,它是不封装的半成品,生产厂家可根据用户要求,在掩模中制作出互连的图案(码点),最后封装为成品,再提供给用户。

标准单元(standard cell)是由 IC 厂家将预先设置好、经过测试且具有一定功能的逻辑块作为标准单元存储在数据库中,包括标准的 TTL、CMOS、存储器、微处理器及 I/O 电路的专用单元阵列。设计人员在电路设计完成之后,利用 CAD 工具在版图一级完成与电路一一对应的最终设计。标准单元设计灵活,功能强,但设计和制造周期较长,开发费用也较高。

可编程逻辑器件是 ASIC 的一个重要分支,是厂家作为一种通用性器件生产的半定制电路,用户可通过对器件编程实现所需要的逻辑功能。PLD 是用户可配置的逻辑器件,它的成本比较低,使用灵活,设计周期短,而且可靠性高,风险小,因而很快得到普遍应用,发展非常迅速。

PLD 从 20 世纪 70 年代发展到现在,已形成了许多类型的产品,其结构、工艺、集成度、速度和性能都在不断改进和提高。PLD 又可分为简单低密度 PLD 和复杂高密度 PLD。最早的 PLD 是 1970 年制成的 PROM(Programmable Read Only Memory),即可编程只读存储器,它由固定的与阵列和可编程的或阵列组成。PROM 采用熔丝工艺编程,只能写一次,不能擦除和重写。随着技术的发展和应用要求,此后又出现了 UVEPROM(紫外线可擦除可编程只读存储器)、E^2PROM(电可擦除可编程只读存储器),由于它们价格低,易于编程,速度低,适合存储函数和数据表格,因此主要用作存储器。典型的 EPROM 有 2716、2732 等。

(1) 可编程逻辑阵列(Programmable Logic Array,PLA)于 20 世纪 90 年代中期出现,它是由可编程的与阵列和可编程的或阵列组成,但由于器件的资源利用率低,价格较贵,编程复杂,支持 PLA 的开发软件有一定难度,因而没有得到广泛应用。

(2) 可编程阵列逻辑(Programmable Array Logic,PAL)器件是 1977 年美国 MMI 公司(单片存储器公司)率先推出的,它由可编程的与阵列和固定的或阵列组成,采用熔丝编程方式,双极性工艺制造,器件的工作速度很高。由于它的输出结构种类很多,设计很灵活,因而成为第一个得到普遍应用的可编程逻辑器件,如 PAL16L8。

(3) 通用阵列逻辑器件(Generic Array Logic,GAL)器件是 1985 年 Lattice 公司最先发明的可电擦写、可重复编程、可设置加密位的 PLD。GAL 在 PAL 的基础上,采用了输出逻辑宏单元形式 E^2CMOS 工艺结构。具有代表性的 GAL 芯片有 GAL16V8、GAL20V8,这两种 GAL 几乎能够仿真所有类型的 PAL 器件。在实际应用中,GAL 器件对 PAL 器件仿真具有 100% 的兼容性,所以 GAL 几乎完全代替了 PAL 器件,并可以取代大部分 SSI、MSI 数字集成电路,如标准的 54/74 系列器件,因而获得广泛应用。

PAL 和 GAL 都属于简单低密度 PLD,结构简单,设计灵活,对开发软件的要求低,但规模小,难以实现复杂的逻辑功能。随着技术的发展,简单 PLD 在集成密度和性能方面的局限性也暴露出来,其寄存器、I/O 引脚、时钟资源的数目有限,没有内部互连,因此包括 EPLD、CPLD 和 FPGA 在内的复杂 PLD 迅速发展起来,并向着高密度、高速度、低功耗以及结构体系更灵活、适用范围更宽广的方向发展。

(4) 可擦除可编程逻辑器件(Erasable PLD,EPLD)是 20 世纪 80 年代中期 Ahera 公司推出的基于 UVEPROM 和 CMOS 技术的 PLD,后来发展到采用 E^2CMOS 工艺制作的 PLD。EPLD 基本逻辑单元是宏单元。宏单元由可编程的与或阵列、可编程寄存器和可编程 I/O 三部分组成。

(5) 复杂可编程逻辑器件(Complex PLD,CPLD)是 20 世纪 80 年代末 Lattice 公司提出了在系统可编程(ISP)技术以后于 20 世纪 90 年代初出现的。CPLD 是在 EPLD 的基础上发展起来的,采用 E^2CMOS 工艺制作,与 EPLD 相比,增加了内部连线,对逻辑宏单元和

I/O 单元也有重大的改进。

（6）现场可编程门阵列（Field Programmable Gate Array,FPGA）器件是 Xilinx 公司于 1985 年首家推出的,它是一种新型的高密度 PLD,采用 CMOS-SRAM 工艺制作。FPGA 的结构与门阵列 PLD 不同,其内部由许多独立的可编程逻辑模块（CLB）组成,逻辑块之间可以灵活地相互连接。

2.1.2 PLD 器件的分类

根据集成度、结构和编程方式,可将 PLD 器件分为以下几类。

1. 按集成度分类

PLD 器件按集成度可分为以下两大类:

（1）简单低密度 PLD 器件主要包括早期出现的 PROM、PLA、PAL 和 GAL 等器件。低密度 PLD 器件集成度一般小于 500 门。

（2）复杂高密度 PLD 器件主要包括现在大量使用的 EPLD、CPLD 和 FPGA 等器件。高密度 PLD 器件集成度一般大于 500 门。

2. 按结构分类

PLD 器件按结构可分为以下两大类:

（1）基于乘积项（product-term）结构的 PLD 器件的基本结构为与或阵列。大部分简单的 PLD 和 CPLD 都属于此类器件。

（2）基于查找表（Look Up Table,LUT）结构的 PLD 器件是由简单的查找表组成可编程门,再构成阵列形式。大多数 FPGA 器件都属于此类器件。

3. 按编程方式分类

PLD 器件按编程方式可分为以下几类:

（1）熔丝（fuse）型。熔丝编程器件在每个编程的互连接点上都有熔丝开关。如果接点需要连接则保留熔丝,接点需要断开则用比工作电流大得多的电流烧断熔丝即可。由于熔丝一旦烧断便不能恢复导通,因此这种方法只能一次编程,而且熔丝开关占芯片面积较大,不利于提高器件集成度。早期的 PROM 属于此类器件。

（2）反熔丝（anti_fuse）型。反熔丝编程器件以反熔丝开关作为编程元件,它的核心是介质,未编程时开关呈现很高的阻抗（例如可用一对反向串联的肖特基二极管构成）,当编程电压加在开关上将介质击穿后,开关则呈现导通状态。PAL 器件属于此类器件。

（3）EPROM 型。采用紫外线擦除、电编程的器件。以较高的编程电压进行编程,需要再次编程时,用紫外线进行擦除。现在已淘汰。

（4）E^2PROM 型。采用电擦除、电编程的器件。大多数 CPLD 和 GAL 器件属于此类器件,用电擦除代替紫外线擦除,提高了使用的方便性。

（5）SRAM 型。SRAM 静态存储器,又称配置存储器,用来存储决定系统逻辑功能和互连的配置数据。它属于易失器件,所以每次系统加电时,先要将存储在外部 EPROM 或硬盘中的编程数据加载到 SRAM 中去。采用 SRAM 技术可以方便地装入新的配置数据,实现在线重置。大部分的 FPGA 器件属于此类器件。

（6）Flash 型。采用 Flash 工艺的 FPGA,可以实现多次可编程,同时在掉电后不需要重新配置。现在 Xilinx 和 Altera 的多个系列 CPLD 也采用 Flash 型。

　　熔丝或反熔丝开关为一次性编程使用的非易失性元件,编程后即使系统断电,它们中存储的编程信息也不会丢失。但它们只能写一次,故也称之为 OTP(One Time Programming,一次编程)元件。

　　EPROM 型、E^2PROM 型、SRAM 型和 Flash 型允许多次反复编程写入,尤其是 SRAM,其编程应用的次数几乎无限。

2.2　简单 PLD 的基本结构

1. 简单 PLD 的基本结构

　　简单 PLD 的基本结构是由与阵列和或阵列组成的。简单 PLD 的基本结构框图如图 2-2 所示。

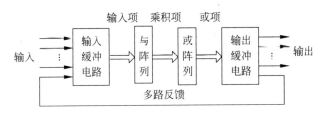

图 2-2　简单 PLD 的基本结构框图

　　另外,由于 EPLD 和 CPLD 是在 GAL 的基础上发展起来的,其结构也是与阵列可编程,或阵列固定。

2. PLD 的电路表示法

　　基本门在 PLD 表示法中的表达形式如图 2-3 所示。一个四输入与门在 PLD 表示法中的表示如图 2-3(a)所示,$L_1 = ABCD$,通常把 A、B、C、D 称为输入项,L_1 称为乘积项(简称积项)。一个四输入或门如图 2-3(b)所示,其中 $L_2 = A + B + C + D$。缓冲器有互补输出,如图 2-3(c)所示。

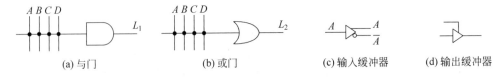

(a) 与门　　　　　　(b) 或门　　　　(c) 输入缓冲器　　(d) 输出缓冲器

图 2-3　基本门的 PLD 表示法

　　PLD 电路由与门阵列和或门阵列两种基本的门阵列组成。基本的 PLD 结构图如图 2-4 所示。

3. PROM 的 PLD 表示法

　　可编程的只读存储器(PROM)实质上可以认为是一个可编程逻辑器件,它包含一个固定连接的与门阵列(即全译码的地址译码器)和一个可编程的或门阵列。其结构如图 2-5 所示。

4. PLA 和 PAL 的 PLD 表示法

　　可编程逻辑阵列(PLA)的与门阵列和或门阵列都是可编程的,使用更灵活。可编程阵列逻辑(PAL)的与门阵列可编程,或门阵列固定。PLA 和 PAL 的结构分别如图 2-6 和图 2-7 所示。

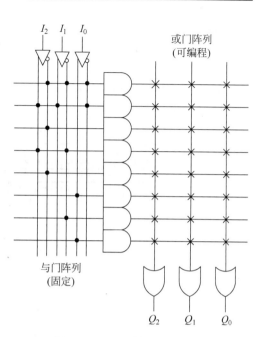

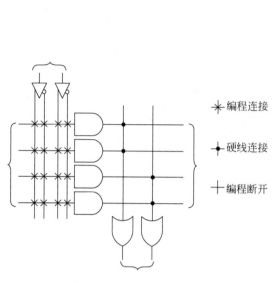

图 2-4 PLD 的基本结构图

图 2-5 PROM 的 PLD 表示法

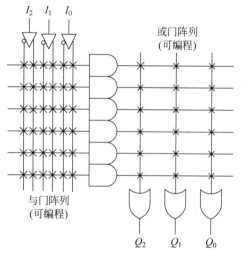

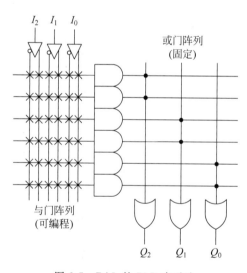

图 2-6 PLA 的 PLD 表示法

图 2-7 PAL 的 PLD 表示法

5. 可编程通用阵列逻辑器件的基本结构

PAL 器件的出现为数字电路的研制工作和小批量产品的生产提供了很大的方便。Lattice 公司于 1985 年首先推出了另一种新型的可编程逻辑器件——通用阵列逻辑（GAL）。GAL 采用电可擦除的 CMOS（E^2CMOS）制作，可以用电压信号擦除并可重新编程。下面以一个具体器件为例说明 GAL 的基本结构及性能特点。

1）GAL 的基本结构

可编程通用阵列逻辑器件 GAL16V8 内部逻辑结构如图 2-8 所示，由 5 部分组成：

（1）8 个输入缓冲器。

（2）8 个输出缓冲器。

（3）8 个反馈/输入缓冲器（将输出反馈给与门阵列，或将输出端用作为输入端）。

（4）可编程与门阵列（由 8×8 个与门构成，形成 64 个乘积项，每个与门有 32 个输入，其中 16 个来自输入缓冲器，另外 16 个来自反馈/输入缓冲器）。

（5）8 个输出逻辑宏单元（OLMC12～19，或门阵列包含其中）。

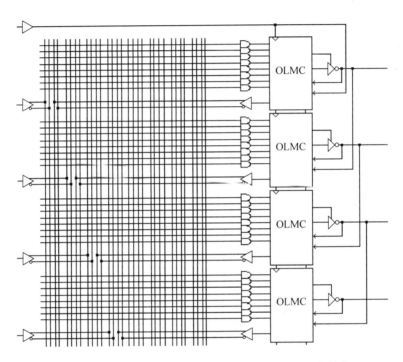

图 2-8　通用可编程阵列逻辑器件 GAL16V8 内部逻辑结构

除以上 5 个组成部分外，该器件还有一个系统时钟 CK 的输入端、一个输出三态控制端 OE、一个电源 Vcc 端和一个接地端。

2）输出逻辑宏单元

GAL 的每一个输出端都对应一个输出逻辑宏单元（OLMC），其逻辑结构如图 2-9 所示。OLMC 主要由 4 部分组成：

（1）或门阵列（8 输入或门阵列，其中一个输入受控制）。

（2）异或门（异或门用于控制输出信号极性，$XOR(n)=0$ 输出低电平有效，$XOR(n)=1$ 输出高电平效，n 为输出引脚号）。

（3）正边沿触发的 D 触发器（锁存或门输出状态，使 GAL 适用于时序逻辑电路）。

（4）4 个数据选择器（MUX）。

- 乘积项数选器（PTMUX）：用于控制来自与阵列的第一乘积项。
- 三态数据选择器（TSMUX）：用于选择三态输出缓冲器的控制信号。
- 反馈数据选择器（FMUX）：用于决定反馈信号的来源。
- 输出数据选择器（OMUX）：用于决定输出信号是否锁存。

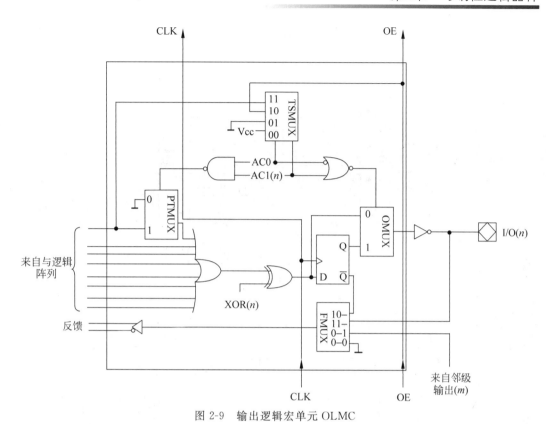

图 2-9 输出逻辑宏单元 OLMC

2.3 CPLD 的基本结构及典型器件简介

2.3.1 CPLD 的基本结构

CPLD 是从 PAL、GAL 基础上发展起来的高密度 PLD 器件,它们大多采用 COMS、EPROM、E^2PROM 和快闪存储器(Flash)等编程技术,因而具有高密度、高速度和低功耗等特点。

目前主要的半导体器件公司的 CPLD 产品各有特点,但总体结构大致相同,CPLD 的基本结构如图 2-10 所示,主要包含 3 种结构:可编程逻辑宏单元(Macro Cell,MC)、可编程 I/O 单元和可编程内部连线。部分 CPLD 器件内部还集成了 RAM、FIFO 或双口 RAM 等存储器,以适应 DSP 应用设计的要求。其典型器件有 Altera 的 MAX7000 系列和 Max 系列,Xilinx 的 7000 和 9500 系列,Lattice 的 PLSI/ispLSI 系列和 AMD 的 MACH 系列。

2.3.2 典型 CPLD 器件——MAX7000 系列

Altera 公司的 MAX7000 系列器件是采用乘积项也就是与或阵列结构为基础的一种 CPLD 器件。MAX7000 系列器件的系统工作速度达 180MHz,它的引脚到引脚的最小延时 t_{PD} 可达 5.0ns,可用逻辑门最大为 5000 门,宏单元最多可达到 256 个,采用了 ISP 技术,具有在系统可编程能力。MAX7000 系列器件主要由逻辑阵列块(Logic Array Block,LAB)、可编程互连阵列(Programmable Interconnect Array,PIA)和 I/O 控制模块 3 部分组成。MAX7000 系列器件的内部结构如图 2-11 所示。

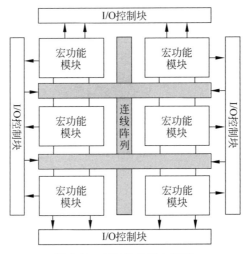

图 2-10　CPLD 的基本结构

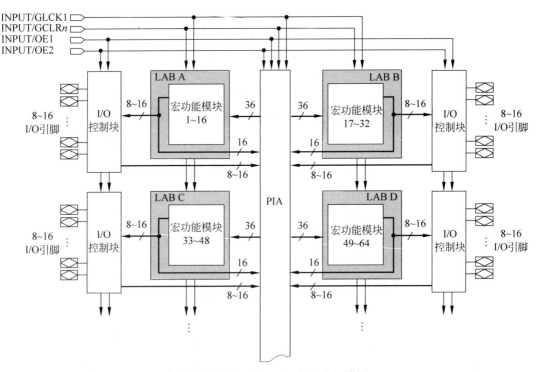

图 2-11　MAX7000 系列器件的内部结构

1. 逻辑阵列块

逻辑阵列块是 MAX7000 系列器件中最大的逻辑单元,每个逻辑阵列块由 16 个宏单元构成,它们分别与相应的 I/O 控制块相连,4 个逻辑阵列块通过可编程互连阵列和全局总线连接在一起。全局总线由所有的专用输入、I/O 引脚和宏单元反馈构成,不同逻辑阵列块之间的连接正是利用它们来实现的,以实现更复杂的逻辑功能。逻辑阵列块有如下输入信号:

（1）来自通用逻辑输入的 PIA 的 36 个信号。

（2）用于寄存器辅助功能的全局控制信号。

（3）从 I/O 引脚到寄存器的直接输入通道。

1）宏单元

MAX7000 系列器件的具体逻辑单元称为宏单元，它们可以用来实现各种具体的逻辑功能。宏单元由逻辑阵列、乘积项选择矩阵和可编程触发器构成，逻辑阵列用来实现组合逻辑函数，每个宏单元提供 5 个乘积项。每个可编程触发器可按以下 3 种不同时钟方式进行控制。

（1）全局时钟（Global Clock），能够实现最快的时钟控制。

（2）带高电平使能的全局时钟，能够实现具有使能控制的触发器，并能够实现最快的时钟控制。

（3）来自乘积项的时钟，触发器由来自隐含宏单元或 I/O 引脚的信号进行时钟控制，它一般具有较慢的时钟控制。

MAX7000 系列器件宏单元的结构如图 2-12 所示。

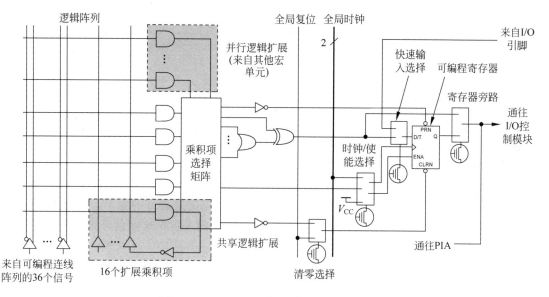

图 2-12 MAX7000 系列器件的宏单元结构

2）扩展乘积项

MAX7000 结构允许利用共享和并联扩展乘积项（expander product terms，简称扩展项）作为附加的乘积项直接送到同一逻辑阵列块的任意宏单元中。利用扩展项可保证在实现逻辑综合时尽可能少用逻辑资源，从而实现比较快的工作速度。

共享扩展项就是由每个宏单元提供一个未投入使用的乘积项，并将它们反相后反馈到逻辑阵列块，每个逻辑阵列块有多达 16 个共享扩展项。每个共享扩展乘积项都可以被逻辑阵列块内任何一个宏单元或全部宏单元使用和共享，以实现更为复杂的逻辑函数。

当所需要的乘积项超过 5 个时，在 MAX7000 系列 PLD 中用并联扩展乘积项来解决这个问题，即把一个宏单元的或门输出的结果直接送到下一个宏单元的或门输入端，这样就把逻辑输出扩展到 10 个乘积之和，扩展而来的乘积称为并联扩展乘积项，从邻近宏单元中借出和借用并联扩展乘积项信号示意图如图 2-13。

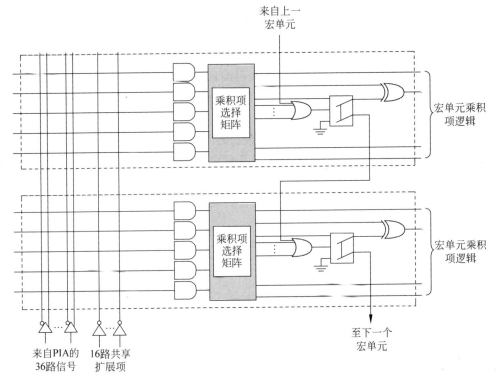

图 2-13 从邻近宏单元中借出和借用并联扩展乘积项信号示意图

2. 可编程边线阵列

通过可编程连线阵列可以把各逻辑阵列块相互连接,构成用户所需要的逻辑功能。这个全局总线是可编程的通道,它可以把器件中任何信号源连到其目的地上。所有 MAX7000 的专用输入、I/O 引脚和宏单元的输出都会馈送到 PIA,PIA 再把这些信号送到整个器件内的各个地方。只有每个逻辑阵列块所需的信号才可以布置 PIA 到该逻辑阵列块 LAB 的连线。

3. I/O 控制块

每个逻辑阵列块与外部 I/O 引脚之间都有一个 I/O 控制块。I/O 控制块允许每个 I/O 引脚单独地配置成输入、输出或双向工作方式。I/O 控制块中主要是三态门及使能控制电路。一个 I/O 控制块是由 8～16 个三态门和使能控制电路组成的,具体框图如图 2-14 所示。

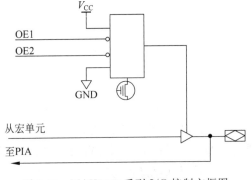

图 2-14 MAX7000 系列 I/O 控制方框图

2.3.3 典型 CPLD 器件——MAX II 系列

MAX II 系列器件 Altera 公司推出的业界成本最低的 CPLD 器件,它采用了新的查找表,而放弃了传统的宏单元体系。基于 LUT 的体系采用台积电公司的 6 层金属 $0.18\mu m$ 嵌入式闪存工艺,使其裸片尺寸是同样工艺下其他器件的 1/4,LUT 结构采用了为其优化的

272个交错环形I/O引脚,进一步降低了成本。MAX Ⅱ 与原有 MAX 相比,成本降低了50%,功耗降低了90%,同时保持了 MAX 系列的即用性、单芯片、非易失性和易用性。

MAX Ⅱ CPLD 架构包括基于 LUT 的 LAB 阵列、非易失性 Flash 存储器、JTAG 控制电路以及直接将逻辑输入连接到输出的多轨道连线,其平面如图 2-15 所示。

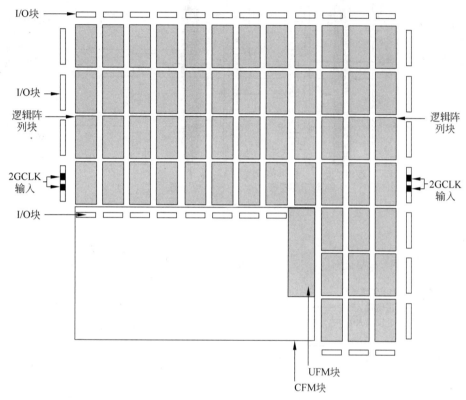

图 2-15　MAX Ⅱ CPLD 平面图

1. 逻辑阵列块

每个 LAB 都由 10 个逻辑单元 LE、若干 LE 进位链、若干 LAB 控制信号、一个局部通道、一个 LUT 链和若干寄存器链连线等部分组成,其结构示意图如图 2-16 所示。组成26 种不同的 LAB 输入方式,LE 的输出端驱动 10 根反馈线至 LE 自身的输入。局部通道用于在相同 LAB 的 LE 之间传送信号。LUT 链将一个 LE 的 LUT 输出链接并传输给邻近的 LE,以完成 LAB 内部连续快速的 LUT 连接。寄存器链将 LAB 内一个 LE 寄存器的输出链接并传输给邻近的 LE 寄存器。Quartus Ⅱ 软件将组合逻辑放置在一个 LAB 内或相邻的 LAB 内,并允许使用局部的 LUT 链和寄存器链,以提高区域效率。

1) 逻辑单元

LE 能有效地实现用户逻辑功能。LAB 在器件中被分成多个行列组。LE 具有结构简洁和提供高级功能等特色,可提供高效率的逻辑应用。每个 LE 包含一个四输入的 LUT,它相当于一个能实现 4 个变量的任何操作的函数发生器。另外,每个 LE 包含一个可编程寄存器和具有进位选择能力的进位链。通过 LAB 局部控制信号(LAB-wide),一个单独的LE 还支持单比特的动态加减运算。每个 LE 都能驱动所有类型的通道:局部通道、行通道、列通道、LUT 链、寄存器链和直连通道(DirectLink),其结构如图 2-17 所示。

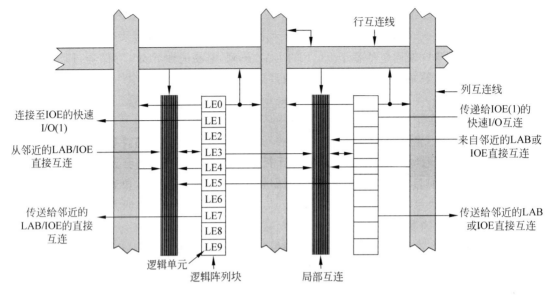

图 2-16 MAX Ⅱ LAB 结构示意图

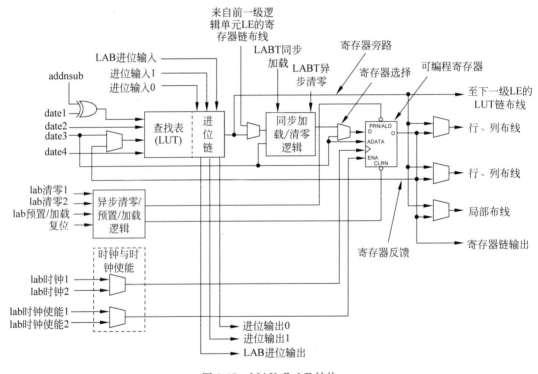

图 2-17 MAX Ⅱ LE 结构

　　每个 LE 的可编程寄存器能够配置成 D、E、T、JK 和 RS 触发器,每个寄存器有数据(data1、data2、data3 和 data4)、时钟(labclk1、labclk2)、时钟使能(labclkena1、labclkena2)和清除(labclr1、labclr2 和 DEV_CLRn)。全局时钟网络、通用的 I/O 引脚或者内部逻辑都能驱动寄存器的时钟和清零控制信号。通用的 I/O 引脚或者内部逻辑能够驱动时钟使能。对于组合功能,LUT 输出绕过寄存器直接驱动输出。

每个 LE 有 3 个输出用于驱动局部和行/列布线资源。LUT 输出和寄存器输出能独立地分别驱动这 3 个输出,其中,两个 LE 输出用于驱动行/列和直接链中布线,另一个驱动局部的互连资源,允许 LUT 在驱动一个输出的同时寄存器能够驱动另一个输出,这个特性称为寄存器打包(register packing)。由于这种做法可以让 LUT 和寄存器各自独立完成互不相干的功能,因此有效提高了器件的利用率。在寄存器打包模式下工作时,LAB 同步加载信号无效。

另外一种特殊的打包模式是把寄存器的输出反馈到同一逻辑单元的 LUT,也就是将寄存器与同一逻辑单元的 LUT 打包。这个逻辑单元可以驱动被寄存的或未被寄存的 LUT 输出。

LE 还有一个进位链路输入和一个进位链路输出,这种 LAB 内的进位链路可以使同一个 LAB 中的逻辑单元级联起来。寄存器链路输出可以让同一个 LAB 中的 LUT 完成组合逻辑的任务,而用这个 LAB 中的寄存器可以完成移位寄存器的功能。这样可以提高 LAB 间互连的速度并节省布线资源。

2) LAB 局部通道

LAB 局部通道可用于连接 LAB 内部的 LE,它由 LAB 内部的行通道、列通道和 LE 输出驱动。相邻 LAB 也可以通过其左侧和右侧的直连通道驱动其局部通道。局部通道使得行通道和列通道的使用量最小化,这样可以提供更高的性能和灵活性。通过快速局部通道和直连通道,每个 LE 能够驱动其他 30 个 LE。图 2-18 为直连通道的结构。

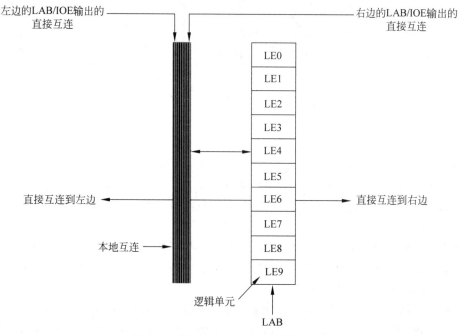

图 2-18 MAX Ⅱ LE 直连通道的结构

2. 多路互连

在 MAX Ⅱ 体系结构中,LE、UFM 和器件 I/O 引脚之间的联系是由采用 DirectDrive 技术的多通道互连结构来提供的。多通道互连结构由不同速度的、连续的、性能最优的布线组成,这些布线用于设计块之间及内部的互连。Quartus Ⅱ 编译器会自动在较快的互连上放置关键设计路径来提高设计性能。

多路互连由间距固定的行、列通道组成。具有固定长度资源的任何器件,其路由结构是可评估的,并能以短延时替代长延时,而后者对应全局的或长的线路。专用的行通道路由信号在同一行的 LAB 之间传递。这些行资源主要包括位于 LAB 之间的直连通道和穿越 4 个 LAB 至左边或右边的 R4 通道。

直连通道结构允许一个 LAB 驱动其左侧和右侧相邻的局部通道。直连通道提供了相邻 LAB 之间的快速通信以及在没有使用行通道资源的块之间的快速通信。

R4 通道跨越 4 个 LAB,作为 4-LAB 区内部的快速通道。每个 LAB 都自有 R4 通道的子集,它连接到左侧或右侧的线路,LAB 的 R4 通道如图 2-19 所示。R4 通道能够驱动行 IOE,或被行 IOE 驱动。作为 LAB 的界面,一个主 LAB,或者一组横向相邻的 LAB,都可以驱动一个给定的 R4 通道。主 LAB 或其右侧 LAB 可以驱动右侧 R4 通道,主 LAB 或其左侧的 LAB 可以驱动左侧 R4 通道。R4 通道可以驱动其他的 R4 通道,以扩展 LAB 的范围。R4 通道也可以驱动 C4 通道,以用于行与行之间的联系。

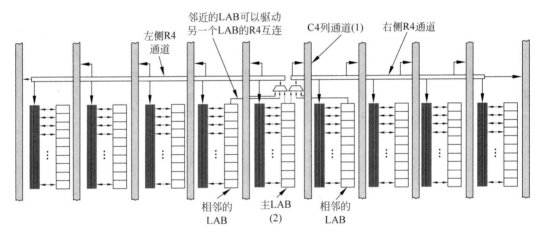

图 2-19　MAX Ⅱ R4 互连线路

列通道的工作与行通道类似,每个 LAB 列由专用的列通道维持。这些列通道中的垂直路由信号来自不同 LAB,或者来自不同行和列的 IOE。这些列资源包括位于 LAB 内部的 LUT 链通道、位于 LAB 内部的寄存器链通道、纵向跨越 4 个 LAB 的 C4 通道。

3. 全局时钟

每个 MAX Ⅱ 器件都有 4 个双用途的时钟引脚(GCLK[3..0],2 个在左边,2 个在右边),它们连接全局时钟网络以提供时钟信号。这 4 个引脚如果没有用于驱动全局时钟网络,则可以作为普通 I/O 引脚使用。

全局时钟网络中的 4 个全局时钟线遍布整个器件。全局时钟网络能够为器件中的所有资源提供时钟,包括 LE、LAB 局部通道、IOE 以及 UFM 区。全局时钟线也可以用作全局控制信号,例如同步使能、同步和异步清零、预置、输出使能或协议控制信号(如用于 PCI 的 TRDY 和 IRDY)。内部逻辑也可以驱动该全局时钟网络,用于内部产生时钟和控制信号。MAX Ⅱ 全局时钟网络如图 2-20 所示。

4. 用户 Flash 存储区

MAX Ⅱ 器件单独提供了一个称为 UFM(User Flash Memory)的用户 Flash 存储区,

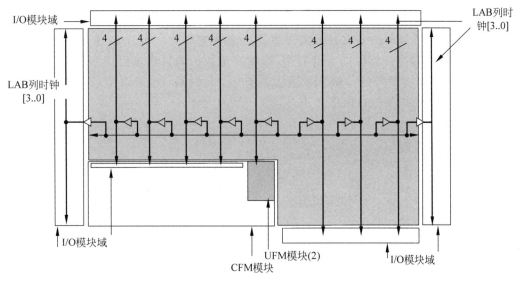

图 2-20 MAX Ⅱ 全局时钟网络

可以像串行 E^2PROM 器件那样使用它,用于存储非易失性的信息,其容量可达到 8192b。UFM 区通过多路互连通道连接到逻辑阵列,允许任意 LE 与 UFM 区相连接。UFM 区和接口信号如图 2-21 所示。用逻辑阵列创建定制逻辑接口或协议逻辑接口,将 UFM 区的数据从器件中输出。UFM 区具有的特性主要有最高 16 位宽度和最大 8192b 容量的非挥发性存储器、两个可用于分区擦除的扇区、可选逻辑阵列构成的内部振荡器、编程、擦除和忙信号、地址自动递增、与可编程逻辑阵列相连的串行接口。

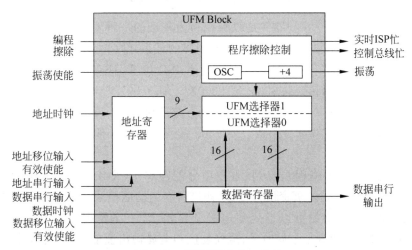

图 2-21 UFM 区和接口信号

5. I/O 架构

输入输出单元(IOE)支持许多功能,包括:LVTTL 和 LVCMOS 的 I/O 标准,遵从 3.3V、32b、66MHz 的 PCI 标准,支持边界扫描 BST 的 JTAG 标准,输出接口的驱动电流强度可编程,上电和在线编程时的弱上拉电阻,电平转换速度控制,具有输出使能控制信号的三态缓冲器,总线保持电路,用户模式下可编程的上拉电阻,每个引脚都有唯一的输出使能控制,漏极开路输出,施密特触发器输入,快速 I/O 通道和可编程的输入延时。

　　MAX Ⅱ器件的 IOE 中包含一个双向缓冲器,MAX Ⅱ的 I/O 架构如图 2-22 所示。邻近 LAB 的寄存器能够驱动 IOE 的双向缓冲器,也能被它驱动。Quartus Ⅱ软件自动地将相邻 LAB 中的寄存器连接到快速 I/O 通道,以实现最快的时钟输出时序和输出使能时序。对于输入,Quartus Ⅱ软件能自动路由,使其具有零保持时间。也可以在 Quartus Ⅱ中进行时序设置,以完成指定的 I/O 时序。

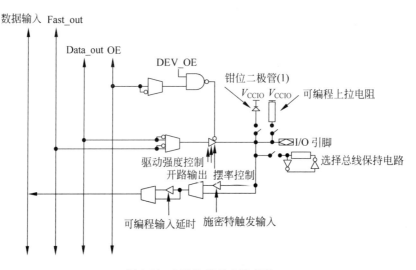

图 2-22　MAX Ⅱ的 I/O 架构

2.3.4　典型 CPLD 器件——XC9500 系列

　　Xilinx 公司的 XC9500 系列器件是以乘积项为基础的一种 CPLD 器件。XC9500 系列器件的系统工作速度达 200MHz,它的引脚到引脚的最小延时 t_{PD} 可达 3.5ns,可用逻辑门最大为 6400 门,宏单元最多可达到 288 个,采用了 ISP 技术,具有在系统可编程能力,支持 IEEE 1149.1 边界,该系列有 XC9500、XC9500XL、XC9500XV 3 个类型,内核电压分别为 5V、3.3V 和 2.5V。XC9500 系列器件主要由功能模块(function block)、FastCONNECT 开关矩阵和 I/O 控制模块 3 部分组成。XC9500 系列器件的内部结构如图 2-23 所示。

1. 功能模块

　　每个功能模块包括可编程与阵列、乘积项分配器和 18 个宏单元,功能模块的结构如图 2-24 所示。快速互连矩阵负责信号传递,连接所有的功能模块。I/O 控制模块负责输入输出的电气特性控制,例如可以设定集电极开路输出、三态输出等。图 2-23 中的 I/O/GCK、I/O/GSR、I/O/GTS 是全局时钟、全局复位和全局输出使能信号,这几个信号有专用连线与 CPLD 中每个功能模块相连,信号到每个功能模块的延时相同并且延时最短。

　　宏单元是 CPLD 的基本结构,由它来实现基本的逻辑功能。图 2-25 所示为宏单元的基本结构。图 2-25 中左侧是乘积项阵列,实际就是一个与或阵列,每一个交叉点都是可编程的,如果导通就实现与逻辑,与后面的乘积项分配器一起完成组合逻辑。图 2-25 右侧是一个可编程的触发器,可配置为 D 触发器或 T 触发器,它的时钟、清零输入都可以编程选择,可以使用专用的全局清零和全局时钟,也可以使用内部逻辑(乘积项阵列)产生的时钟和清零。如果不需要触发器,也可以将此触发器旁路,信号直接输出给互连矩阵或输出到 I/O 引脚。

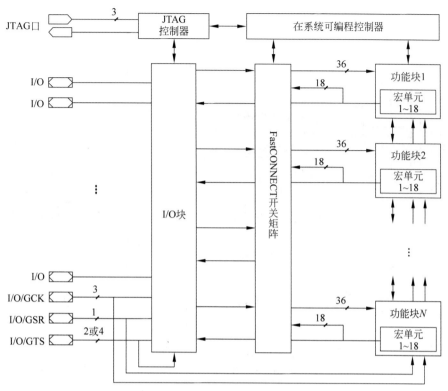

图 2-23　XC9500 系列器件的内部结构图

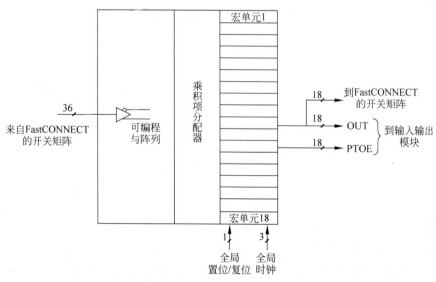

图 2-24　功能模块的结构图

2. FastCONNECT 开关矩阵

FastCONNECT 开关矩阵连接信号到 FB 的输入端,如图 2-26 所示。所有 IOB(对应于用户输入引脚)和所有的 FB 的输出驱动 FastCONNECT 开关矩阵。开关矩阵的所有输出都可以通过编程选择以驱动 FB,每个 FB 则最多可接收 36 个来自开关矩阵的输入信号。所有从开关矩阵到 FB 的信号延时都相同。

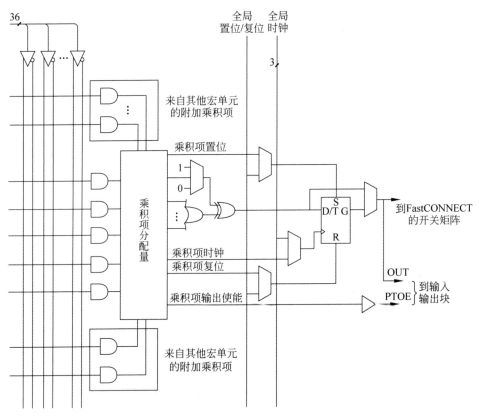

图 2-25 CPLD 的宏单元结构图

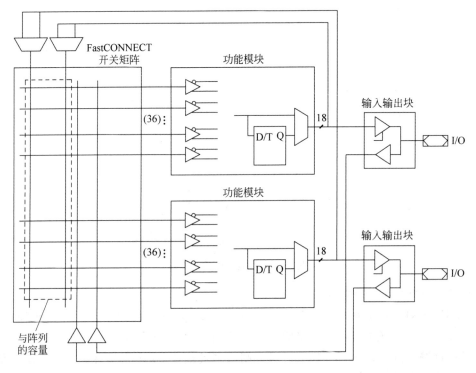

图 2-26 FastCONNECT 开关矩阵结构图

3. 输入输出模块(IOB)

输入输出模块提供内部逻辑电路到用户 I/O 引脚之间的接口。每个 IOB 包括输入缓冲器、输出缓冲器、输出使能数据选择器和用户可编程接地控制,其结构如图 2-27 所示。

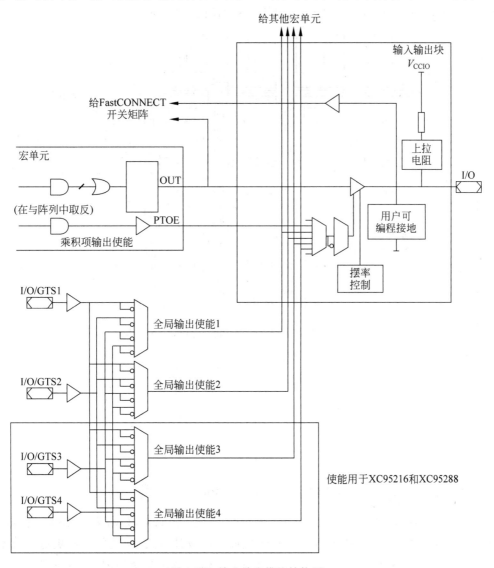

图 2-27 输入输出模块结构图

2.4 FPGA 的基本结构及典型器件简介

2.4.1 FPGA 的基本结构

FPGA 的发展非常迅速,形成了各种不同的结构。按逻辑功能块的大小,FPGA 可分为细粒度 FPGA 和粗粒度 FPGA。从逻辑功能块的结构分,FPGA 可分为查找表结构、多路开关结构和多级与非门结构。根据内部连线的结构不同,FPGA 可分为分段互连型 FPGA

和连续互连型 FPGA 两类。

　　FPGA 一般由 3 种可编程电路和一个用于存放编程数据的 SRAM 组成,这 3 种可编程电路是可编程逻辑块(Configurable Logic Block,CLB)、输入输出块(I/O Block,IOB)和互连资源(Interconnect Resource,IR),其基本结构如图 2-28 所示。

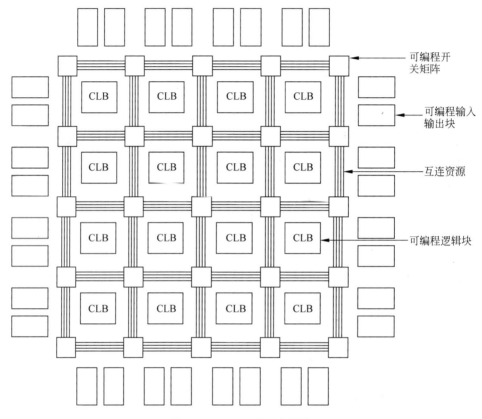

图 2-28　FPGA 的基本结构

2.4.2　典型 FPGA 器件——Cyclone Ⅱ 系列

　　Cyclone Ⅱ 系列器件是 Altera 公司推出的低价位的 FPGA 器件,采用 TSMC 90nm 低 K 绝缘材料工艺技术,这种技术结合 Altera 低成本的设计方式,使之能够在更低的成本下制造出更大容量的器件。Cyclone Ⅱ 是一个基于行列二维体系结构的芯片,主要由以速度可变的行列形式排列的逻辑阵列块、嵌入式存储器块及嵌入式乘法器组成,锁相环(PLL)为 FPGA 提供时钟,输入输出单元(Input/Output Element,IOE)提供输入输出接口逻辑。Altera 也为 Cylcone Ⅱ 器件客户提供了 40 多个可定制 IP 核,如 Nios Ⅱ 嵌入式处理器、DDR 和 SDRAM 控制器、FFT/IFFT、PCI 等,其平面如图 2-29 所示。

1. 逻辑阵列块

　　Cyclone Ⅱ 器件内的逻辑阵列是同样的 LAB 组成的,每个 LAB 包含 16 个 LE,LAB 控制信号、LE 进位链,寄存器链路和局部互连,在同一个 LAB 内,LE 间的通信由局部互连来实现。在一个 LAB 内部,寄存器链把一个 LE 寄存器的输出连到相邻的 LE 寄存器上。LAB 具体结构如图 2-30 所示。

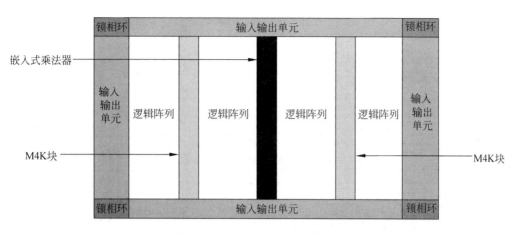

图 2-29 Cyclone Ⅱ 系列器件平面

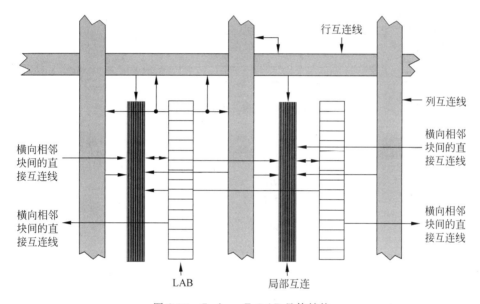

图 2-30 Cyclone Ⅱ LAB 具体结构

1）逻辑单元

Cyclone Ⅱ 器件的 LE 个数从 4608 到 68 416 个不等。LE 的结构如图 2-31 所示。LE 的功能与 MAX Ⅱ 相似，这里不再介绍。

2）LAB 局部通道

LAB 的局部通道能够驱动同一 LAB 中的 LE，LAB 局部通道本身是由行列互连和同一 LAB 中的 LE 输出来驱动的。左右邻接的 LAB、PPL、M4K RAM 块和嵌入乘法器通过直连通道也能够驱动一个 LAB 的局部通道。直连通道提供了更高的性能和灵活性，能够最大程度减少行列互连的使用。每个 LE 通过快速局部通道和直连通道能够驱动 48 个其他的 LE。直连通道的结构如图 2-32 所示。

2. 多通道互连

在 Cyclone Ⅱ 体系结构中，LE、M4K RAM、嵌入乘法器和器件引脚之间的连接也是由采用 DirectDrive 技术的多通道互连（multitrack interconnect）结构来提供的。专用的行互

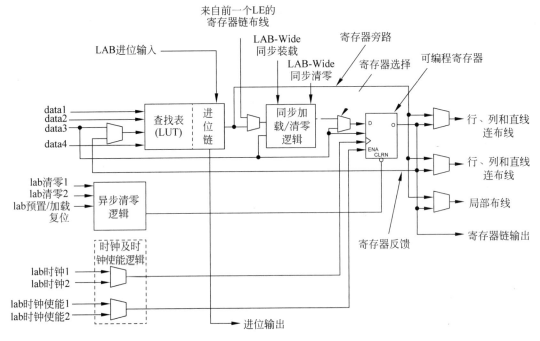

图 2-31　Cyclone Ⅱ LE 的结构

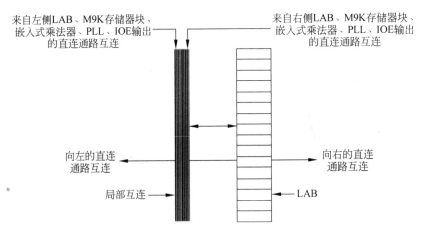

图 2-32　Cyclone Ⅱ直连通道的结构

连用于给一个行中的 LAB、PLL、嵌入乘法器和 M4K RAM 传递信号,这些行资源包括逻辑
阵列块和相邻块之间的直接互连、穿越左或右 4 个块的 R4 互连以及横跨 24 块的 R24 互
连。互连线路与 MAX Ⅱ相似。

　　直接互连允许一个 LAB、嵌入乘法器和 M4K RAM 与其左右相邻块局部互连。一个
PLL 块仅有一面与直接互连和行互连相连。在不使用行互连资源的情况下,采用直接互连
的相邻的 LAB 之间提供快速通信。

　　R4 互连横跨 4 个 LAB、3 个 LAB 和一个 M4K RAM 或者 3 个 LAB 和一个嵌入乘法
器。这些资源在一个 4 LAB 的区域被用作快速的行连接。每个 LAB 由它自己的一套 R4
互连去驱动其左部或右部。

R4 互连能驱动 LAB、PLL、嵌入乘法器、M4K RAM 和行 IOE,也可以被它们驱动。一个主 LAB 或其邻接的 LAB 能够驱动一个特定的 R4 互连。主 LAB 和其右边邻接的 LAB 能够驱动右部的 R4 互连;主 LAB 和其左边邻接的 LAB 能够驱动左部的 R4 互连。R4 互连通过驱动其他的 R4 互连,以扩展它们所驱动的 LAB 的范围。R4 互连也能驱动用于连接上下各行的 C4 和 C16 互连。

列互连与行互连类似,每一列 LAB 通过一个专用的列互连 LAB、嵌入乘法器、M4K RAM 和行 IOE 传递信号。这些列资源包括逻辑阵列块和相邻块之间的直接链路互连、穿越上或下 4 个块的 C4 互连以及横跨 24 块的 C16 互连。

3. 全局时钟网络和锁相环

Cyclone Ⅱ 器件提供一个全局时钟网络,且最多可达 4 个锁相环。这个全局时钟网络由 16 条全局时钟线组成,为器件内的所有资源提供时钟,如输入输出单元、LE、嵌入式存储块和嵌入乘法器;也可以作用为控制信号,如时钟使能、同步/异步清零信号,或者用作 DDR SDRAM 或 FCRAM 接口的 DQS 信号。全局时钟网络也可用于其他高扇出的控制信号。不同型号的 Cyclone Ⅱ 器件所具有的全局时钟网络和锁相环的数量也是不同的,EP2C25 和 EP2C28 的时钟分布如图 2-33 所示。

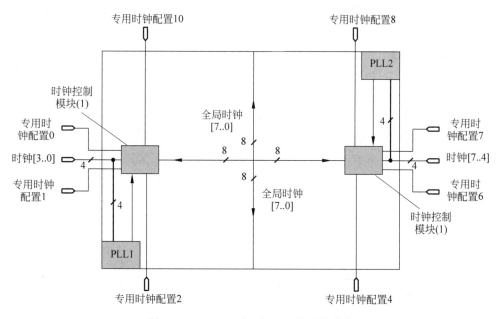

图 2-33 EP2C25 和 EP2C28 的时钟分布

Cyclone Ⅱ PLL 的结构如图 2-34 所示。Cyclone Ⅱ 的 PLL 为普通时钟提供了时钟加速和相位转移,同时支持高速的差分的 I/O 的外部输出。它的特性主要有输入时钟的倍频和分频、时钟移相、可编程的占空比、3 个内部时钟输出、一个专用的外部时钟输入、支持差分时钟输出、支持手动时钟切换、支持 3 种差分时钟反馈模式、锁定指示输出和具有专门的控制信号。PLL 的输出频率由下式计算:

$$f = f_{in} \times \frac{m}{n \times c}$$

其中,f_{in} 是 PLL 的输入时钟,c 是计数器的设定值。

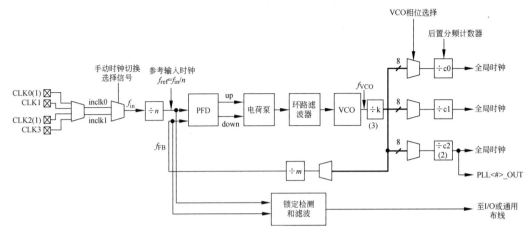

图 2-34　Cyclone Ⅱ PLL 的结构

4．嵌入式存储器

Cyclone Ⅱ系列 FPGA 的存储器由多列 M4K RAM 块组成，并置于某些 LAB 之间。M4K RAM 可以灵活地配置成各种工作模式，如真正的双口 RAM、简单双口 RAM、单口 RAM、ROM 或者 FIFO，可以带校验位，也可以不带校验位。

5．嵌入式乘法器

Cyclone Ⅱ嵌入了乘法器以满足数字信号处理（Digital Signal Processing，DSP）的需要，如实现有限脉冲响应滤波器（Finite Impulse Response，FIR）、快速傅里叶变换（Fast Fourier Transformation，FFT）和离散余弦变换（Discrete Cosine Transformation，DCT）等。每个嵌入式乘法器可以配成两个 9×9 或 18×18 的乘法器，最高性能可达到 250MHz。

嵌入式乘法器以列的形式置于器件内部，其结构如图 2-35 所示，它由两个寄存器、一个

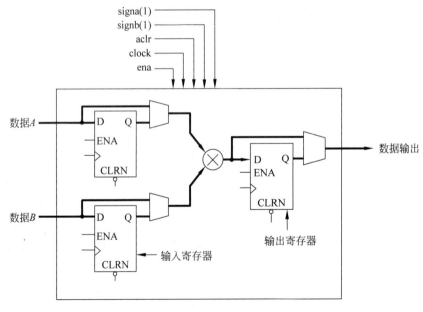

图 2-35　乘法器结构图

乘法单元、一个输出寄存器和相关的控制信号组成。乘法器的两个操作数可以是无符号数，也可以是有符号数。如果两个操作数是无符号数，则相乘的结果是无符号数；如果其中一个是有符号数，则相乘的结果是有符号数。控制信号 signa 和 singb 分别表示数据 A 和数据 B 是有符号数还是无符号数，为 1 时表示该操作数是有符号数，为 0 时表示该操作数是无符号数。

6. 输入输出单元

每个 Cyclone Ⅱ器件的引脚前端均有一个位于器件外围的 LAB 行尾或列尾的 IOE。每个 IOE 包含一个双向的 I/O 缓冲器和 3 个寄存器(用于寄存输入、输出和输出使能信号)，IOE 内部结构如图 2-36 所示。

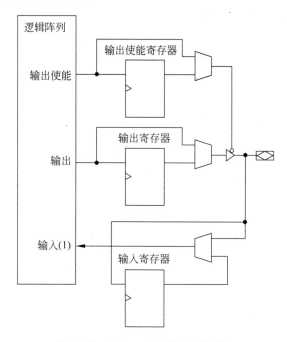

图 2-36 Cyclone Ⅱ IOE 内部结构

IOE 支持许多特性，主要包括：支持差分和单端 I/O 标准，支持 3.3V、32MHz/66MHz、64 位/32 位的 PCI 标准，支持 JTAG 边界扫描检测，输出驱动强度控制，配置期间的弱上拉电阻，三态缓冲器，总线保持电路，在用户模式下可编程的上拉电阻，可编程的输入和输出延时，漏极开路输出 DQ、DQS 和 VREF 引脚。

2.4.3 Altera 公司 FPGA 简介

1. FPGA 简介

Altera 公司的 FPGA 主要有 3 个系列：Cyclone 系列，包括 Cyclone、Cyclone Ⅱ、Cyclone Ⅲ、Cyclone Ⅳ 和 Cyclone Ⅴ；Stratix 系列，包括 Stratix、Stratix Ⅱ、Stratix Ⅲ、Stratix Ⅳ、Stratix Ⅴ 和 Stratix 10；Arria 系列，包括 Arria、Arria Ⅱ、Arria Ⅴ 和 Arria 10。

(1) Cyclone 系列是低成本 FPGA，面向中低端应用。片内嵌入式存储器、乘法器，支持最多 4 个可编程 PLL 和最多 16 个全局时钟线，具有较高的性能。Cyclone Ⅱ器件内部的嵌入式乘法器是低成本 DSP 应用的理想解决方案。

（2）Stratix 和 Stratix Ⅱ是高性能 FPGA，面向高端应用。片内嵌入式存储器、乘法器，Stratix Ⅱ器件包括高性能的嵌入 DSP 块，它能够运行在 370MHz，并为 DSP 应用进行优化，具有比 DSP 处理器更大的数据处理能力。每个 Stratix Ⅱ器件具有多达 16 个高性能的低偏移全局时钟，它可以用于高性能功能或全局控制信号，支持最多 12 个可编程 PLL，具有健全的时钟管理和频率合成能力，Stratix Ⅱ具有极高的性能和密度。

（3）Arria Ⅱ系列主要用于对成本和功耗敏感的收发器以及嵌入式应用。Arria Ⅱ FPGA 基于 40nm 全功能 FPGA 架构，它包括 ALM、DSP 模块和嵌入式 RAM，以及硬核 PCI Express（PCIe）IP 内核。Arria Ⅱ FPGA 系列的 Arria Ⅱ GX 和 GZ FPGA 是具有 6.375Gb/s 收发器、业界功耗最低的 FPGA。与其他的 6Gb/s FPGA 系列不同，Altera 的 Arria Ⅱ FPGA 实用性更强。

2. 宏功能模块和 IP 核

Altera 公司提供的宏功能模块和 IP 核主要包括以下部分：

（1）处理器及外围功能模块，如嵌入式微处理器、微控制器、CPU 内核、UART 和中断控制器等。

（2）数字信号处理类，即 DSP 基本运算模块，如快速加法器、快速乘法器、FIP 滤波器和 FFT 等。

（3）图像处理类，主要处理 DCT 和 JPEG 压缩等。

（4）通信类，如信道编解码模块、Viterbi 编解码、Turbo 编解码、FFT 和调制解调器等。

（5）接口类，包括 PCI、USB 和 CAN 等总线接口。

2.4.4　典型 FPGA 器件——Spartan-3 系列

Spartan 系列 FPGA 是为满足对成本敏感的消费电子大量应用的需要而特别设计的，它提供的密度范围为 5 万～500 万系统门。Spartan-3 体系结构如图 2-37 所示。

Spartan-3E 家族的体系结构由 5 个基本可编程功能元件组成：

（1）可配置逻辑块（CLB）：包括用作触发器或锁存器的执行逻辑电路加存储元件结构的可变形的 LUT。CLB 可执行多种逻辑功能，也包括对数据进行存储。

（2）输入输出块（IOB）：控制 I/O 引脚和器件内部逻辑电路之间的数据流。IOB 支持双向的数据传输和三态操作。它支持多种类信号标准，包含 4 种高性能的差分标准。DDR 寄存器也包括在内。

（3）块 RAM：以 18Kb 双口块的形式提供数据存储功能。

（4）乘法器：输入两个 18b 二进制数，计算乘积。

（5）数字时钟管理器（DCM）：提供自校准的完全数字解决方案，用于对时钟信号进行分配、延时、倍频、分频和移相。

1. 输入输出块

IOB 提供了器件引脚和内部逻辑阵列之间的可编程单向或双向的接口，其内部结构如图 2-38 所示。在 IOB 内有 3 条主要信号路径：输入路径、输出路径和三态路径。每个通路各有属于它自己的一对可用作寄存器或锁存器的存储元件。3 种主要信号路径如下：

（1）输入路径从引脚开始传输数据，通过可选的可编程延时元件直接到达 I 线路。延时元件后，是通过一对存储元件到达 IQ1、IQ2 线路的迂回路径。IOB 的输出 IQ1、IQ2 通向

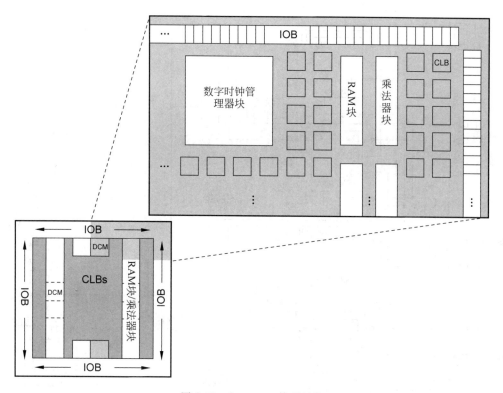

图 2-37　Spartan-3 体系结构

内部逻辑。延时元件可以设置为确保保持时间为零。

（2）输出路径，从 O1 和 O2 线路开始，通过一个多路复用器和一个三态驱动器把数据从内部逻辑带到 IOB 的引脚。除了这条直接路径外，还包括由多路复用器提供插入一对存储元件的选择。

（3）三态路径决定输出驱动器什么时候为高阻状态。T1 和 T2 线路把数据从内部逻辑送到一个多路复用器，然后到达输出驱动器。除了这条直接路径外，还包括由多路复用器提供插入一对存储元件的选择。

（4）所有信号路径都要进入 IOB，包括那些与存储元件关联的，有反相器选项的。在这些路径上的所有反相器都会自动地进入 IOB。

2. 数字时钟管理器

Spartan 的数字时钟管理器（DCM）提供对时钟频率、相位移动和相位偏移灵活的完全控制。DCM 使用一个完全数字控制系统作为延时锁定环路（Delay-Locked Loop，DLL），使用反馈使时钟信号维持在一个高精度等级，而不受工作温度和电压的正常波动的影响。DCM 的结构如图 2-39 所示。

DCM 支持以下 3 种主要功能：

（1）时钟偏移消除。系统内的时钟偏移的发生归因于时钟信号在电路片上不同点的不同到达时间，一般是时钟信号分配网络导致的。时钟偏移增加了建立和保持时间的要求并增加了 clock-to-out 时间，这些在高频应用里是不希望遇到的。DCM 通过对由输入时钟信号产生的输出时钟信号进行相位对齐来消除时钟偏移。这种机制有效地抵消了时钟的分配

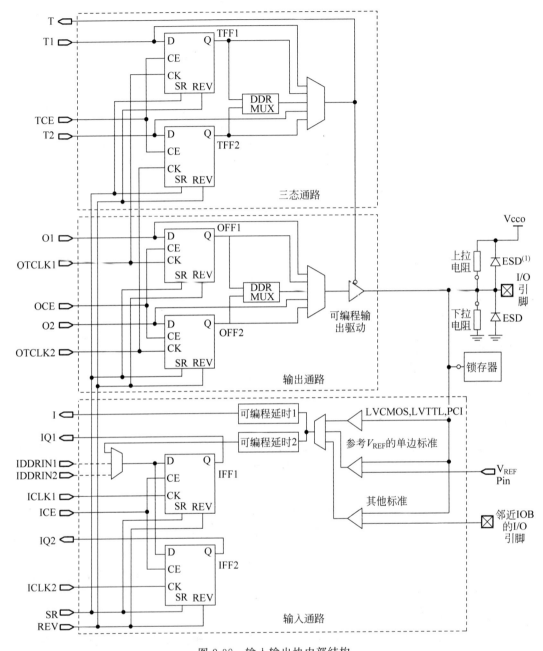

图 2-38 输入输出块内部结构

延时。

(2) 频率合成。DCM 能够从输入时钟信号中产生一个大范围的输出时钟频率。通过一些不同的因素可以完成对输入时钟信号的倍频/分频,来完成频率合成。

(3) 移相。DCM 有能力对它所输出的时钟信号基于输入时钟信号进行移相。DCM 由 4 个相关的功能单元组成:延时锁定环路、数字频率合成器(Digital Freguency Synthesizer,DFS),移相器(Phase Shifter,PS)和状态逻辑。

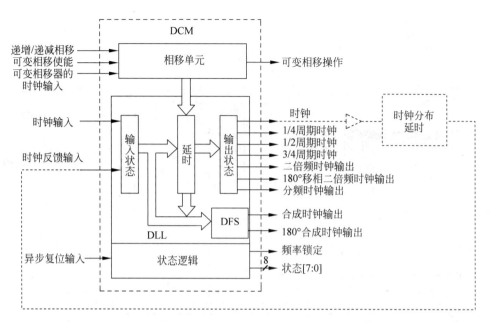

图 2-39　DCM 的结构示意图

3. 可编程逻辑块

CLB 是 FPGA 的主要组成部分,是实现逻辑功能的基本单元。每个 CLB 由 4 个相互连接的片(slice)组成。CLB 的内部结构框图如图 2-40 所示。左侧的片通常用片 M 表示;右侧的片通常用片 L 表示,它们通过这些单元实现逻辑运算、算术运算和 ROM 的功能。除此之外,片 M 还可以用于两种特殊的功能,即分布式 RAM 和 16 位移位寄存器,分别用于数据存储和数据移位操作。

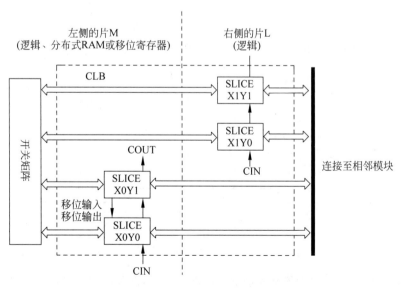

图 2-40　CLB 的内部结构框图

每个片包含 2 个 LUT、2 个寄存器、多路复用器、进位逻辑和算术逻辑门等,具体结构如图 2-41 所示。

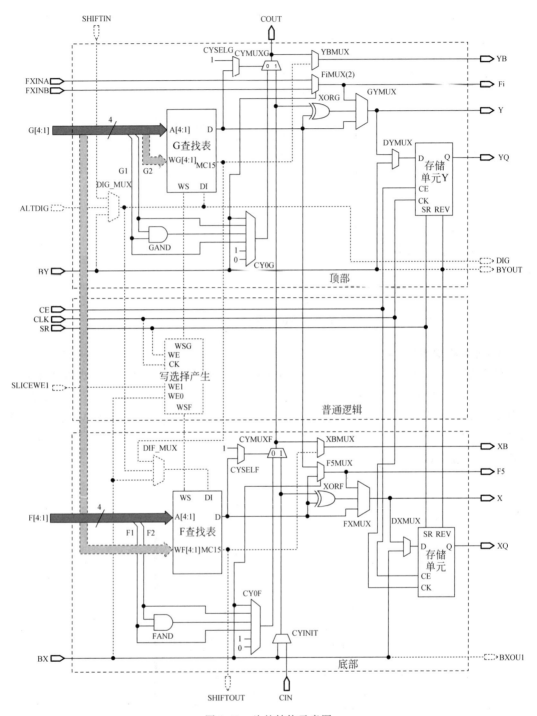

图 2-41　片的结构示意图

在 CLB 内部每个片化为顶部和底部个两部分,在两部分之间通常可以由时钟的控制输入(时钟)、时钟使能(CE)、片允许写入(SLICEWE1)和复位/设置(RS)共享。进位逻辑由进位链和专用的算术逻辑门组成,用于完成快速高效的数学运算。进位链由 5 个复用器控制,分别为 CYINIT、CY0F、CYMUXF、CY0G 和 CYMUXG。算术逻辑包括一个异或门

（XORG）、一个专用的乘累加（MULT-AND），异或门可以使一个片实现两位全加操作，专用的乘累加用于提高乘法器逻辑的速度和效率。在片的顶部和底部的 LUT 分别被称为 G-LUT 和 F-LUT。在片的顶部和底部的存储单元分别被称为 FFYT 和 FFY。每个片有两个分别位于其底部和顶部的多路复用器 F5MUX 和 FiMUX。

4. 块 RAM

为了适应大容量片内上存储器的需要，Spartan-3 系列 FPGA 提供了大容量的存储器，可以配置成 RAM、ROM、FIFO、大的 LUT、数据宽度转换器、循环缓冲区和移位寄存器，并支持各种数据宽度和深度。

每个块 RAM 包含 18 432b(18Kb)快速静态 RAM，其中 16Kb 用于数据存储和一些内存配置，额外的 2Kb 位分配给奇偶检验或附加位。块 RAM 有两个完全独立的访问端口，标记结构是完全对称的，两个端口可以互换，支持数据读写操作。每个内存端口都有自己的同步时钟、时钟使能、写入使能。读操作也是同步的，需要一个边沿时钟和时钟使能边沿。

5. 内部互连

spartan-3 器件采用可编程高性能的分段路由结构，特殊的交换矩阵保证了其内部的路由，使延时可预测。基于向量的内部互连和分段连接特性，使任何方向相邻的 CLB 之间具有相同的延时和性能。Spartan-3 器件内部所有的功能单元，如块 RAM、乘法器、DCM、CLB 和 IOB 等，在与一个或多个交换矩阵组成一个互连块时都需通过这个交换矩阵实现内部互连。

Spartan-3 器件提供丰富的布线资源，这些资源具有不同的功能、互连特性和延时。这些布线资源的功能如下。

（1）长线资源。包括 24 条水平方向的长线和 24 条垂直方向的长线。这些长线资源都是双向的，并贯穿整个器件。如图 2-42 所示，每 6 个互连块为一组，将输出与长线资源相连。

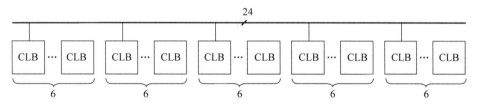

图 2-42 长线资源结构

（2）智能型（Hex）长线资源。在水平和垂直方向各有 8 条，与长线的长度相同。每 3 个互连块为一组，将输出与智能型线资源相连，其结构如图 2-43 所示。智能型长线只能由一个端点来驱动，在任何一个指定的互连块之间的智能型都有 32 条。

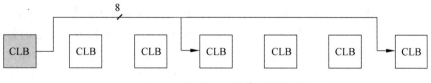

图 2-43 智能型长线资源结构

（3）双长线资源。在水平和垂直方向各 8 条，在 4 个方向上，每两个互连块为一组，将输出与双长线资源相连，其结构如图 2-44 所示。和上述的两种布线资源相比，双长线资源更方便且灵活。

（4）直接互连线资源。用于和相邻的互连块在水平方向、垂直方向和对角线方向互连，其结构如图 2-45 所示。该资源也称为分段互连结构，是 Xilinx FPGA 系列器件一贯采用的专利技术。

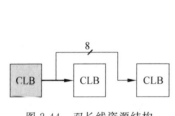

图 2-44　双长线资源结构

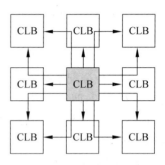

图 2-45　直接互连线结构

2.4.5　Xilinx 公司 FPGA 简介

Xilinx 公司的 FPGA 主要有 3 个系列：Spartan 系列，包括 Spartan3、Spartan6 和 Spartan7；Virtex 系列，包括 Virtex5 和 Virtex7；Kintex 系列。

1. FPGA 简介

1）Spartan6 系列

Spartan6 系列采用成熟的 45nm 低功耗铜制程技术制造，密度从 3840 个逻辑单元到 147 443 个逻辑单元不等。该系列提供全新且更高效的双寄存器 6 输入 LUT 逻辑和一系列丰富的内置系统级模块，其中包括 18Kb（2×9Kb）块 RAM、第二代 DSP48A1 Slice、SDRAM 存储器控制器、增强型混合模式时钟管理模块、SelectIO 技术、功率优化的高速串行收发器模块、PCIExpress 兼容端点模块、高级系统级电源管理模式、自动检测配置选项，以及通过 AES 和 DeviceDNA 保护功能实现的增强型 IP 安全性。与上一代 Spartan 系列相比，该系列功耗仅为其 50%，且速度更快，连接功能更丰富、全面。

2）Virtex5 系列

Virtex5 系列采用采用 65nm 铜工艺技术，第二代高级芯片组合模块（ASMBLTM）列式架构，包含 5 个截然不同的平台（子系列），是 FPGA 系列中选择最为丰富的系列。每个平台都拥有独特特性，以满足诸多高级逻辑设计的需求。除最先进的高性能逻辑结构外，Virtex5 系列 FPGA 还内置大量 IP 硬核系统级模块，其中包括功能强大的 36Kb 模块 RAM/FIFO、第二代 25x18DSP Slice、带内置数控阻抗的 SelectIO 技术、ChipSync 源同步接口模块、系统监控功能、带集成数字时钟管理器和锁相环时钟生成器的增强型时钟管理模块以及高级的配置选项。平台的其他独立特性包括用于增强串行连接功能的功耗优化型高速串行收发器模块、符合 PCI 规范的集成端点模块、三态以太网媒体访问控制器（MAC）以及高性能 PowerPC 440 微处理器嵌入式模块。这些特性可以让高级逻辑设计人员在基于 FPGA 的系统中构建最高性能和最强大的功能。

3) 7 系列

7 系列(包括 Spartan7、Virtex7 和 Kintex7)FPGA 采用统一架构,这 3 个系列中的全部器件也都采用相同的使用第四代 ASMBL 架构的架构构建模块,其中包括逻辑结构(CLB 和布线)、块 RAM、DSP Slice 和时钟技术等。

- 逻辑单元:是 FPGA 的基本结构。均采用相同的 LUT 结构(6-LUT)、控制逻辑、启用功能以及输出。逻辑单元有 3 种工作模式:分布式 LUT RAM、串行移位寄存器和 LUT。

- 块 RAM。7 系列器件的块 RAM 支持 18Kb/36Kb 容量,带可选的集成 FIFO 逻辑。7 系列器件支持单端口与真双端口功能,并与 Virtex6 和 Spartan6 器件具有相同的数据、控制和时钟输入。

- 时钟结构。包括时钟生成(混合模式时钟管理系统)和时钟分布(多时钟缓冲)功能,源自 Virtex6 产品。

- SelectIO 接口。采用 ChipSync 技术的 SelectIO 接口拥有符合全新 I/O 标准的更高速度,同时 FPGA 逻辑与有关 I/O 之间的接口、逐比特校正和控制基本保持不变。此外,系列产品还针对业界领先的 1.6G LVDS 和 2133Mb/s DDR3 存储器接口速度提供了支持。

- DSP。7 系列器件中的 DSP Slice 可提供 25×18 个脉动元件(systolic element),能够支持预加法器、乘法累加引擎(multiply-accumulate engine),可通过与上代产品相同的控制信号进行控制。此外,它们还包含相同的低时延流水线级(pipeline stage)和支持模式检测功能,与 Virtex6 器件中的 DSP Slice 一致。

- 收发器。GTP、GTX 和 GTH 收发器可支持更高速率,但保留了与 Virtex6 和 Spartan6 器件相同的 PCS/PMA 接口、控制和时钟输入。

- 模拟前端。标记模数转换器(XADC)进一步扩展了前代 Virtex 器件的系统监控器功能。7 系列 FPGA 将集成型高性能模数转换器与此前已有的监控功能进行了完美组合。

- 安全性。采用 256 位 AES 编码机制的加密模块可确保比特流加载安全,其中加密密钥的存储类似于 Virtex6 器件(密钥永性地驻留于器件 eFUSE 中或电池供电的存储器单元中)。

- PCIExpress。该集成模块基本不变,采用与原有器件相同的控制、数据和时钟输入,同时还提供对 PCI 一代、二代以及三代的支持。

- 降低成本的功能。相同的 Xilinx EasyPath 技术架构能提供无风险的、迅速的成本降低路径。最新的 EasyPath7 系列完全支持 Virtex7 器件的功能。

2. IP 核

Xilinx 的 IP 核有以下两种:

(1) 逻辑核(LogiCORE)。包括计数器、编码器、加法器、锁存器、寄存器、FIFO、DSP、FIR、滤波器、FFT、DDS 以及接口电路。

(2) Alliance 核。是 Xilinx 与第三方共同开发的 IP 核,提供标准总线接口、数字信号处理、通信、计算机网络、CPU 和 UART 等方面的应用。

2.5　器件配置与编程

2.5.1　JTAG边界扫描测试

JTAG(Joint Test Action Group,联合测试行动小组)是一种国际标准测试协议(与IEEE 1149.1兼容),主要用于芯片内部测试。现在多数的高级器件都支持JTAG协议,如DSP、FPGA器件等。标准的JTAG接口有TMS、TCK、TDI、TDO和TRST共5条数据线,分别为测试模式选择、测试时钟、测试数据输入、测试数据输出和测试电路复位。

JTAG最初是用来对芯片进行测试的,基本原理是在器件内部定义一个测试访问口(Test Access Port,TAP),通过专用的JTAG测试工具对内部节点进行测试。JTAG测试允许多个器件通过JTAG接口串联在一起,形成一个JTAG链,能对各个器件分别测试,这些I/O引脚的功能如表2-1所示。现在,FPGA和CPLD的JTAG接口多用于在系统可编程ISP,可对Flash等器件进行编程。

表 2-1　边界扫描的 I/O 引脚功能

引脚	描　　述	功　　能
TMS	测试模式选择(Test Mode Select)	选择 JTAG 指令模式的串行输入引脚,在正常工作状态下 TMS 应是高电平
TCK	测试时钟(Test Clock)	时钟引脚
TDI	测试数据输入(Test Data Input)	测试指令和数据的串行输入引脚,数据在 TCLK 的上升沿是移入
TDO	测试数据出(Test Data Output)	测试指令和数据的串行输出引脚,数据在 TCLK 的上升沿是移出。当没有数据移出时,此引脚处于高阻状态
TRST	测试电路复位(Test Reset)	低电平有效,用于初始化或异步复位边界扫描电路

2.5.2　FPGA的编程与配置

1. 在系统可编程技术

Lattice公司是ISP(在系统可编程)技术的发明者,ISP技术极大地促进了PLD产品的发展。ISP指电路板上的空白器件可以编程写入最终用户代码,而不需要从电路板上取下器件,已经编程的器件也可以用ISP方式擦除或再编程。ISP一般使用JTAG接口进行,可以减少对芯片引脚的占用。

2. 下载电缆

通过下载电缆可对FPGA器件进行配置或重构。下载电缆主要包括USB-Blaster、ByteBlaster Ⅱ和ByteBlaster MV等。USB-Blaster下载电缆可以通过USB端口把PC和目标器件相连接,如图2-46所示。通过USB-Blaster下载电缆,PC可以将配置数据下载到目标器件中。由于设计变更等可以很

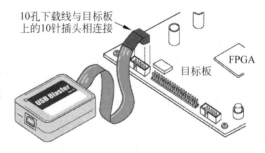

图 2-46　USB-Blaster 下载电缆示意图

容易地下载到目标器件,用户的设计原型和多次重复设计等验证工作可以很快地完成。这都要得益于 USB-Blaster 下载电缆的快速、高效、便捷等优点。

3. Altera FPGA 的配置

Altera 公司的 Quartus Ⅱ 开发工具可以生成多种配置文件,用于不同的配置方式。对于不同的目标器件,编译后 Quartus Ⅱ 会根据器件型号自动生成 . sof(sRAM object file)和 . pof(programmer object file)文件(FPGA 自动生成 . sof 文件,CPLD 自动生成 . pof 文件)。. sof 文件由下载电缆下载到 FPGA 中,. pof 文件存放在配置器件中。

FPGA 有主要有 AS 配置模式、PS 配置模式、JTAG 配置模式和 FPP 配置模式等。下面以 Cyclone Ⅱ 器件为例介绍 Altera FPGA 的配置,而 Quartus Ⅱ 的其他 FPGA 器件配置与此基本相同。

(1) AS(Active Serial,主动串行)配置模式:FPGA 器件每次上电时作为控制器,引导配置过程,它控制着外部配置器件和初始化过程,它向配置器件 EPCS 发出读取数据信号,把 EPCS 的数据读入 FPGA,实现对 FPGA 的编程配置。配置数据通过 DATA0 引脚送入 FPGA,配置数据被同步在 DCLK 输入上,1 个时钟周期传送 1 位数据。Cyclone Ⅱ 器件的 AS 配置电路如图 2-47 所示。

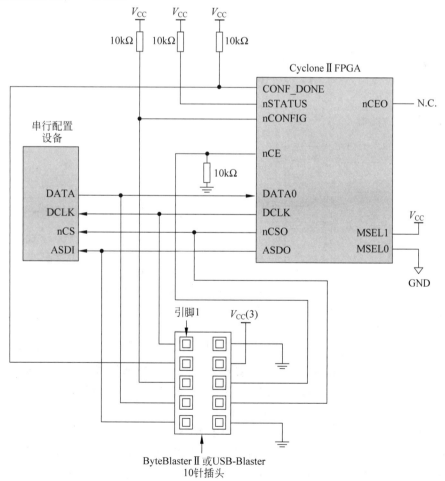

图 2-47 Cyclone Ⅱ 器件的 AS 配置电路

多个 Cyclone II 器件的 AS 配置电路如图 2-48 所示。由图 2-48 可以看出,将 Cyclone II 器件的 MSEL[1:0]引脚接为 10 时,即可选择为 AS 配置模式。图 2-49 中还给出了 ByteBlaster 与 FPGA 的连接电路。

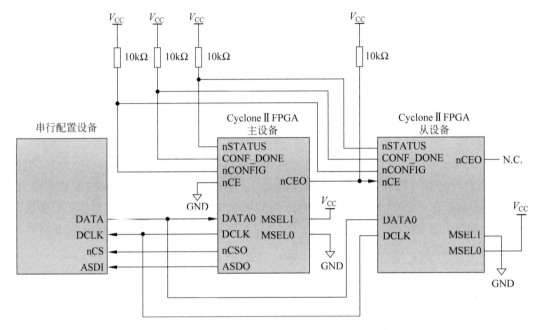

图 2-48　多个 Cyclone II 器件的 AS 配置电路

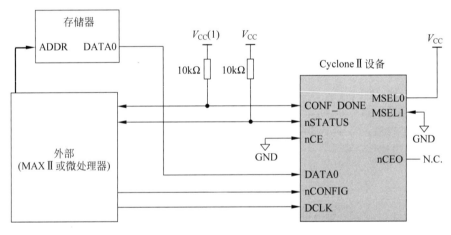

图 2-49　Cyclone II 器件的 PS 配置电路

(2) PS(Passive Serial,被动串行)配置模式:由外部计算机或控制器控制配置过程。通过加强型配置器件(EPC16、EPC8、EPC4)来完成,EPCS 作为控制器件,把 FPGA 当作存储器,将数据写入 FPGA 中,实现对 FPGA 的编程。该模式可实现对 FPGA 的在系统可编程。下载配置的时候对于 Cyclone II 器件(如 EP2C8),JTAG 配置模式对应.sof 文件,AS 配置模式对应.pof 文件。Cyclone II 器件的 PS 配置电路如图 2-49 所示。

(3) JTAG 配置模式:是最常用的一种配置模式,直接写入 FPGA 中,由于写入的是 SRAM,断电后要重写。AS 配置模式写入 FPGA 的配置芯片中,每次上电时装载到 FPGA

中。一般在制作 FPGA 实验板时,采用 AS+JTAG 的配置模式,这样可以用 JTAG 配置模式调试,最后程序调试无误了,再用 AS 配置模式把程序烧写到配置芯片中。Cyclone Ⅱ 器件的 JTAG 配置电路如图 2-50 所示。

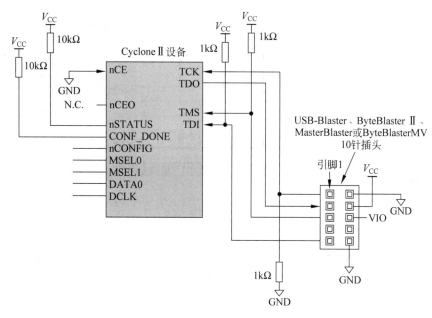

图 2-50　Cyclone Ⅱ器件的 JTAG 配置电路

如果用户在电路板上仅使用 JTAG 配置模式进行器件配置,应将 nCONFIG 引脚接高电平,MSEL[1:0]引脚接为 00。多个 Cyclone Ⅱ 器件的 ITAG 配置电路如图 2-51 所示。

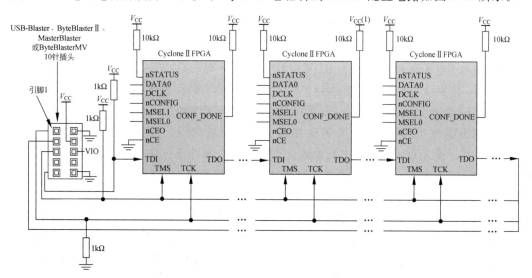

图 2-51　多个 Cyclone Ⅱ器件的 JTAG 配置电路

(4) FPP(Fast Passive Parallel,快速被动并行)配置模式:FPP 配置模式是为了满足快速配置的需求。使用增强型配置器件、并行同步微处理器接口或 MAX Ⅱ 器件等进行配置,其中,每个时钟周期读取 8b 配置数据。利用外部主机进行 FPP 配置的电路如图 2-52 所示,利用外部主机来控制从存储器(闪存)到目标器件的配置数据的传输。可以存储.rbf、.hex或.ttf模式的配置数据。

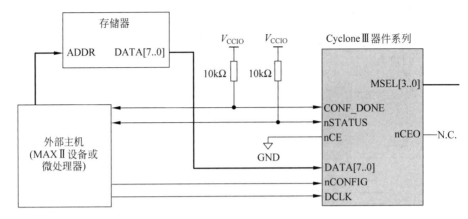

图2-52 利用外部主机进行FPP配置的电路

4. Xilinx FPGA 的配置

Xilinx FPGA 的配置有 3 种模式,分别为并行、串行和边界扫描(boundary scan)模式。当然 Xilinx FPGA 还有更多的配置模式,如 SPI Flash 配置。根据配置时钟的来源,串行模式又分成主(master)串行模式和从(slave)串行模式,模式选择由器件的 3 个控制引脚 M0、M1 和 M2 来完成。为了保证数据的正确配置,必须设置正确的配置模式。用来存放配置数据的器件有 XC17 系列(OTP)、XC18 系列(Flash)和新一代的 Platform Flash 系列配置器件,以及通用的 SPI 和 BPI Flash。下面以 Spartan-3 器件为例介绍 Xilinx FPGA 的配置,而 Xilinx 的其他 FPGA 器件配置连接图与此基本相同。

(1) 并行模式。为了实现数据的快速加载,Xilinx 在 FPGA 器件中增加了并行模式。该模式为 8 位配置数据宽度,需要 8 位数据线 D7~D0。此外,还有低电平有效的芯片选择信号(CS_B)、电平有效的写信号(RDWR_B)及高电平有效的忙信号(BUSY)。当 BUSY 信号为高时,表示器件忙,即不能执行下一步的写操作,需要等待该信号脚变为低。对于 50MHz 以下的配置时钟,该控制信号可以不用。当配置完成后,这些多功能引脚可作为普通输入输出线使用,该模式需要辅助控制逻辑和配置时钟。并行模式又可以细分成主(master)并行模式和从(slave)并行模式。当仅对单个器件进行并行配置时,需选择主并行模式,如图 2-53 所示;当需要对多个器件进行并行配置时,需选择从并行模式,如图 2-54 所示。

(2) 串行配置。即每个时钟仅接收一位配置数据,可分为主串行和从串行两种模式。如果配置的时钟信号来自所需配置的 FPGA 器件,则为主串行模式;如果由外部器件提供配置时钟,则为从串行模式。对于多个采用串行配置方案的器件,可以组成菊花链(daisy-chain)的形式,即一片 FPGA 设置成主模式以产生配置时钟,其余的器件设置成从模式,并且将上一级的数据输出(DOUT)与下一级的数据输入(DIN)连接起来,如图 2-55 所示。在进行 FPGA 调试时,如果需要用下载电缆通过从串行模式进行 FPGA 的配置,必须选择从串行模式。

(3) 边界扫描配置。采用 JTAG 标准,因此有时也称为 JTAG 配置模式。该模式只有

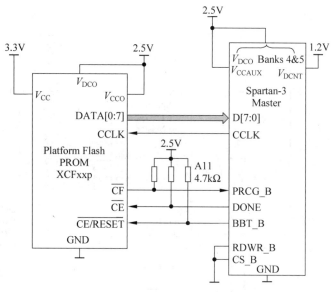

图 2-53 主并行配置模式

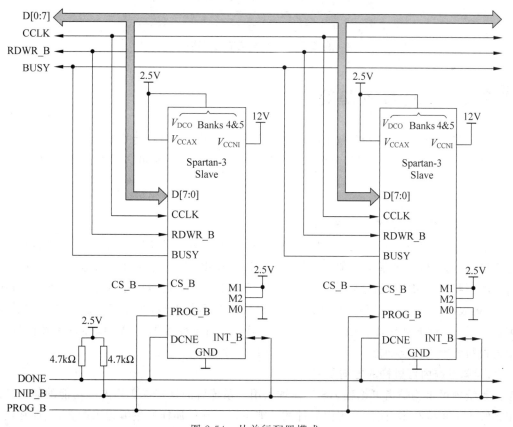

图 2-54 从并行配置模式

4 条专用配置信号线,分别为 TCK(时钟)、TDI(数据输入)、TDO(数据输出)及 TMS(模式选择)。该模式类似于从串行模式。凡是符合 JTAG 接口标准的器件都可以放在 JTAG 链路中。

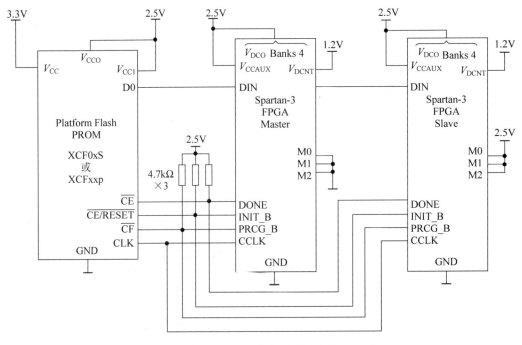

图 2-55　串行菊花链配置连接

2.6　PLD 发展趋势

电子技术的进步和 EDA 技术的发展大大地促进了集成电路特别是 ASIC 技术的发展，现代电子系统的设计为可编程 ASIC 器件提供了广阔的应用领域。过去的几年里，可编程 ASIC 市场的增长主要来自大容量的可编程逻辑器件 CPLD 和 FPGA，其未来的发展趋势表现在以下几个方面。

1.　向高密度、大规模的方向发展

电子系统的发展必须以电子器件的发展为基础，但两者并不同步，往往系统的设计需求是主导，因而随着电子系统复杂度的提高，可编程 ASIC 器件的规模不断地扩大。目前，高密度的可编程 ASIC 产品已经成为主流器件，可编程 ASIC 已具备了片上系统（System-on-Chip）集成的能力，产生了巨大的飞跃，这也促使工艺不断进步，而随着每次工艺的改进，可编程 ASIC 器件的规模都有很大的扩展。由于看好高密度可编程 ASIC 器件市场前景，各个公司纷纷推出自己功能强大的 CPLD 和 FPGA 产品。

2.　向系统内可重构的方向发展

系统内可重构是指可编程 ASIC 在置入用户系统后仍具有改变其内部功能的能力。采用系统内可重构技术，使得系统内硬件的功能可以像软件那样通过编程来配置，从而在电子系统中引入"软硬件"的全新概念。

按照实现的途径不同，系统内重构可分为静态重构和动态重构两类。对基于 E^2PROM 或快速擦写技术的可编程器件，系统内重构是通过 ISP 技术实现的，是一种静态逻辑重构。ISP 可编程逻辑器件的工作电压和编程电压是相同的，编程数据可通过一根编程电缆从 PC

或工作站写入芯片,设计者无须把芯片从电路板上取下就能完成芯片功能的重构造,给设计修改、系统调试及安装带来了极大的方便。另一类系统重构即动态重构,是指在系统运行期间,根据需要适时地对芯片重新配置以改变系统的功能,可由基于 SRAM 技术的 FPGA 实现。这类器件可以无限次地被重新编程,利用它可以 1s 几次或者 1s 数百次地改变器件执行的功能,甚至可以只对器件的部分区域进行重组,此时芯片的其他部分仍可正常工作。可编程 ASIC 的系统内可重构特性有着极其广泛的应用前景,近年来在通信、航天、计算机硬件系统、程序控制、数字系统的测试诊断等多方面获得了较好的应用。

3. 向低电压、低功耗的方向发展

集成技术的飞速发展,工艺水平的不断提高,节能潮流在全世界的兴起,也为半导体工业提出了降低工作电压的发展方向。可编程 ASIC 产品作为电子系统的重要组成部分,也不可避免地向 3.3V、2.5V、1.8V、1.2V 的标准靠拢,以便适应其他数字器件,扩大应用范围,满足节能的要求。

4. 向高速可预测延时器件的方向发展

可编程 ASIC 产品能得以广泛应用,与其灵活的可编程性分不开,另外,时间特性也是一个重要的原因。作为延时可预测的器件,可编程 ASIC 的速度在系统中影响巨大。在当前的系统中,由于数据处理量的激增,要求数字系统有大的数据吞吐量,加之多媒体技术的迅速发展,更多的是图像的处理,相应地要有高速的硬件系统,而高速的系统时钟是必不可少的条件。可编程 ASIC 产品如果要在高速系统中占有一席之地,也必然向高速发展。另外,为了保证高速系统的稳定性,可编程 ASIC 器件的延时可预测性也是十分重要的。用户在进行系统重构的同时,担心的是延时特性会不会因为重新布线的改变而改变,若发生改变,将导致系统重构的不稳定性,这对庞大而高速的系统而言将是不可想象的,其带来的损失将是巨大的。因此,为了适应未来复杂高速电子系统的要求,可编程 ASIC 的高速可预测延时也是一个发展趋势。

5. 向混合可编程技术方向发展

可编程 ASIC 特有的产品上市快以及硬件可重构特性为电子产品的开发带来了极大的方便,它的广泛应用使得电子系统的构成和设计方法均发生了很大的变化。迄今为止,有关可编程 ASIC 的研究和开发的大部分工作基本上都集中在数字逻辑电路上,在未来几年里,这一局面将会有所改变,模拟电路及数模混合电路的可编程技术将得到发展。

思考与练习

1. 如何对 PLD 进行分类?
2. PLA 与 PAL 在结构上有哪些区别?
3. FPGA 与 CPLD 在结构上有哪些区别?两者各有什么特点?
4. Altera FPGA 和 Xilinx FPGA 在器件配置上各有哪几种模式?
5. 简述 PLD 的发展趋势。

## 第 3 章

Quartus Ⅱ 开发软件

3.1　概述

Quartus Ⅱ是 Altera 公司为开发可编程逻辑器件而推出的专用软件。Quartus Ⅱ设计工具完全支持 VHDL、Verilog HDL 的设计流程,其内部嵌有 VHDL、Verilog HDL 逻辑综合器。Quartus Ⅱ与 MATLAB 和 DSP Builder 结合可以进行基于 FPGA 的 DSP 系统开发,是 DSP 硬件系统实现的关键 EDA 工具,与 SOPC Builder 结合,可实现 SOPC 系统开发。

3.1.1　Quartus Ⅱ 9.1 的安装

Quartus Ⅱ软件按使用对象可分为商业版和基本版,安装方法基本相同,这里仅介绍基于 PC 在 Windows XP 平台上安装 Quartus Ⅱ 9.1 的过程。

将 Quartus Ⅱ 9.1 软件光盘放入光驱中,执行光盘上的 setup.exe,程序会自行解压缩,随后出现如图 3-1 所示的安装欢迎界面,单击 Next 按钮,然后按屏幕提示进行操作,便可完成 Quartus Ⅱ 9.1 的安装,如果在任一步单击 Cancel 按钮将退出安装。安装过程中有进度显示,并对 Altera 公司的一些器件进行简要介绍。当安装过程进入如图 3-2 所示的界面时,单击 Finish 按钮,完成安装。

3.1.2　Quartus Ⅱ 9.1 的授权许可设置

在第一次运行 Quartus Ⅱ 9.1 时,需要进行授权许可设置,才能保证该软件功能的正常使用。双击桌面上的 Quartus Ⅱ 9.1 图标,或在 Windows 界面的"开始"菜单内选择"程序"中的 Quartus Ⅱ 9.1,出现如图 3-3 所示的对话框。在此选择 Specify valid license file 单选按钮,打开如图 3-4 所示的 Options 对话框。单击 License file 文本框右侧的"…"按钮,在弹出的 License File 对话框中选择 license.dat 文件,或者直接在 License file 文本框中输入带全路径名的 license.dat 文件名。然后,单击 OK 按钮,就可以正常使用 Quartus Ⅱ 9.1 软件了。运行 Quartus Ⅱ 9.1,打开如图 3-5 所示的管理器窗口。

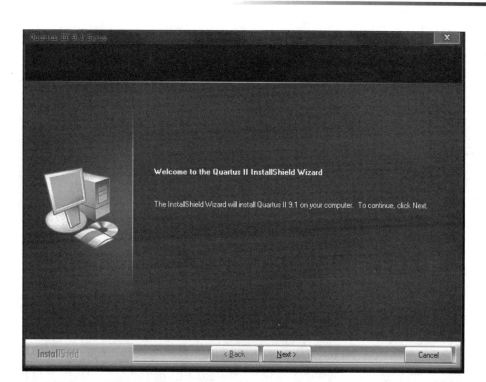

图 3-1　Quartus Ⅱ 9.1 安装欢迎界面

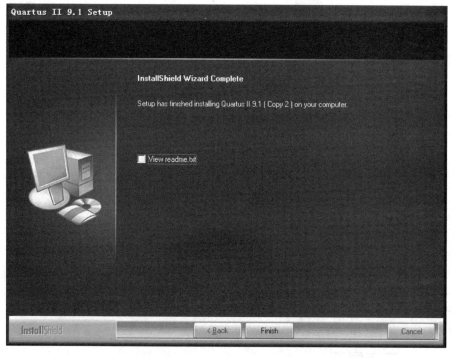

图 3-2　Quartus Ⅱ 9.1 安装完成后的界面

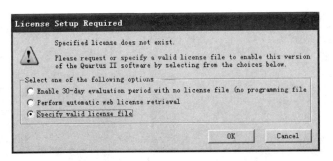

图 3-3　License Setup Required 对话框

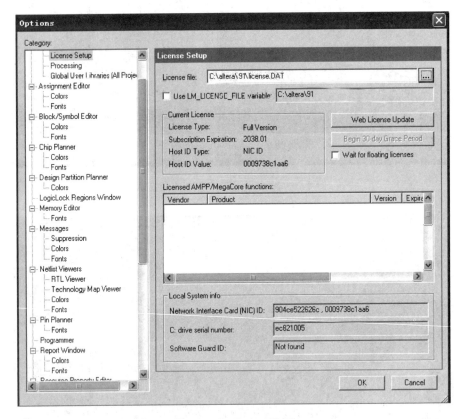

图 3-4　Options 对话框

3.2　Quartus Ⅱ 9.1 管理器

Quartus Ⅱ 9.1的管理器是用户启动 Quartus Ⅱ 9.1时打开的第一个窗口,它对所有 Quartus Ⅱ 9.1应用功能进行控制。

3.2.1　工作界面

从图 3-5可以看到,Quartus Ⅱ 9.1管理器由标题栏、菜单栏、工具栏、工程管理区、编译状态显示区、工作区、信息区和状态栏组成。

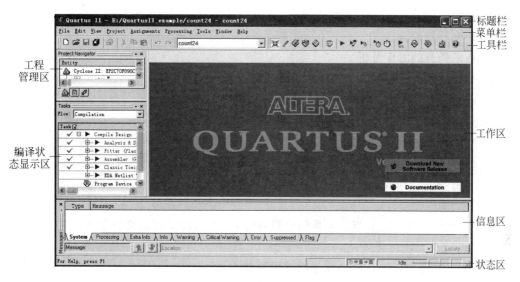

图 3-5 Quartus Ⅱ 9.1管理器窗口

（1）标题栏：用来指明当前编辑文件的名称及路径。

（2）菜单栏：包括各种操作和参数设置命令。

（3）工具栏：如图 3-6 所示，它是各菜单功能的快捷按钮组合区，其功能从左到右介绍如下：

图 3-6 工具栏

① 建立一个新的图形、文本、波形或符号等文件。

② 打开一个文件，启动相应的编辑器。

③ 保存当前文件。

④ 保存所有文件。

⑤ 打印当前文件或窗口内容。

⑥ 将选中的内容剪切到剪贴板。

⑦ 将选中的内容复制到剪贴板。

⑧ 将剪贴板的内容粘贴到当前文件中。

⑨ 撤销上次的操作。

⑩ 重复上次操作。

⑪ 打开文件列表。

⑫ 打开/关闭工程管理区。

⑬ 打开设置对话框。

⑭ 打开资源分配。

⑮ 打开引脚规划。

⑯ 打开芯片规划。

⑰ 停止编译。

⑱ 开始编译。

⑲ 指定分析综合。

⑳ 指定经典的时序分析。

㉑ 开始时序分析。

㉒ 调用时序分析器。

㉓ 开始仿真。

㉔ 编译报告。

㉕ 编程下载。

㉖ 调用 SOPC Builder。

㉗ 帮助索引。

（4）工程管理区：显示当前工程的信息，使用户对当前工程的文件层次结构、所有相关文档以及设计单元进行管理。

（5）编译状态显示区：显示编译的进程等状态。

（6）工作区：是用户对输入文件进行设计的区域。包括源文件的设计输入、器件设置、定时约束设置、底层编辑和编译报告等均在工作区中进行。

（7）信息区：显示系统在编译和仿真过程中所产生的信息，例如语法信息、错误、警告、编译成功信息等。如果是警告和错误，则会给出具体的引起警告和错误的原因，以方便设计者查找及修改错误，在此窗口中单击错误条目，可以直接找到错误对应的位置。

（8）状态栏：当鼠标置于菜单命令或工具栏的某一图标上时，状态栏显示其简短描述，起到提示的作用。

3.2.2　菜单栏

Quartus Ⅱ 9.1 的菜单栏包括各种操作和参数设置命令，包括 File、Edit、View、Project、Assignment、Processing、Tools、Window 和 Help 菜单。

1. File 菜单

File 菜单各选项功能如下：

（1）New：创建一个新的设计。

（2）Open：打开一个已有的设计。

（3）Close：关闭一个设计。

（4）New Project Wizard：创建一个新的工程。

（5）Open Project：打开一个已有的工程。

（6）Convert MAX＋PLUS Ⅱ Project：将 MAX＋PLUS Ⅱ 环境下的工程转换为 Quartus Ⅱ 环境下的工程。

（7）Save Project：保存当前工程。

（8）Close Project：关闭当前工程。

（9）Save，Save As：保存当前文件/将当前文件另存为一个新文件。

（10）Save Current Report Section As：保存当前报告内容为一个文件。

（11）File Properties：当前文件属性。

（12）Create/Update：为当前文件创建一个设计文件，或者更新当前文件或模块。

（13）Export：将当前文件（一般是报告文件的数据）输出。

（14）Convert Programming Files：将 SRAM 下载文件（后缀名为 . pof 或 . sof）转换为 Quartus Ⅱ 支持的其他文件格式。

（15）Page Setup：页面设置。

（16）Print Preview：打印预览。

（17）Recent Files：最近打开的设计文件。

（18）Recent Projects：最近打开的工程。

（19）Exit：关闭 Quartus Ⅱ 软件。

2. Edit 菜单

Edit 菜单各选项功能如下：

（1）Undo,Redo：撤销和恢复上次操作。

（2）Cut,Copy,Paste,Delete,Select All：剪切,复制,粘贴,删除,全选。

（3）Find,Find Next,Replace：查找,查找下一个,替换。

（4）AutoFit：自动调整表格尺寸。

（5）Line：定义选定的线的类型。

（6）Toggle Connection Dot：指定线的交叉点为连接点或把连接点定义为不连接。

（7）Flip Horizontal,Flip Vertital：水平旋转,垂直旋转。

（8）Rotate by Degrees：旋转特定角度。

（9）Insert Symbol：插入图元符号。

（10）Insert Symbol as Block：插入一个图元符号,并以 Block 形式显示。

（11）Edit Selected Symbol：编辑选定图元符号。

（12）Update Symbol or Block：更新图元符号或模块。

（13）Properties：模块属性。

3. View 菜单

View 菜单各选项功能如下：

（1）Utility Window：功能窗口。

（2）Full Screen：全屏显示。

（3）Fit In Window：适应窗口大小显示。

（4）Zoom In,Zoom Out,Zoom：放大,缩小,自定义显示范围。

（5）Show Guidelines：显示网格线。

（6）Show Block I/O Tables：显示模块的端口输入输出表。

（7）Show Mapper Tables：显示模块和与模块相连的信号之间的映射表。

（8）Show Parameter Assignments：显示参数配置。

（9）Show Location Assignments：显示引脚分配。

（10）Show I/O Standard and Reserve Pin Assignments：显示 I/O 引脚标准和保留引脚分配。

4. Project 菜单

Project 菜单各选项功能如下：

（1）Add Current File to Project：把当前文件加入工程中。

（2）Add/Remove File in Project：从工程中添加或删除文件。

（3）Revisions：版本管理。

（4）Copy Project：复制工程。

（5）Archive Project：工程文件打包。

（6）Restore Archive Project：将已打包工程文件和数据恢复到目标文件夹中。

（7）Import Database，Export Database：导入或导出数据库文件。

（8）Import Design Partition：导入设计分区。

（9）Export Project as Design Partition：是自下而上增量编译设计流程的一部分，允许用户将工程作为设计分区导出为.qxp文件（Quartus Ⅱ Exported Partition File）。此文件描述了已导出的工程并且包含一个网表文件、LogicLock区域以及一组设置等。

（10）Generate Bottom-Up Design Partition Scripts：创建一个自下而上的设计分区脚本。

（11）Generate Tcl File for Project：为当前工程生成一个Tcl脚本命令文件，后缀名为.tcl。

（12）Generate PowerPlay Early Power Estimator File：产生一个早期功耗估算文件。

（13）Organize Quartus Ⅱ Setting File：组织Quartus Ⅱ设置文件，并按照配置的种类进行分类。

（14）HardCopy Utilities，HardCopy Ⅱ Utilities：提供HardCopy和HardCopy Ⅱ功能。

（15）Locate：将指定模块或文件在不同层次进行定位。

（16）Set As Top-Level Entity：将当前文件设定为工程的顶层实体。

（17）Hierarchy：查看下一层次实体、上一层次实体或工程顶层实体的设计文件。

5. Assignment 菜单

Assignment菜单各选项功能如下：

（1）Device：选择器件及观察器件参数。

（2）Pins：引脚分配以及参数设置。

（3）Timing Analysis Settings：时序设置。

（4）EDA Tool Settings：第三方EDA工具设置。

（5）Timing Wizard：定时向导。

（6）Assignment Editor：分配编辑器。

（7）Pin Planner：引脚分配器。

（8）Remove Assignments：删除分配。

（9）Demote Assignments：将工程的某一项或多项配置的配置要求降级，从而可以使编译器更自由、高效地安排配置。

（10）Back-Annotate Assignments：反标分配。

（11）Import Assignment：导入分配信息。

（12）Export Assignment：导出分配信息。

（13）Assignment（Time）Groups：时序组分配。

（14）Timing Closure Floorplan：时序逼近底层图（Timing Closure平面布局分布图）。

（15）LogicLock Regions Window：逻辑锁区域。

（16）Design Partitions Window：设计分区窗口。

6．Processing 菜单

Processing 菜单各选项功能如下：

（1）Stop Processing：停止处理。

（2）Start Compilation：开始一个完整编译。

（3）Analyze Current File：分析当前文件。

（4）Start：开始菜单。

（5）Update Memory Initialization File：更新存储器初始化文件。

（6）Compilation Report：查看编译报告。

（7）Start Compilation & Simulation：开始编译和仿真。

（8）Generate Functional Simulation Netlist：产生功能仿真的网表文件。

（9）Start Simulation：开始仿真。

（10）Simulation Debug：仿真调试。

（11）Simulation Report：查看仿真报告。

（12）Compiler Tool：编译工具。

（13）Simulator Tool：仿真工具。

（14）Timing Analyzer Tool：时序分析工具。

（15）PowerPlay Power Analyzer Tool：功率分析工具。

7．Tools 菜单

Tools 菜单各选项功能如下：

（1）EDA Simulation Tool：运行第三方 EDA 仿真工具(寄存器传输级仿真工具和门级仿真工具)。

（2）Run EDA Timing Analyze Tool：运行第三方 EDA 时序分析工具。

（3）Launch Design Space Explorer：运行设计空间管理器。

（4）Advanced List Paths：高级网表路径。

（5）TimeQuest Timing Analyzer：TimeQuest 时序分析器。

（6）Advisors：向导。

（7）Chip Editor：芯片编辑器。

（8）Netlist Viewers：网表观察工具。

（9）SignalTap Ⅱ Logic Analyzer：SignalTap Ⅱ 逻辑分析仪。

（10）In-System Memory Content Editor：存储器内容在系统编辑器。

（11）Logic Analyzer Interface Editor：逻辑分析仪接口编辑器。

（12）SignalProbe Pins：为 SignalProbe 信号探针分配引脚。

（13）Programmer：编程器。

（14）MegaWizard Plug-In Manager：MegaWizard 插件管理器。

（15）SOPC Builder：嵌入式系统构建工具。

（16）Tcl Scripts：Tcl 脚本编辑器。

（17）Customize：用户自定义。

（18）Options：选项。

(19) License Setup：许可安装。

8. Window 菜单

Window 菜单各选项功能如下：

(1) New Window：打开一个新窗口。

(2) Close All：关闭工作区中的所有文件。

(3) Cascade：将窗口中的文件错叠显示。

(4) Tile Horizontally：将文件在窗口中横向排列。

(5) Tile Vertically：将文件在窗口中纵向排列。

9. Help 菜单

Help 菜单各选项功能如下：

(1) Index：索引。

(2) Search：搜索。

(3) Contents：内容。

(4) Messages：所有系统信息的解释。

(5) Glossary：术语表。

(6) Megafunctions/LPM：参数化模块库。

(7) Devices & Adapters：器件和适配器。

(8) EDA Interfaces：第三方 EDA 工具接口流程介绍。

(9) Tutorial：Quartus Ⅱ 使用指南。

(10) PDF Tutorial：针对 VHDL 和 Verilog HDL 用户的 Quartus Ⅱ 使用指南(PDF 文件格式)。

(11) MAX+PLUS Ⅱ Quick Start Guide：MAX+PLUS Ⅱ 快速入门指南。

(12) What's New：Quartus Ⅱ 9.1 版的新功能。

(13) Readme File：显示 Quartus Ⅱ 9.1 版的 Readme 文件。

(14) MegaCore IP Library Readme：显示 MegaCore IP Library 的 Readme 文件。

(15) Release Notes：显示 Altera 网站上有关当前版本的 Quartus Ⅱ 软件的最新信息。

(16) How to Use Help：介绍如何高效地使用 Quartus Ⅱ 的帮助功能。

(17) Contacting Altera：连接 Altera 网站。

(18) Altera on the Web：Altera 公司各部门的联系方式。

(19) About Quartus Ⅱ：Quartus Ⅱ 的版本和专利信息。

3.3 设计输入

3.3.1 Quartus Ⅱ软件设计流程

Quartus Ⅱ 软件设计流程如图 3-7 所示。

Quartus Ⅱ 支持多种设计输入方法：

(1) 可以采用 Quartus Ⅱ 本身的编辑器输入、原理图式图形设计输入、文本编辑输入(如 AHDL、VHDL、Verilog HDL)、内存编辑输入(如 Hex、Mif)。

(2) 第三方 EDA 工具编辑的标准格式文件输入，如 .edif、.hdl、.vqm。

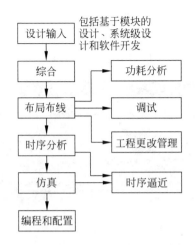

图 3-7　Quartus Ⅱ 软件设计流程

（3）还可以采用一些其他方法优化和提高输入的灵活性，如混合设计格式，它利用
LPM 和宏功能模块来加速设计输入。

Quartus Ⅱ 支持的设计输入文件如图 3-8 所示。

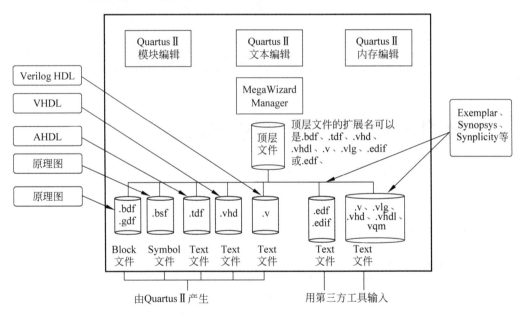

图 3-8　Quartus Ⅱ 支持的设计输入文件

3.3.2　创建工程

Quartus Ⅱ 编译的工作对象是工程，所以在进行设计时，首先要指定该设计的工程名
称，并且要保证一个设计工程中所有相关文件均出现在该工程的层次结构中。每个设计必
须有一个工程名，并且要保证工程名与设计文件名一致。另外，对于每个新的工程，应该建
立一个独立的子目录。指定设计工程名称的步骤如下：

在任意盘建立文件夹（注意不能用汉字），如 e:\quartusII_example。

在图 3-5 所示的 Quartus Ⅱ 9.1 管理器窗口中,选择 File→New Project Wizard 菜单命令,打开如图 3-9 所示的创建工程向导对话框,然后单击 Next 按钮,打开如图 3-10 所示的对话框,输入工程路径、工程名称、顶层设计的实体名称。

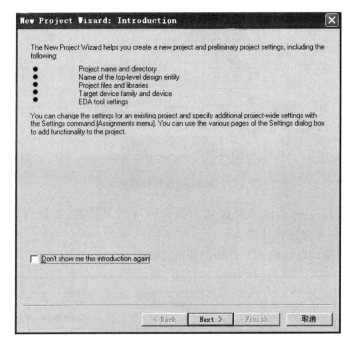

图 3-9　创建工程向导对话框

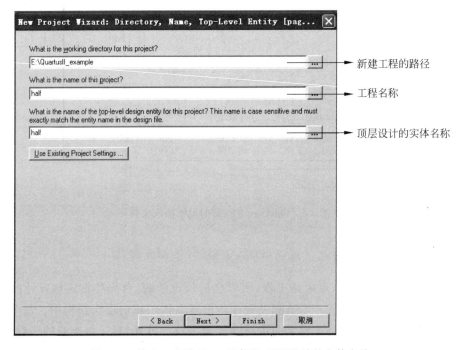

图 3-10　输入工程路径、工程名称、顶层设计的实体名称

单击 Next 按钮,打开如图 3-11 所示的添加文件对话框。

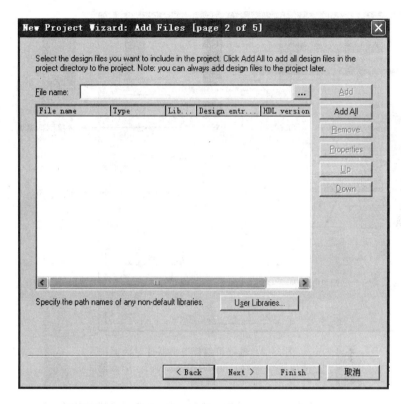

图 3-11 添加文件对话框

可以在 File name 文本框中输入其他已存在的设计文件(如果有)加入这个工程中。将文件加入工程的方法有两种:一种是单击右边的 Add All 按钮,将设定的工程目录中的所有 Verilog HDL 文件加入到工程文件栏中;另一种是单击"…"按钮,从工程目录中选出相关的 Verilog HDL 文件。完成文件添加后单击 Next 按钮进入下一步。如不需要添加文件,直接单击 Next 按钮进入下一步,打开如图 3-12 所示的选择可编程逻辑器件对话框。

在图 3-12 中,首先在 Family 下拉列表框中选择器件系列,在 Package 处选择器件的封装形式,在 Pin count 处选择芯片的引脚数目,在 Speed grade 处选择速度级别来约束可选器件的范围。在 Target device 处选择 Auto device selected by the Filter 单选按钮,完成后单击 Next 按钮,打开如图 3-13 所示的 EDA 工具设置对话框。

在图 3-13 所示的界面中可以选择第三方的 EDA 软件,一般无须改动,直接单击 Next 按钮,打开如图 3-14 所示的创建工程向导结束对话框。单击 Finish 按钮,结束工程的创建,即可进入如图 3-5 所示的 Quartus Ⅱ 9.1 管理器窗口,工程文件的扩展名为 .qpf。

如果工程已经建立,选择 File/Open Project,打开如图 3-15 所示的打开工程对话框,即可打开已建立的工程,也会进入如图 3-5 所示的 Quartus Ⅱ 9.1 管理器窗口。

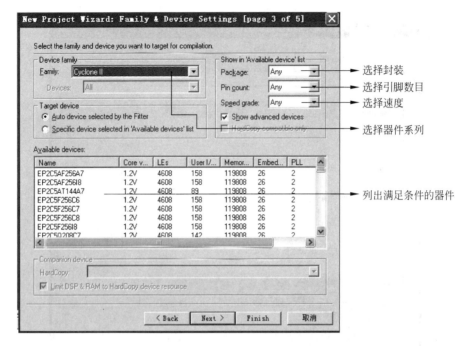

图 3-12 选择可编程逻辑器件对话框

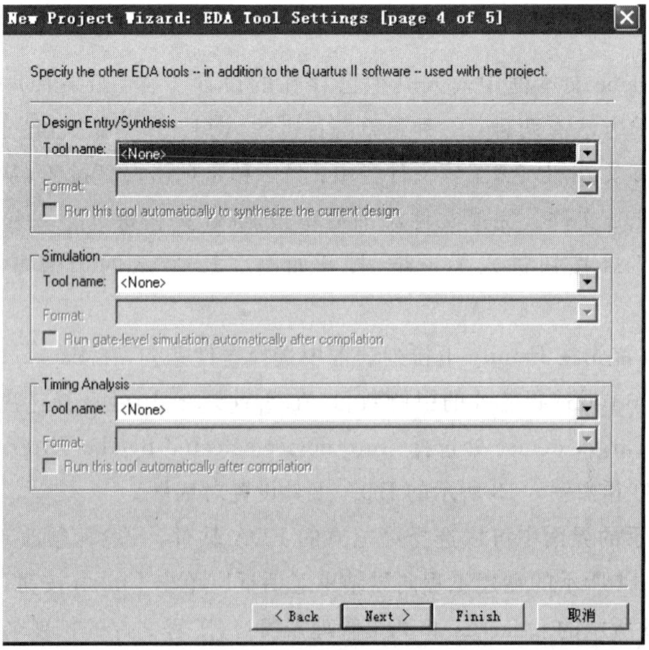

图 3-13 EDA工具设置对话框

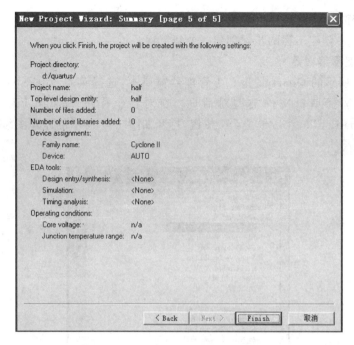

图 3-14　创建工程向导结束对话框

图 3-15　打开工程对话框

3.3.3　图形编辑输入

图形输入方式是使用 Quartus Ⅱ 提供的图元和用户自己创建的图元作为输入单元输入设计的原理图,从而完成设计的输入任务。由于通过原理图可以清楚地看到组成设计工程的各个模块之间的关系,因此顶层文件通常用图形输入方式来创建。图形输入的具体步骤如下。

1. 创建工程

按 3.3.2 节中创建工程的步骤创建一个新工程。

2. 打开原理图编辑器

在如图 3-5 所示的 Quartus Ⅱ 9.1 管理器窗口中,选择菜单 File→New 命令,打开如图 3-16 所示的选择编辑文件类型对话框。在对话框中的 Design Files 中选择 Block Diagram/Schematic File,然后单击 OK 按钮,打开如图 3-17 所示的原理图编辑器窗口,开始原理图输入工作。

图 3-16 选择编辑文件类型

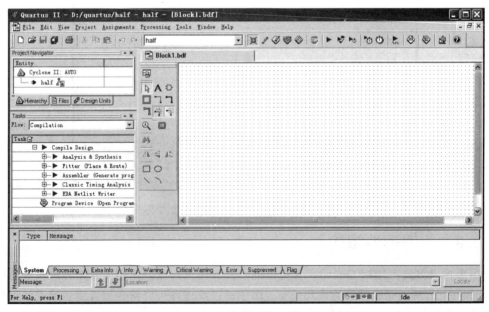

图 3-17 原理图编辑器窗口

原理图设计输入界面中各工具按钮的功能如图 3-18 所示。其中橡皮筋功能是指当采用鼠标单击方式连线时,随着鼠标的拖动,连线会像橡皮筋一样被拉长和延伸而不会断开。文本工具、方框工具、圆形工具、直线工具和弧线工具都可以作为注释工具使用。

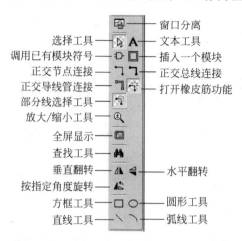

图 3-18　原理图设计输入界面中各工具按钮的功能

3. 输入逻辑功能符号

Quartus Ⅱ 9.1 软件提供各种逻辑功能符号,包括图元、LPM 函数和宏功能符号。其.bdf 文件既能包含模块符号,又能包含原理图符号,供设计人员在图形模块编辑器中直接使用。

在编辑窗中的任何一个位置上右击,在弹出的快捷菜单中选择 Insert→Symbol 命令,或者在空白处任何一个位置双击,或者单击绘图工具栏的 ⬠ 按钮,都可以打开如图 3-19 所示的逻辑功能符号输入对话框,在 Name 文本框中输入要调用的逻辑功能符号名称,如74161,找到需要的逻辑功能符号,单击 OK 按钮,即可将逻辑功能符号放置到新建的图形模块编辑器中。模 12 计数器所需的逻辑功能符号如图 3-20 所示。

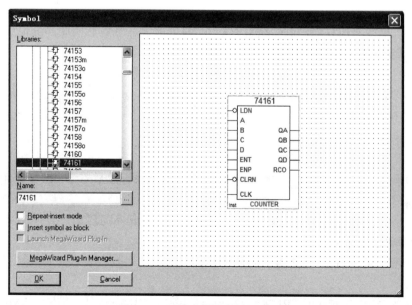

图 3-19　逻辑功能符号输入对话框

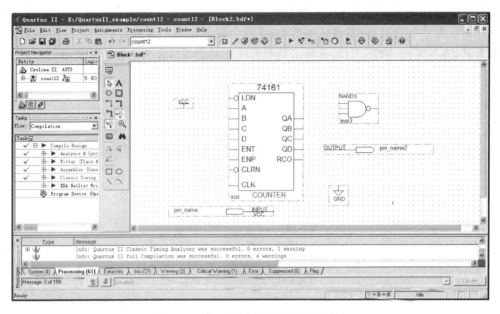

图 3-20　模 12 计数器的逻辑功能符号

4. 移动逻辑功能符号

（1）单击图 3-20 中的 74161 符号,即选定这个符号(符号颜色发生变化)。

（2）按住鼠标左键,拖动 74161 符号并将其左上角定位在导引线相交点上。符号的外形边界线随符号一起移动,这样就可以对符号进行精确定位。

（3）符号定位后,释放鼠标左键。

（4）将光标放置在某一图元或符号上并右击,在快捷菜单中选择 Rotate by degrees、Flip Horizontal 及 Flip Vertical 命令,或者选择 Edit 菜单中的 Rotate by degrees、Flip Horizontal 或 Flip Vertical 命令,可分别对该图元进行按指定角度旋转、水平翻转或垂直翻转操作。

（5）按下鼠标左键并拖动到一定位置松开,即可选定一个矩形区域。可按照上述(2)～(4)步移动该选定区域。

5. 连线

如果需要连接两个端口,则将鼠标移到其中一个端口上,这时鼠标指针自动变为"＋"形状。然后按下述步骤操作:

（1）按住鼠标左键并将鼠标拖到第二个端口。

（2）放开左键,则一条连接线就画好了。

（3）如果某一条线需设置为总线,则只要先选中该线,然后右击,在快捷菜单中选择 Bus Line 命令,此时,被选中的线段即变为总线。

（4）如果需要删除一根连接线,可单击这根连接线使其高亮显示,然后按 Del 键即可。

6. 引脚和连线命名

在一个图形编辑器中,每个逻辑功能符号都有唯一的用数字表示的 ID 标识号。命名引脚的步骤如下:

（1）双击 INPUT 或 OUTPUT 端口默认的引脚名 PIN-NAME,PIN-NAME 将变色。

（2）输入新的引脚名称。

（3）将其余的 INPUT 和 OUTPUT 引脚名按图 3-21 更改，注意输入引脚和输出引脚不能同名。

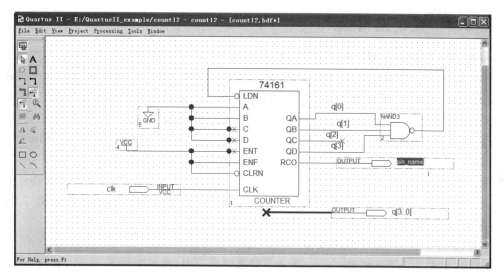

图 3-21　引脚和连线命名

（4）为连线命名时，单击选中需命名的连线，然后输入名字。如对 n 位宽的总线 Q 命名时，可以采用 $Q[n-1..0]$ 的形式，其中单个信号用 $Q[0]$，$Q[1]$，$Q[2]$，$\cdots$，$Q[n]$ 的形式。

7. 用名字来连接节点和总线

除了用连线连接元件符号外，还可以通过名字把元件符号引脚或其连线与其相应的总线连接起来。如果某个节点与总线的某个成员有相同的名字，那么它们在逻辑上就连接在一起了，而并不需要实际的连接，如图 3-22 所示。

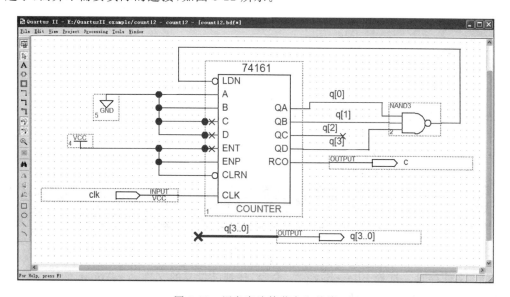

图 3-22　用名字连接节点和总线

8. 文件存盘

选择 File→Save As 命令,找到已建立的文件夹 e:\quartusII_example,存盘文件名为 count12.bdf。

3.3.4 文本编辑输入

Quartus Ⅱ 支持以 AHDL、VHDL 和 Verilog HDL 等硬件描述语言形式书写的文本文件,AHDL 是 Altera Hardware Description Language 的缩写,它是一种高级的硬件描述语言,该语言可以使用布尔方程、算术运算、真值表、条件语句等方式进行描述,适用于大型或复杂的状态机设计。VHDL 和 Verilog HDL 是符合 IEEE 标准的高级硬件描述语言,特别适用于大型或复杂的设计。这几种语言都是用文本进行设计的,它们的输入方式既有共同之处,又各有特点,设计人员可根据实际情况选择使用。

和图形编辑输入方式一样,首先建立一个放置与此工程相关的所有文件的文件夹作为工作库。在建立了文件夹后,就可以将设计文件通过 Quartus Ⅱ 的文本编辑器编辑并存盘,利用 Verilog HDL 语言进行文本设计的方法如下:

(1) 按 3.3.2 节创建工程的步骤,创建一个新工程。

(2) 在如图 3-5 所示的 Quartus Ⅱ 9.1 管理器窗口中,选择菜单 File→New 命令,打开如图 3-16 所示的选择编辑文件类型对话框。在 Design Files 中选择 Verilog HDL File,然后单击 OK 按钮,打开如图 3-23 所示的文本编辑器窗口,进入新建的原理图输入工作界面,然后在 Verilog HDL 文本编辑器中输入 Verilog HDL 程序代码。

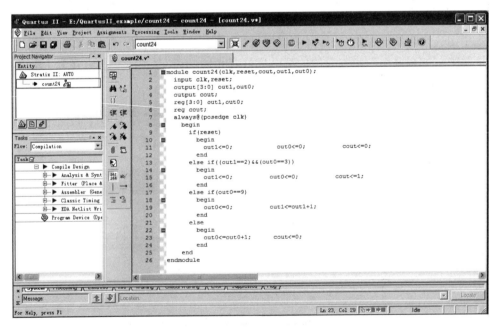

图 3-23　打开文本编辑器窗口

(3) 文件存盘。选择 File→Save As 命令,找到已设立的文件夹 e:\quartusII_example,文件名应该与实体名一致,即 count24.v。

3.4　设计处理

在设计输入完成后,用户就可以对设计工程进行处理了,设计处理主要使用 Quartus Ⅱ
9.1 编译器完成。编译器的功能包括设计错误检查、逻辑综合、适配器件、仿真/定时分析和
产生下载编程的输出文件。

3.4.1　编译设置

在进行编译前,必须做好必要的设置。具体步骤如下。

1. 选择目标器件

选择 Assignmemts→Settings 菜单命令或者选择 Assignmemts→Device 菜单命令,打
开如图 3-24 所示的选择目标器件对话框。

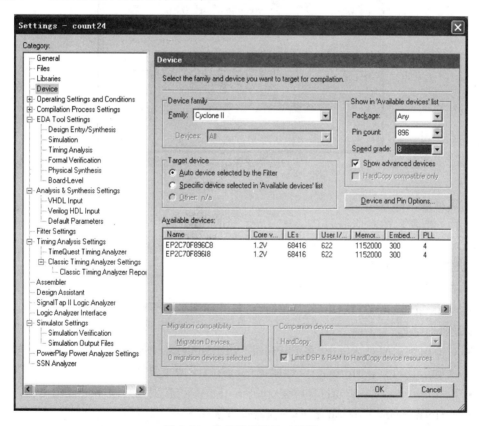

图 3-24　选择目标器件对话框

首先选择目标器件,该设计选择 EP2C70F896C8,也可以在图 3-24 所示的 Show in
'Available devices' list 栏中通过设置 Package 为 PQFP、Pin count 为 896、Speed grade 为 8
来选择器件。

2. 选择目标器件配置方式

单击图 3-24 中的 Device and Pin Options 按钮,打开如图 3-25 所示的选择目标器件配
置方式对话框,首先选择 Configuration 选项卡,在此选项卡的下方有相应的说明,在此可选

择 Configuration scheme 为 Active Serial,这是对专用配置器件进行配置的方式,而 PC 对此 FPGA 的直接配置方式都是 JTAG 方式。在 Configuration device 下,选择配置器为 EPCS1 或 EPCS4,根据设计系统上目标器件配置的 EPCS 芯片决定,如图 3-25 所示。

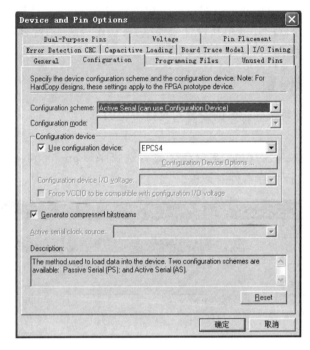

图 3-25　选择目标器件配置方式

3. 选择输出配置

在图 3-25 所示的对话框的 Programming Files 选项卡中,可以选择 Hexadecimal(Intel-Format)Output File,即产生下载文件的同时生成十六进制配置文件 ＊. hexout,可用于单片机与 EPROM 构成的 FPGA 配置电路系统。

4. 布局布线优化和物理综合选项设置

选择 Assignmemts→Settings 菜单命令,打开如图 3-26 所示的布局布线优化和物理综合选项设置对话框。

在 3-26 图所示的对话框中,在 Physical Synthesis Optimization 中有以下几个选项:

(1) Optimize for performance(性能优化),有以下两个复选框:

• Perform physical synthesis for combinational logic 对组合逻辑进行优化。

• Perform register retiming 对寄存器进行优化。

(2) effort level(级别),有以下 3 个单选按钮:

• Fast(optimize during fitting: minor compilation time increase),速度优先。

• Normal(optimize during fitting: moderate compilation time increase),平衡优先。

• Extra(optimize during fitting: major compilation time increase),面积优先。

选择不同的级别,编译时间不同,还可能会影响整个设计的性能。

(3) Fitter netlist optimizations(布局布线网表优化),有以下两个复选框:

• Perform automatic asynchronous signal pipelining,对异步信号自动添加流水线。

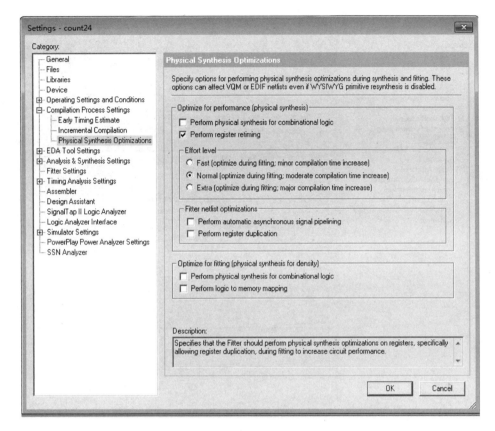

图 3-26　布局布线优化和物理综合选项设置对话框

- Perform register duplication,执行寄存器的复用。

(4) Optimize for fitting(布局布线的优化),有以下两个复选框:

- Perform physical synthesis for combinational logic,对组合逻辑电路进行物理综合。

- Perform logic to memory mapping,对逻辑内存映射进行优化。

5. 适配设置

选择 Assignmemts→Settings 菜单命令,打开如图 3-27 所示的适配设置对话框。

在图 3-27 所示的对话框中,在 Fitter Settings 中有以下几个选项:

(1) Timing driven compilation(时序驱动编译),有以下两个复选框:

- Optimize hold timing,保持时序优化,允许适配器在合适的路径(包括 I/O 路径和最小 TPD)中添加延时,从而实现保持时序的优化。关闭该选项,则不会对任何路径进行优化。

- Optimize multi-corner timing,多拐角时序优化,用于控制适配器是否对设计进行优化以满足所有拐角的时序要求和操作条件。要使用这项功能,必须使能时序逻辑优化。

(2) Power Play power optimization(功率优化)。

(3) Fitter effort(适配策略),包括以下 3 个单选按钮:

- Standard Fit,标准模式。

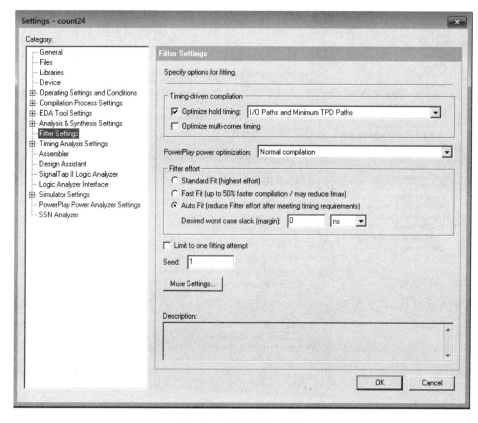

图 3-27　适配设置对话框

- Fast Fit,快速模式。
- Auto Fit,自动模式。

3.4.2　编译

1. 编译

Quartus Ⅱ编译器是由一系列处理模块构成的,这些模块负责对设计工程进行检错、逻辑综合和结构综合。即将设计工程适配到 FPGA/CPLD 目标器件中,同时产生多种用途的输出文件、如功能和时序仿真文件、器件编程的目标文件等。编译器首先从工程设计文件的层次结构描述中提取信息,包括每个低层次文件中的错误信息,帮助设计者排除错误,然后产生一个结构化的以网表文件表达的电路原理图文件,并把各层次中所有的文件结合成一个数据包,以便更有效地处理。编译分为完整编译和不完整编译。不完整编译包括以下3 个特点:

(1) 编译设计文件并综合,产生门级代码。

(2) 编译器只运行到综合这一步就停止。

(3) 编译器只产生估算的延时数值。

完整编译包括以下 6 个步骤:

(1) 编译。

(2) 网表输出。

（3）综合。

（4）配置器件。

（5）将设计配置到目标器件中。

（6）编译器根据器件特性产生真正的延时时间并给出器件的配置文件。

选择 Processing→Start Compilation 菜单命令或者 Processing→Compiler tool 菜单命令均可启动完整编译。编译完成后弹出提示对话框，单击确定按钮。编译完成后的适配结果如图 3-28 所示，这些结果包括警告和出错信息。如果工程中的文件有错误，在下方的 Processing 处理栏中会显示出来。对于 Processing 栏显示的语句格式错误，可双击此栏，即弹出 count24. v 文件，在闪动的光标处（或附近）可发现文件中的错误。修改后再次进行编译，直至排除所有错误。

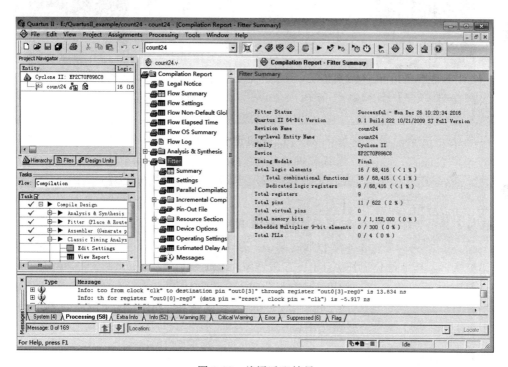

图 3-28　编译适配结果

2．查看适配结果

在图 3-28 所示的界面中可以通过 Compilation Report 下的 Fitter 查看适配结果。另外，还可以通过 Tools→Chip Planner（Floorplan and Chip Editor）菜单命令打开如图 3-29 所示的 Chip Planner 平面布局图，还可以通过放大工具查看放大后的设计在 LAB 中的分布情况，如图 3-30 所示。在这个界面双击选中的设计单元进入 Resource Property Editor，查看具体电路或进行修改，如图 3-31 所示。

3.4.3　仿真分析

仿真就是对设计工程进行全面彻底的测试，以确保设计工程的功能和时序特性，以及最后的硬件器件的功能与原设计相吻合。仿真操作前必须利用 Quartus Ⅱ 的波形编辑器建立

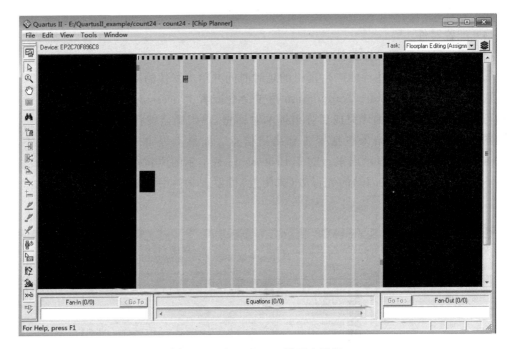

图 3-29　Chip Planner 平面布局图

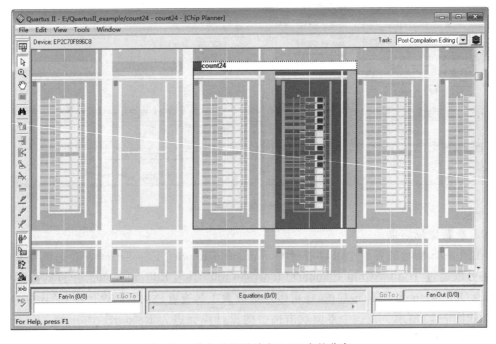

图 3-30　放大后的设计在 LAB 中的分布

一个向量波形文件以进行仿真激励。VWF 文件将仿真输入向量和仿真输出描述成为一个波形来实现仿真。Quartus Ⅱ允许对整个设计工程进行仿真测试。工程编译通过后,必须对其功能和时序性质进行仿真测试,以了解设计结果是否满足原设计要求。步骤如下。

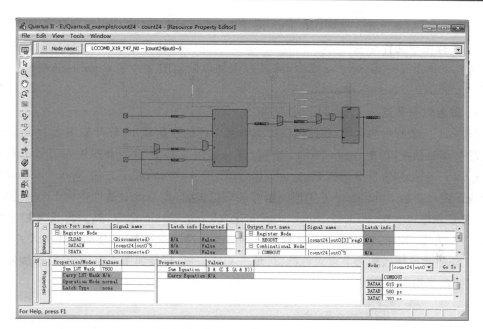

图 3-31 Resource Property Editor

1. 打开波形编辑器

选择菜单 File→New 命令,在 New 窗口中选择 Vector Waveform File,打开如图 3-32 所示的波形文件编辑窗口。

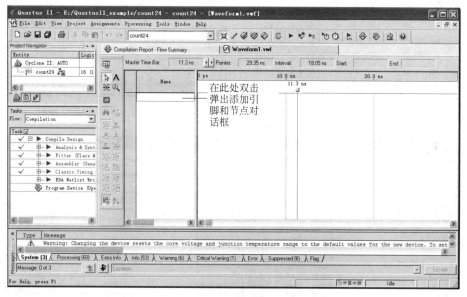

图 3-32 波形文件编辑窗口

波形文件编辑窗口的中间部分是波形输入工具条,其功能如图 3-33 所示。

2. 设置仿真时间区域

为了使仿真时间设置在一个合理的时间区域上,在 Edit 菜单中选择 End Time 命令,在弹出的窗口中的 Time 文本框中输入 50,单位选择 μs,即整个仿真域的时间即设定为 $50\mu s$,

单击 OK 按钮,结束设置。也可以在 Edit 菜单中选择 Grid Size 命令设置栅格宽度。

3. 保存波形文件

选择 File 菜单中的 Save as 命令,将波形文件以默认的文件名 count24.vwf 存入文件夹 E:\quartusII_example 中。

4. 输入信号节点

按照图 3-32 所示的位置,在波形文件编辑工作区的左侧双击,打开如图 3-34 所示的插入信号节点对话框,单击 Node Finder 按钮,打开如图 3-35 所示的查找输入信号节点对话框,在 Filter 下拉列表框中选择 Pins:all,然后单击 List 按钮,在下方的 Nodes Found 列表中出现了设计中的 count24.vwf 工程的所有端口引脚名(如果此对话框中的 List 按钮不显示,需要重新编译一次,即选择 Processing→Start Compilation 命令,然后再重复以上操作过程)。单击 [≫] 按钮,将所有节点都添加到 Selected Nodes 列表中,然后单击 OK 按钮,返回图 3-34 所示的插入信号节点对话框,再单击 OK 按钮,打开如图 3-36 所示的添加输入信号节点的波形编辑器界面。

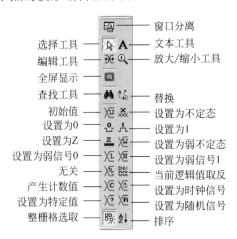

图 3-33　波形输入工具条

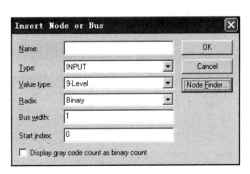

图 3-34　插入信号节点对话框

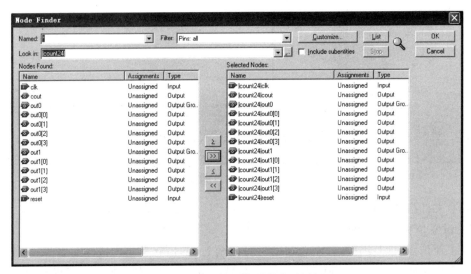

图 3-35　查找输入信号节点对话框

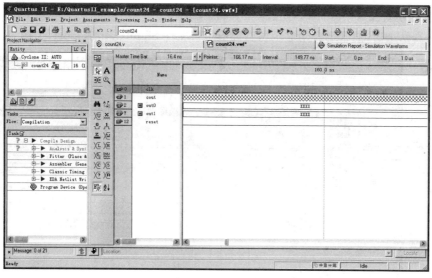

图 3-36　添加输入信号节点的波形编辑器界面

5. 编辑输入波形

单击时钟名 CLK,使之变为蓝色,再单击左侧的时钟设置工具按钮,在 Clock 窗口中设置 CLK 的周期为 30ns。Duty cycle 是占空比,可选 50,即占空比为 50%,如图 3-37 所示。然后设置端口的 reset 值,再对文件存盘。

6. 启动仿真器

所有设置完成后,选择菜单 Processing→Start Simulation 命令开始仿真,直到出现 Simulation was successful 的提示。也可以选择菜单 Processing→Simulator Tool 命令,打开如图 3-38 所示的设置仿真参数对话框。如果执行功能仿真,在 Simulation mode 下拉列表框中选择 Functional 选项,并单击 Generate Functional Simulation Netlist 按钮;如果执行时序仿真,则选择 Simulation mode 中的 Timing。本例中选择功能仿真。

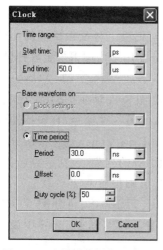

图 3-37　选择时钟周期和占空比

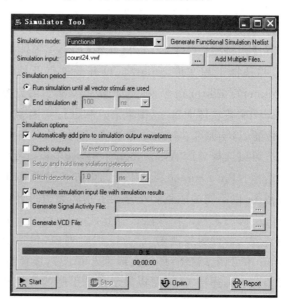

图 3-38　设置仿真参数对话框

7. 观察仿真结果

在仿真结束后,通常会自动显示仿真波形报告文件 Simulation Report,如图 3-39 所示。

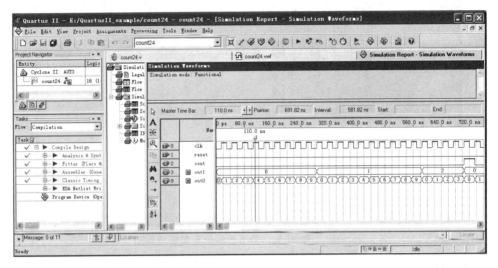

图 3-39　count24 工程仿真波形

需要注意的是:Quartus Ⅱ 的仿真波形文件中,波形编辑文件(＊.vwf)与波形仿真报告文件(Simulation Report)是分开的,而 MAX＋PLUS Ⅱ 的编辑文件与波形仿真报告文件是合二为一的。如果在启动仿真(选择 Processing→Run Simulation 命令)后,并没有出现仿真完成后的波形图,而是出现文字 Can't open Simulation Report Window,但报告仿真成功,则可手动打开仿真波形报告,方法是选择 Processing→Simulation Report 命令。

3.4.4　引脚锁定、设计下载和硬件测试

为了能对设计好的工程进行硬件测试,首先应将设计工程的输入输出信号锁定在芯片确定的引脚上,再将设计下载到 FPGA/CPLD 芯片中,具体操作过程如下。

1. 引脚锁定

假设现在已打开了 count24 工程(如果工程被关闭,应在菜单 File 中选择 Open Preject 命令,并选择工程文件 count24,打开此前已开始设计的工程),选择菜单 Assignments→Assignments Editor 命令,弹出如图 3-40 所示的分配编辑器对话框。分配编辑器的功能是在 Quartus Ⅱ 软件中建立、编辑节点和进行实体级别分配。分配用于为逻辑指定各种设置,包括位置、I/O 标准、时序、逻辑选项、参数、仿真和引脚分配。

也可以选择菜单 Assignments→Pin Planner 命令,打开如图 3-41 所示的引脚分配管理器对话框。Pin Planner 视觉工具为引脚和引脚组的分配提供了另一种途径,它包括器件的封装视图,以不同的颜色和符号表示不同类型的引脚 I/O 块。Pin Planner 还包括已分配和未分配引脚的表格。在默认状态下,Pin Planner 显示未分配引脚的列表(包括节点名称、方向和类型)、器件封装视图、已分配引脚列表(包括节点名称、引脚位置和 I/O 块)。在 Pin Planner 中可调整视图(即放大或缩小视图),选择显示 I/O 块、VREF 组、可分配 I/O 引脚或者差分引脚连接等,还可以显示所选引脚的属性和可用资源,以及 Pin Planner 中说明不同颜色和符号的图例。

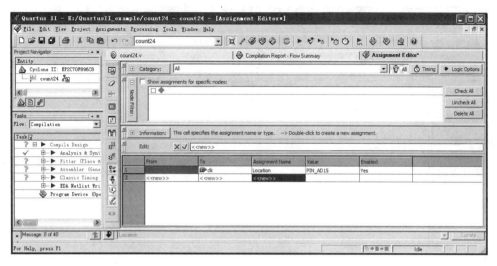

图 3-40　分配编辑器对话框

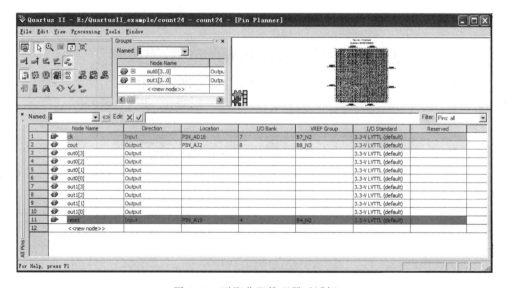

图 3-41　引脚分配管理器对话框

2. 选择编程模式和配置

为了将编译产生的下载文件配置到 FPGA 中进行测试,首先将系统连接好,上电,然后在菜单 Tool 中选择 Programmer 命令,弹出如图 3-42 所示的编程窗口。在 Mode 栏中有多种编程模式可以选择,这里选择 JTAG 方式。单击左侧的 File 按钮,选择配置文件 count24.sof,最后单击 Start 按钮进行下载。当 Progress 显示为 100%,并且在底部的处理栏中出现 Configuration Succeeded 时,表示编程成功。

3. 选择编程器

在图 3-42 所示的编程窗口中,单击 Hardware Setup 按钮,即弹出如图 3-43 所示的 Hardware Setup 对话框。选择 Hardware settings 选项卡,再双击可用硬件列表中的 USB-Blaster[USB-0],单击 Close 按钮,关闭对话框即可。

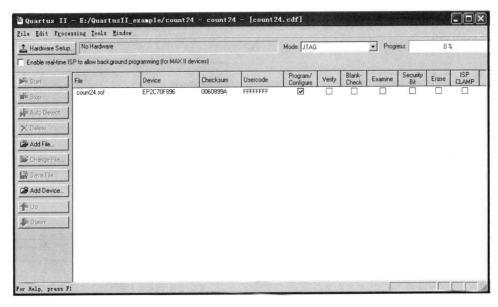

图 3-42　编程窗口

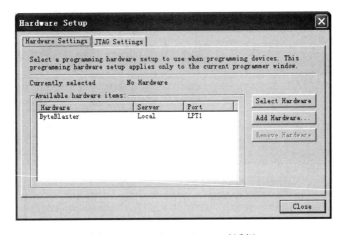

图 3-43　Hardware Setup 对话框

4. 下载与硬件测试

完成上述各项设置后,即可顺利完成设计工程的下载工作,下载后可进行相关的硬件测试工作。

3.5　时序分析

3.5.1　Classic Timing Analyzer 时序约束

Quartus Ⅱ时序分析器有 Classic Timing Analyzer 和 TimeQuest Timing Analyzer 两种,通过选择菜单 Assignments→Settings→Timing Analysis Settings 命令,打开如图 3-44 所示的分析器件设置对话框。选择 Use Classic Timing Analyzer during compilation 或者 Use TimeQuest Timing Analyzer during compilation 单选按钮,即可选择相应的时序分析器。

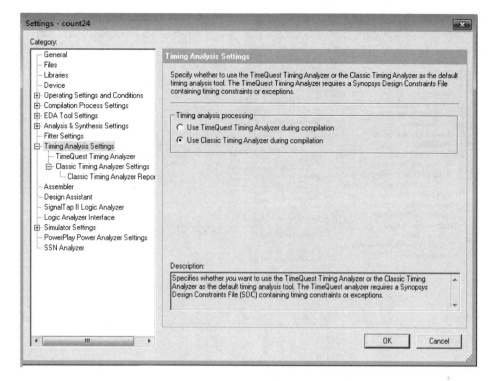

图 3-44   分析器件设置对话框

下面介绍 Classic Timing Analyzer 的设置方法。

在图 3-45 所示的分析器设置对话框中,选择 Timing Analysis Settings→Classic Timing Analyzer Sittings 选项,打开 Classic Timing Analyzer Sittings 对话框,进行相关约束的设置。也可以选择 Assignments→Classic Timing Analyzer 菜单命令,打开如图 3-46 所示的 Classic Timing Analyzer Wizard 对话框,进行相关约束的设置。

通过图 3-44 所示的向导可以设置如下参数:

- tsu:时钟建立时间。
- th:时钟保持时间。
- tco:时钟至输出延时。
- tpd:引脚至引脚延时。

单击 Next 按钮打开如图 3-47 所示的最大时钟频率设置对话框,在这个对话框中,用户可以为该项目设置默认的最大时钟频率。

单击 Next 按钮打开如图 3-48 所示的时序分析和时序驱动设置对话框。

在该对话框中,可以为该项目设定如下配置:

- 是否剪掉不同时钟或非相关时钟之间寄存器路径的最大频率计算。
- 是否检查 I/O 引脚的反馈路径。
- 是否检查写信号路径上的读信号路径。
- 是否优化保持时序。
- 是否优化 I/O 单元寄存器的放置以满足时序要求。

单击 Next 按钮,即可完成对基本时序的约束配置。

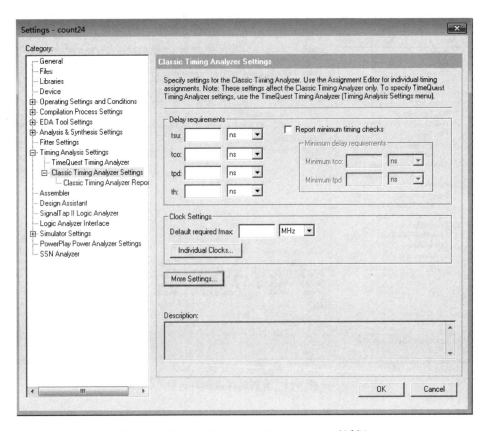

图 3-45　Classic Timing Analyzer Sittings 对话框

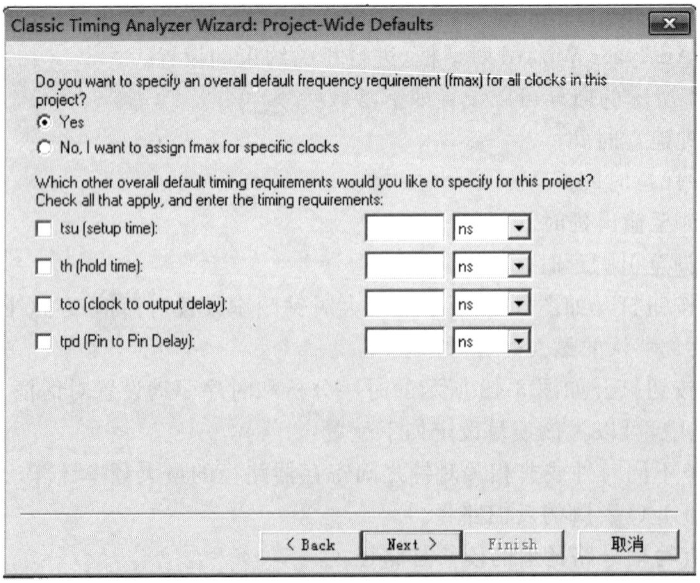

图 3-46　Classic Timing Analyzer Wizard 对话框

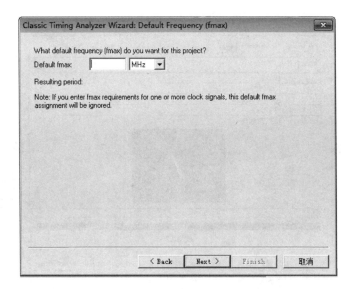

图 3-47　最大时钟频率设置对话框

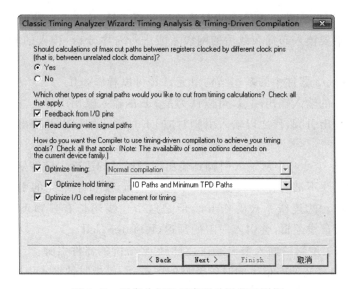

图 3-48　时序分析和时序驱动设置对话框

在完成相关设置后,执行全编译,再选择菜单 Processing→Classic Timing Analyzer 命令,打开如图 3-49 所示的 Classic Timing Analyzer Tool 对话框,单击 Start 按钮即可进行分析。

3.5.2　TimeQuest Timing Analyzer 时序分析

TimeQuest Timing Analyzer 是一个功能强大的 ASIC-style 时序分析工具。采用工业标准 SDC(Synopsys Design Contraints,Synopsys 设计约束)进行约束、分析和报告的方法来验证用户的设计是否满足时序设计的要求。

在图 3-44 所示的分析器件设置对话框中选择 Use TimeQuest Timing Analyzer during

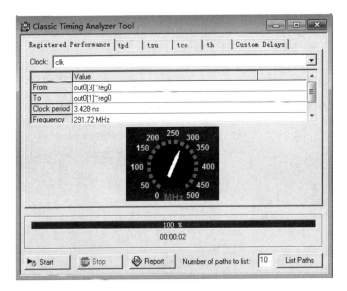

图 3-49　Classic Timing Analyzer Tool 对话框

compilation 单选按钮,设置全编译中的默认时序分析工具,单击 OK 按钮保存设置。

TimeQuest 需要读入布局布线后的网表才能进行时序分析,读入的网表由下面的基本单元构成:

(1) cells:Altera 器件中的基本结构单元,LE 可以看作 cell。

(2) pins:cell 的输入输出端口,可以认为是 LE 的输入输出端口。注意,这里的 pins 不包括器件的输入输出引脚,代之以输入引脚对应 LE 的输出端口以及输出引脚对应 LE 的输入端口。

(3) nets:同一个 cell 中从输入引脚到输出引脚经过的逻辑。应特别注意,网表中连接两个相邻单元的连线不被看作 net,而被看作同一个点,等价于单元的引脚。还要注意,虽然连接两个相邻单元的连线不被看作 net,但是这个连线还是有其物理意义的,它等价于 Altera 器件中一段布线逻辑,会引入一定的延迟(IC-Inter-Cell)。

(4) ports:顶层逻辑的输入输出端口,对应已经分配的器件引脚。

(5) clocks:约束文件中指定的时钟类型的引脚,不仅指时钟输入引脚。

(6) keepers:泛指端口和寄存器类型的单元。

(7) nodes:范围更大的一个概念,可能是上述几种类型的组合。

使用 TimeQuest Timing Analyzer 进行时序分析的基本步骤如下:

(1) 选择菜单 Tools→TimeQuest Timing Analyzer 命令,打开如图 3-50 所示的 Quartus Ⅱ TimeQuest Timing Analyzer 对话框。

(2) 添加时序约束。

在用 TimeQuest 做时序分析之前,必须指定对时序的要求,也就是通常所说的时序约束。这些约束包括时钟、时序例外(timing exceptions)和输入输出延时等。

默认的情况下,Quartus Ⅱ 软件会将所有没有定义约束的时钟都设定为 1T。软件按照 1T 原则分析所有需要检查的时序路径(timing path)。综合、布局布线时,软件也会根据时序约束,尽可能使所有时序路径都满足 1T 的要求。所有输入输出延时都按 0 来计算,这显

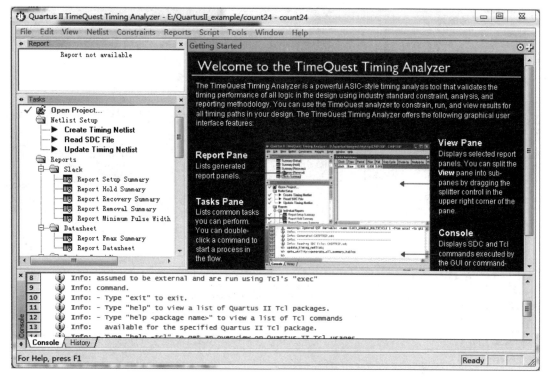

图 3-50　Quartus Ⅱ TimeQuest Timing Analyzer 对话框

然不符合绝大多数设计的时序要求,所以有必要根据设计的特性添加必要的时序约束。

在图 3-50 所示的对话框中,选择菜单 Netlist→Create Timing Netlist 命令,打开如图 3-51 所示的 Create Timing Netlist 对话框。

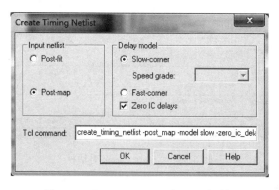

图 3-51　Create Timing Netlist 对话框

具体设置如图 3-51 所示,设置完成后,单击 OK 按钮完成时序网表的创建。此时的 TimeQuest Timing Analyzer 对话框如图 3-52 所示,在 Tasks 窗口中的 Create Timing Netlist 左边会出现绿色的√,表示时序网表创建完成。

（3）建立时钟。

选择菜单 Constraints→Create Clock 命令,打开如图 3-53 所示的 Create Clock 对话框,在此对话框中可以输入时钟名称、时钟周期、上升延时和下降延时等。

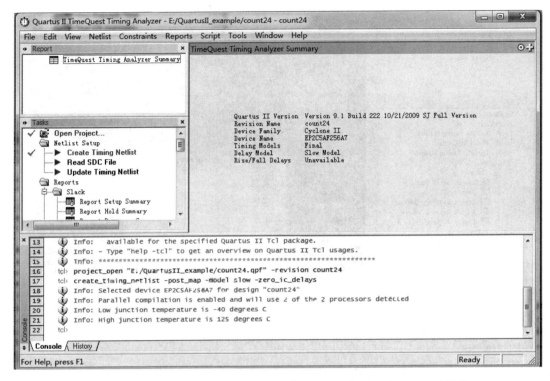

图 3-52　创建时序网表后的 Quartus Ⅱ TimeQuest Timing Analyzer 对话框

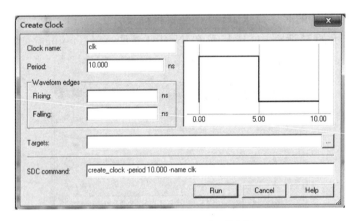

图 3-53　Create Clock 对话框

（4）选择目标节点。

在图 3-53 中的 Targets 文本框右侧单击 ▣ 按钮,打开如图 3-54 所示的 Name Finder 对话框。在 Collection 下拉列表中选择节点类型后,单击 List 按钮,对话框的左下部会显示所有符合要求的端口。选择 clk 端口,并单击 ▷ 按钮,将 clk 端口添加到右侧的列表后,单击 OK 按钮,返回到图 3-53 所示的对话框,在 Targets 栏显示已经选定的 [get_ports {clk}],而且在 SDC command 文本框中也会显示等效的设置命令行。

（5）更新时序网表。

在图 3-53 所示的对话框中,单击 Run 按钮,完成对 clk 时钟的更新。在图 3-52 所示的

图 3-54　Name Finder 对话框

对话框中,在 Tasks 窗口中的 Read SDC File 左边会出现绿色的√。双击 Update Timing Netlist 可以用时钟约束信息来更新时序网表。

（6）设置 I/O 约束。

选择菜单 Constraints→Set Input Delay 命令,打开如图 3-55 所示的 Set Input Delay 对话框,在此对话框中可以设置输入时钟最大延时和最小延时等。选择目标节点和运行设置的方法与前面介绍的相同,这里不再重复。

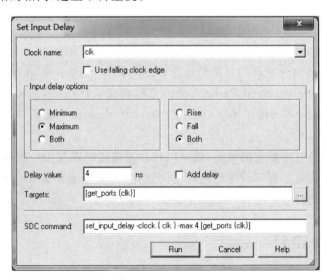

图 3-55　Set Input Delay 对话框

（7）编译文件。

在编译之前，需要保存 SDC 文件。选择菜单 Constraints→Write SDC File 命令，打开如图 3-56 所示的"另存为"对话框，系统默认提供的文件名在扩展名 SDC 之前附加了".out"，单击 OK 按钮，包含约束设置的 count24. out. sdc 文件即被保存，然后可以关闭 TimeQuest Timing Analyzer 窗口，返回 Quartus Ⅱ 窗口，进行全编译。在编译完成时给出报告中有详细的时序信息，也可以用 TimeQuest Timing Analyzer 查看时序报告。

图 3-56 "另存为"对话框

（8）查看时序报告。

在 Quartus Ⅱ TimeQuest Timing Analyzer 窗口中，选择菜单 Report→Macros→Report All Summaries 命令，查看总结报告；选择菜单 Report→Diagnostic→Report Unconstrained Paths 命令查看约束路径报告；选择菜单 Report→Custom Reports→Create Slack Histogram Unconstrained Paths 命令创建时延余量柱状图，用来查看未约束路径报告；选择菜单 Report→Custom Reports→Reports Timing 命令查看单个指定路径的时序报告。

如果遇到不满足时序要求的情况，则可以根据对应的时序报告分析设计，确定如何优化设计使之满足时序约束。如果时序约束有任何变化，都需要重新编译。通过这个反复的过程可以解决设计中的时序问题。

3.6 层次设计

层次设计是一种模块化的设计方法，在层次设计中，通常将工程分为若干个模块，这些模块大致可分为两类：顶层模块和底层模块。实际上，顶层模块和底层模块的划分并不是绝对的,在一个工程中,一个模块既可以是一个模块的底层模块,又可以是另外一个或多个模块的顶层模块。子模块在顶层模块被例化后相当于一个实际的电路,是物理上的实体。层次设计是一种优良的设计方法,使用这种设计方法可以使工程的层次结构清晰明了。在开发复杂的系统时,层次设计是一种非常有效的设计方法。

3.6.1 创建底层设计文件

首先建立工作库,以便保存设计工程。在建立了文件夹后,就可以将设计文件通过 Quartus Ⅱ 的图形编辑器编辑并存盘,本节以图形输入方式完成一位二进制全加器设计,以此为例讲述层次设计的过程。首先设计一位二进制半加器,再将一位二进制半加器作为底层模块完成一位二进制全加器的设计。详细步骤如下。

(1) 利用资源管理器新建一个文件夹,如 e:\quartusⅡ_example。注意,文件夹名不能用中文。

(2) 完成图形设计输入。打开 Quartus Ⅱ。选择菜单 File→New 命令,在 New 窗口中的 Device Design Files 中选择 Block Diagram/Schematic File,完成一位二进制半加器的设计,如图 3-57 所示。

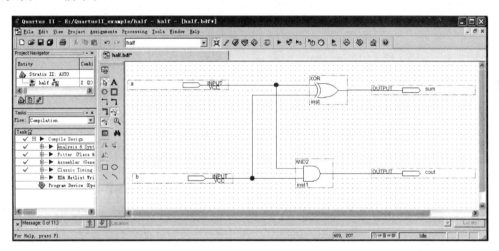

图 3-57 以图形输入方式设计的一位二进制半加器

(3) 文件存盘。选择 File→Save As 命令,找到已建立的文件夹 e:\quartusⅡ_example,将文件名设为 h_adder.bdf,暂不创建工程。

3.6.2 创建图元

将上面设计的一位二进制半加器生成为图元,为设计一位二进制全加器作准备。具体步骤如下:

(1) 在 h_adder.bdf 文件处于活动状态下选择 File→Create/Update→Create Symbol Files for Current File 命令,如图 3-58 所示。

(2) 在弹出的对话框中单击确定按钮,在 e:\quartusⅡ_example 文件夹中产生了 h_adder.bsf 文件,即为创建的图元,如图 3-59 所示,在其他设计中可以调用这个图元。

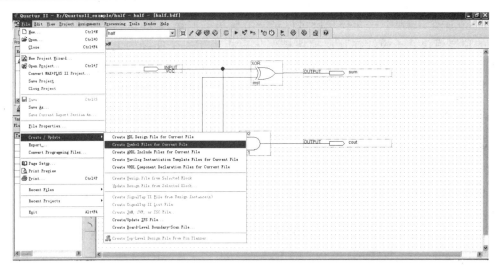

图 3-58　创建图元

图 3-59　为一位二进制半加器生成的图元

3.6.3　创建顶层设计文件

创建顶层设计文件的步骤如下：

（1）利用和设计一位二进制半加器同样的方法，创建一个图形设计输入文件。

（2）打开 h_adder.bsf，调用一位二进制半加器所产生的图元，具体操作过程如图 3-60 所示。

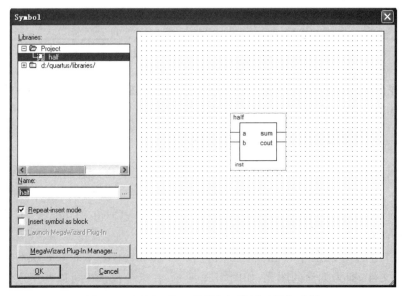

图 3-60　调用一位二进制半加器图元操作过程

（3）完成一位二进制全加器设计，如图 3-61 所示。

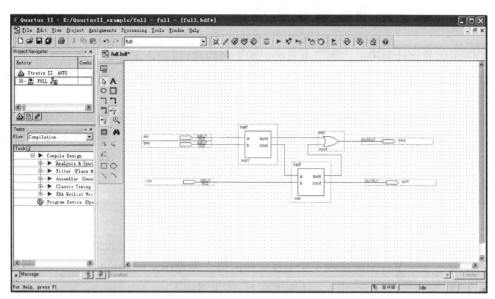

图 3-61 一位二进制全加器

（4）文件存盘。选择 File→Save As 命令，找到已设立的文件夹 e:\quartusII_example，将文件名设为 f_adder.bdf，并进行创建工程、完成编译仿真等操作，具体操作过程与前面介绍的相同，在此不再赘述。

（5）层次显示。Quartus Ⅱ 9.1 能够以层次树的形式将整个工程和电路的设计层次显示出来。在编译报告栏选择 Analysis & Synthesis 下的 Resoure Utilization by Entity，当前工程的层次便显示出来，如图 3-62 所示。层次树中的每个文件都可以通过双击文件名打开并送到前台显示。

图 3-62 层次显示

3.7 基于宏功能模块的设计

Quartus Ⅱ软件为用户提供了丰富的宏功能模块库,可提高电路设计的效率和可靠性。Quartus Ⅱ软件自带的宏功能模块库有 3 个,分别是 Megafunctions 库、Maxplus2 库和 Primitives 库。

Megafunctions 库是参数化模块库,是一些经过验证的功能模块,用户可以根据自己的需要设定模块的端口和参数,即可完成模块的设计。Megafunctions 库分为算术运算模块库(arithmetic)、逻辑门库(gates)、存储器库(storage)、IO 模块库(I/O)。

Maxplus2 库主要由 74 系列数字集成电路组成。

Primitives 库主要包括缓冲器(buffer)、引脚(pin)、存储单元(storage)、逻辑门(logic)和其他功能(other)。

下面以 8 位计数器为例,介绍利用 Megafunctions 进行数字系统设计的技巧和方法。

首先按 3.3.2 节介绍的步骤创建工程。然后建立原理图文件。

接下来,输入 LPM_counter 宏功能模块,具体步骤如下:

(1) 在原理图工作界面的任意空白处双击,或者单击绘图工具栏的 ⊡ 按钮,打开如图 3-63 所示的输入 LPM_counter 宏功能模块对话框,然后选择宏模块所在目录 quartus\libraries\megafunctions\arithmetic,选择 LPM_counter。单击 OK 按钮,打开如图 3-64 所示的选择输出文件类型对话框。

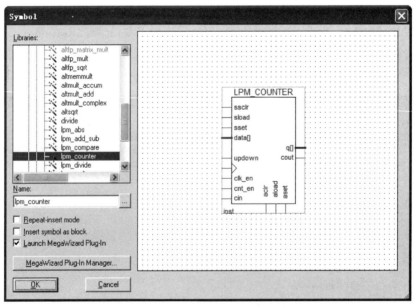

图 3-63　输入 LPM_counter 宏功能模块对话框

(2) 文件类型可以选择 AHDL、VHDL 或 Verilog HDL。这里选择 Verilog HDL,然后单击 Next 按钮,打开如图 3-65 所示的设置计数器位数和选择计数方式对话框。

(3) 在图 3-65 所示的对话框中,在"How wide should the 'q'output bus be?"右侧的下拉列表中设置计数器的位数,在"What should the counter direction be?"下设置计数器是加

图 3-64 选择输出文件类型对话框

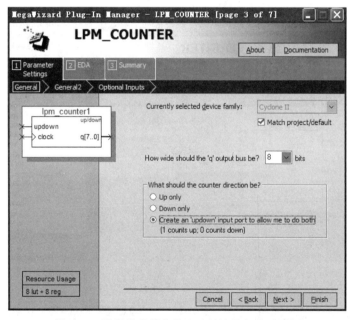

图 3-65 设置计数器位数和选择计数方式对话框

法计数器、减法计数器还是双向计数器。完成后,单击 Next 按钮,打开如图 3-58 所示的设置计数器模和控制端口对话框。

(4) 在图 3-66 所示的对话框中,在"Which type of counter do you want"下设置计数器的模,在"Do you want any optional additional ports?"下设置计数器的使能端、进位输入端和进位输出端。设置完成后,单击 Next 按钮,打开如图 3-67 所示的设置计数器的复位端、置位端、预置端和同步/异步方向对话框。

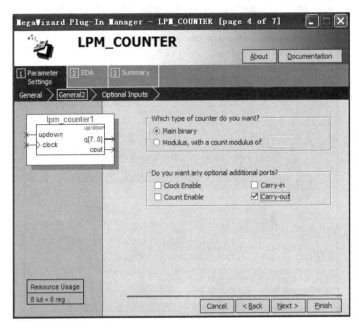

图 3-66　设置计数器模和控制端口对话框

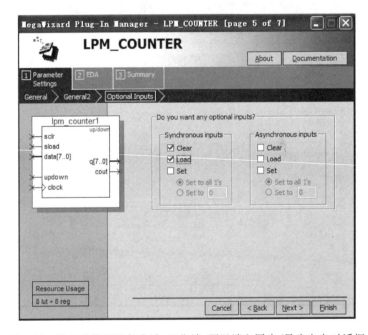

图 3-67　设置计数器的复位端、置位端、预置端和同步/异步方向对话框

（5）在图 3-67 所示的对话框中可以设置复位端、置位端、预置端。Synchronous inputs 表示同步置位/复位，Asynchronous inputs 表示异步置位/复位。设置完成后，单击 Next 按钮，打开如图 3-68 所示的产生网表对话框。如果选择 Generate netlist 复选框，即可产生网表。然后单击 Next 按钮，打开如图 3-69 所示的设置结束对话框，单击 Finish 按钮，即可结束计数模块的设置。

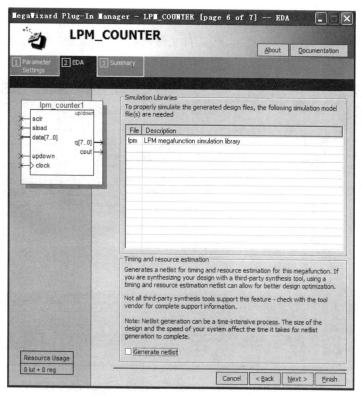

图 3-68　产生网表对话框

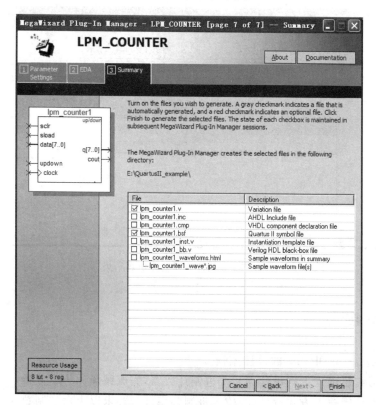

图 3-69　设置结束对话框

完成以上设置后,就可以把一个参数化计数器宏模块调入原理图编辑窗口,添加输入引脚和输出引脚并命名,如图 3-70 所示,然后对文件进行保存、编译、仿真。功能仿真结果如图 3-71 所示。

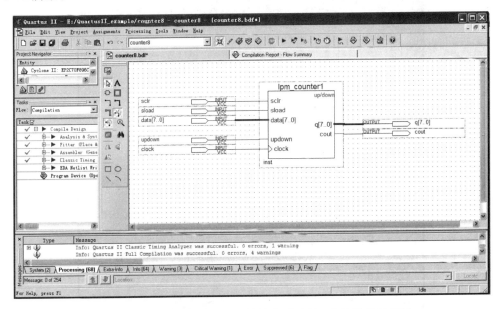

图 3-70 由 LPM_counter 宏功能模块设计的 8 位计数器原理图

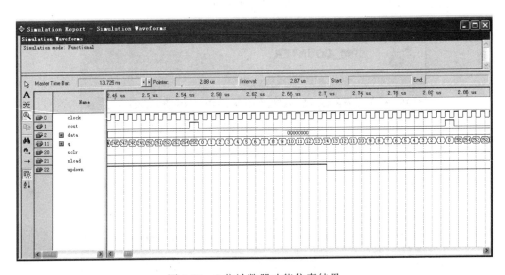

图 3-71 8 位计数器功能仿真结果

思考与练习

1. 简述 Quartus Ⅱ 9.1 的设计流程。

2. 用图形编辑输入方式设计同步十进制计数器,完成编译和仿真分析。

3. 用文本编辑输入方式设计 32 位二进制频率计。要求以十六进制数显示频率值。

4. 参照本章层次设计的设计流程,完成一位二进制全加器设计的仿真分析。

5. 用 LPM_counter 宏功能模块设计 32 位二进制频率计。要求以十六进制数显示频率值。

6. 应用 Quartus Ⅱ 9.1 和目标芯片 EP20K200EQC240-3 设计 8×8 硬件乘法器,进行时序仿真分析,完成引脚锁定。

7. 用文本编辑输入方式设计可变进制计数器,根据输入数据来改变计数容量。

8. 设计带进位输出的十二进制加法计数器,编译并进行时序仿真分析,说明电路设计的正确性。

9. 设计 4 位移位寄存器,编译并进行时序仿真分析,说明设计的正确性。

## 第 4 章

ModelSim 仿真软件

ModelSim 仿真工具是 Model 公司开发的,是业界最优秀的 HDL 语言仿真器。它支持 Verilog HDL、VHDL 以及它们的混合仿真,是进行 FPGA/CPLD 设计的 RTL 级和门级电路仿真的首选。它采用直接优化的编译技术,编译仿真速度快,编译的代码与平台无关。

4.1 概述

1. ModelSim 简介

ModelSim 的特点如下:具有强大的调试功能和先进的数据流窗口,可以迅速地追踪到产生不确定或者错误状态的原因;性能分析工具能够帮助设计者分析性能瓶颈,加速仿真;代码覆盖率检查能够确保测试的完备;具有多种模式的波形比较功能;具有先进的 Signal Spy 功能,可以方便地访问 VHDL 和 Verilog HDL 混合设计中的底层信号;支持加密 IP;可以实现与 MATLAB 的 Simulink 的联合仿真。

ModelSim 可以将整个程序分步执行,使设计者直接看到程序下一步要执行的语句,而且在程序执行的任何步骤和任何时刻都可以查看任何变量的当前值,可以在 Dataflow 窗口查看某一单元或模块的输入输出的连续变化等,比 Quartus Ⅱ 自带的仿真器功能强大得多,是目前业界最通用的仿真器之一。

ModelSim 侧重于编译、仿真,不能指定编译的器件,不具有编程下载能力,不像 Synplify、MAX+PLUS Ⅱ 和 Quartus Ⅱ 软件那样可在编译前选择器件,而且,ModelSim 在时序仿真时无法编辑输入波形,而需要在源文件中就确定输入,例如编写测试平台来完成初始化、模块输入的工作,或者通过外部宏文件提供激励,这样才可看到仿真的时序波形图。

ModelSim 的仿真分为前仿真和后仿真。前仿真也称为功能仿真,主要用于验证电路的功能是否符合设计要求,其特点是不考虑电路门延时与线延时,主要是验证电路与理想情况是否一致。可综合的 FPGA 代码(synthesizable FPGA code)是用 RTL 级代码语言描述的,其输入为 RTL 级代码与 Testbench。

后仿真也称为时序仿真或者布局布线后仿真,是指在电路已经映射到特定的工艺环境以后,综合考虑电路的路径延时与门延时的影响,验证电路能否在一定时序条件下满足设计构想以及是否存在时序违规。其输入文件为从布局布线结果中抽象出来的门级网表、Testbench 和扩展名为 SDO 或 SDF 的标准延时文件。SDO 或 SDF 的标准延时文件不仅包含门延时,还包括实际布线延时,能较好地反映芯片的实际工作情况。一般来说,后仿真是必选的,它能够检查设计时序与实际的 FPGA 运行情况是否一致,确保设计的可靠性和稳定性。

2. ModelSim 6.5 安装

ModelSim 6.5 的安装步骤如下:

(1)解压安装工具包,开始安装,安装时选择 Full product 安装。当安装过程进行到 Install Hardware Security Key Driver 时选择"否",当安装过程进行到 Add ModelSim To Path 时选择"是",当安装过程进行到 ModelSim License Wizard 时选择 Close。

(2)在 C 盘根目录新建文件夹 flexlm,用 Keygen 产生一个 License. dat,然后将其复制到该文件夹下。

(3)修改系统的环境变量。右击桌面"我的电脑"图标,在快捷菜单中选择"属性"命令,在弹出的"系统属性"对话框中,选择"高级"选项卡,单击"环境变量"按钮,在弹出的"环境变量"对话框中的"系统变量"下单击"新建"按钮,在弹出的"编辑用户变量"对话框中按如图 4-1 所示的内容输入变量名和变量值。

图 4-1 修改系统的环境变量

(4)安装完毕,可以运行 ModelSim 6.5。选择"开始"→"程序"→ModelSim 6.5→ModelSim,或者双击桌面上的 ModelSim 快捷方式,打开如图 4-2 所示的 ModelSim 6.5 工作界面,如果上一次使用 ModelSim 建立过一个工程,会自动打开上一次所建立的工程。

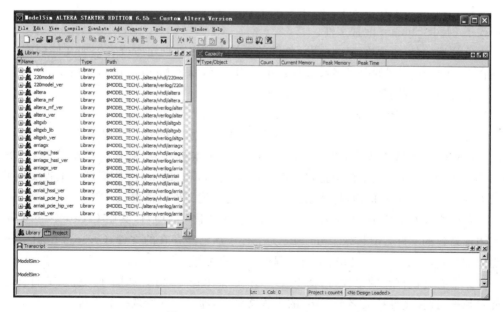

图 4-2 ModelSim 6.5 的工作界面

ModelSim 6.5 的工作界面是所有窗口运行的基础，是主窗口。主窗口一般划分 3 部分：左边是工作区，用来显示当前工作中的工作库和一些打开的数据文件；下边是命令控制台，用户可以在 ModelSim>提示符后输入所有的 ModelSim 命令，并且执行命令后的信息也会在此显示；右边是数据显示区。

4.2 ModelSim 6.5 使用举例

4.2.1 ModelSim 仿真基本步骤

本节以一个实例来说明 ModelSim 6.5 的仿真步骤。

1. 建立 ModelSim 库

在执行一个仿真前，先建立一个单独的文件夹，如 e:\modelsim_example，后面的操作都在此文件夹下进行，以防止文件间的误操作。在图 4-2 所示的工作界面中，选择 File→Change Dircctory 菜单命令，将当前路径修改到该文件夹下。

仿真库是存储已编译设计单元的目录。ModelSim 中有两类仿真库：一类是工作库，默认的库名为 work；另一类是资源库。work 库下包含当前工程中所有已经编译过的文件，所以编译前一定要建一个 work 库，而且只能建一个 work 库。资源库存放work 库中已经编译的文件所要调用的资源，这样的资源可能有很多，它们被放在不同的资源库内。仿真库的建立方法如下：在图 4-2 所示的工作界面中，选择 File→New→Library 菜单命令，打开如图 4-3 所示的创建仿真库对话框，选择 a new library and a logical mapping to it 单选按钮，在 Library Name 文本框中输入要创建的库名称，然后单击 OK 按钮，就创建了一个资源库，同时修改了 ModelSim. ini 配置文件。

图 4-3　创建仿真库对话框

需要注意的是，不要在 ModelSim 外部的系统盘内手动创建库或者添加文件到库中，也不要在 ModelSim 用到的路径名或文件名中使用汉字，因为 ModelSim 可能由于无法识别汉字而导致莫名其妙的错误。

2. 建立 ModelSim 工程

选择 File→New→Project 菜单命令，打开如图 4-4 所示的新建工程对话框。在 Project Name 文本框中填写工程名，在 Project Location 文本框中选择工程所在的路径，并在 Default Library Name 文本框中指定工作库，一般选择默认的 work 库即可。工程文件的扩展名为. mpf。单击 OK 按钮，打开如图 4-5 所示的新建文件对话框。

在新建文件对话框中，可以单击不同的图标添加不同的项目，其中 Create New File 为工程添加新建的文件，Add Existing File 为工程添加已经存在的文件，Create Simulation 为工程添加仿真，Create New Folder 为工程添加新的文件夹。

如果要打开已存在的工程，选择 File→Open 菜单命令，打开如图 4-6 所示的打开工程文件对话框，选择文件扩展名为. mpf 的工程文件名，即可打开所选择的工程。

图 4-4　新建工程对话框

图 4-5　新建文件对话框

图 4-6　打开工程文件对话框

3. 编辑与编译源代码

当要对被测试文件进行仿真时,需要给文件中的各个输入变量提供激励源,并对输入波形进行严格的定义,这种激励源定义的文件称为 Testbench,即测试文件。

在编写测试文件之前,最好先将被测试的目标文件编译到工作库中,本例是对一个 4 位计数代码进行测试,其设计代码如下:

```verilog
module count4(out,reset,clk);
  output[3:0] out;
  input reset,clk;
  reg[3:0] out;
  always @(posedge clk)
    begin
      if (reset)  out <= 0;
      else        out <= out + 1;
    end
endmodule
```

选择 Compile→Compile 菜单命令,打开如图 4-7 所示的编译源文件对话框。

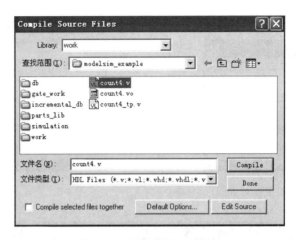

图 4-7　编译源文件对话框

在 Library 下拉列表中选择 work,在"查找范围"内找到要仿真的目标文件,然后单击
Compile 按钮和 Done 按钮,目标文件即可编译到工作库中,在 Library 中展开工作库会出
现该文件。

也可以将被测试文件添加到前面建立的文件夹 e:\modelsim_example 中,编译测试文
件时可以统一编译。

如果测试文件已经存在,可以在图 4-5 所示的对话框中单击 Add Existing File,打开如
图 4-8 所示的添加已有文件对话框,单击 Browse 按钮查找文件所在的路径,为工程添加已
经存在的文件。

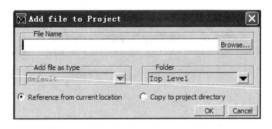

图 4-8　添加已有文件对话框

在 ModelSim 中不仅可以直接编写测试文件,而且 ModelSim 还提供了常用的各种模
板。直接编写测试文件的具体步骤如下:

在图 4-5 所示的对话框中,单击 Create New File 后,打开如图 4-9 所示的创建项目文件
对话框,输入测试文件名,并选择文件类型为 Verilog HDL,打开如图 4-10 所示的文档编辑
界面。

图 4-9　创建源文件的对话框

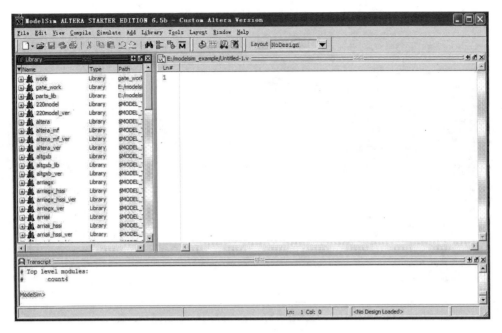

图 4-10　Verilog HDL 文档编辑界面

也可以选择 File→New→Source→Verilog,或者直接单击工具栏上的新建图标,都会打开如图 4-10 所示的 Verilog HDL 文档编辑界面,在此即可编辑测试台文件。需要说明的是,在 Quartus Ⅱ 中许多不可综合(unsynthesizable)的语句在此处都可以使用。本例中所用的测试文件如下:

```verilog
`timescale 1ns/1ns
`include "count4.v"
module coun4_tp;
  reg clk,reset;
  wire[3:0] out;
  parameter DELY = 100;
  count4 mycount(out,reset,clk);
  always #(DELY/2) clk = ~clk;
  initial
    begin
      clk = 0; reset = 0;
      #DELY   reset = 1;
      #DELY   reset = 0;
      #(DELY * 20) $finish;
    end
  initial $monitor($time,,,"clk = %d reset = %d out = %d", clk, reset,out);
endmodule
```

ModelSim 提供了很多测试文件模板,直接应用可以减少工作量。选择 Source→Show Language Templates 菜单命令,在图 4-10 所示的界面中,文档编辑区左边出现了如图 4-11 所示的 Language Templates 区,双击 Create Testbench,打开如图 4-12 所示的测试文件创建向导对话框。

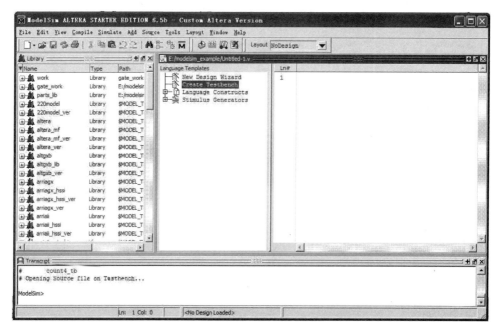

图 4-11   利用模板创建测试文件

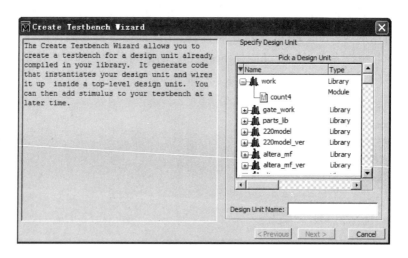

图 4-12   测试文件创建向导对话框步骤 1

在图 4-12 中,选择工作库下的目标文件,单击 Next 按钮,打开如图 4-13 所示的测试文件创建向导对话框步骤 2,然后单击 Finish 按钮,打开如图 4-14 所示的测试文件模板界面,在模板中会出现对目标文件的各个端口的定义和调用函数,然后,用户就可以自己往测试文件内添加内容了,最后将测试文件保存为 .v 格式即可。

测试文件创建完成后,选择 Compile→Compile All 菜单命令,编译所用文件。在脚本窗口中将出现绿色字体 Compile of count4_tp.v was successful 和 Compile of count4.v was successful,说明文件编译成功,在该文件的状态栏也会出现一个绿色的对号,用来表示编译成功,如图 4-15 所示。

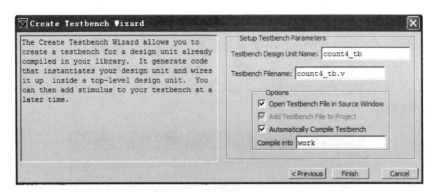

图 4-13 测试文件创建向导对话框步骤 2

图 4-14 测试文件模板内容

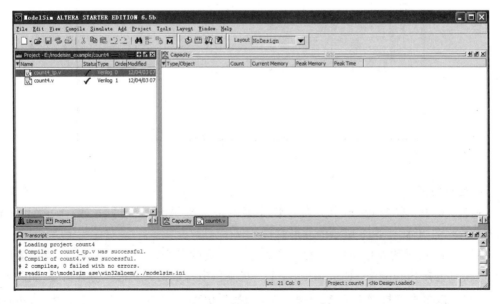

图 4-15 编译成功后的界面

4. 启动仿真器

选择 Simulate→Start Simulation 菜单命令或单击快捷按钮 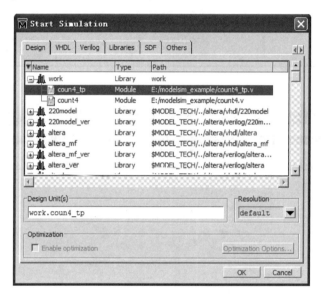 ，打开如图 4-16 所示的 Start Simulation 对话框。单击 Design 选项卡，选择 work 库下的测试文件，本例中测试文件为 coun4_tp，然后单击 OK 按钮即可。也可以直接双击测试文件，在主窗口打开如图 4-17 所示的仿真窗口。

图 4-16　Start Simulation 对话框

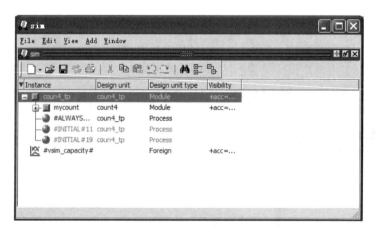

图 4-17　仿真窗口

5. 运行仿真

在图 4-17 中，右击 count_tp.v，在快捷菜单中选择 Add→Add to Wave→All items region 命令，打开如图 4-18 所示的波形窗口。

在图 4-18 所示的波形窗口中，已经添加了待仿真的各个信号。在主窗口、波形窗口或源文件窗口选择 Simulate→Run 命令，在下一级菜单中可根据需要选择仿真长度，如图 4-19 所示。也可以单击工具栏上的 按钮，将开始执行仿真到 100ns，继续单击该按钮，仿真波

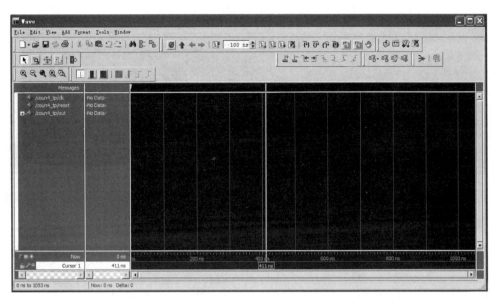

图 4-18　波形窗口

形也将继续延伸。单击 ▤ 按钮，则仿真一直执行。单击 ▤ 按钮，则停止仿真。选择
Simulate→End Simluation 命令，则退出仿真。

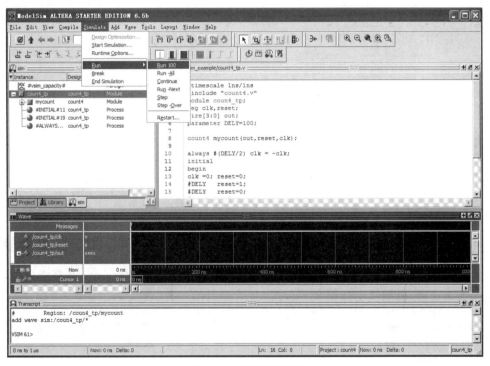

图 4-19　选择仿真长度

执行仿真后，仿真结果如图 4-20 所示，在左边的信号名称上右击，在弹出的快捷菜单中
选择 Radix 菜单项的 Binary、Octal、Decimal、Unsigned 等命令可以使信号按二进制、八进
制、十进制、无符号数等显示。

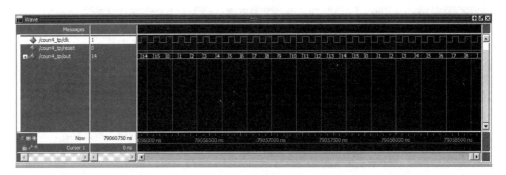

图 4-20　仿真结果

同时在 Transcript 窗口中也可以观察到仿真结果,如图 4-21 所示。

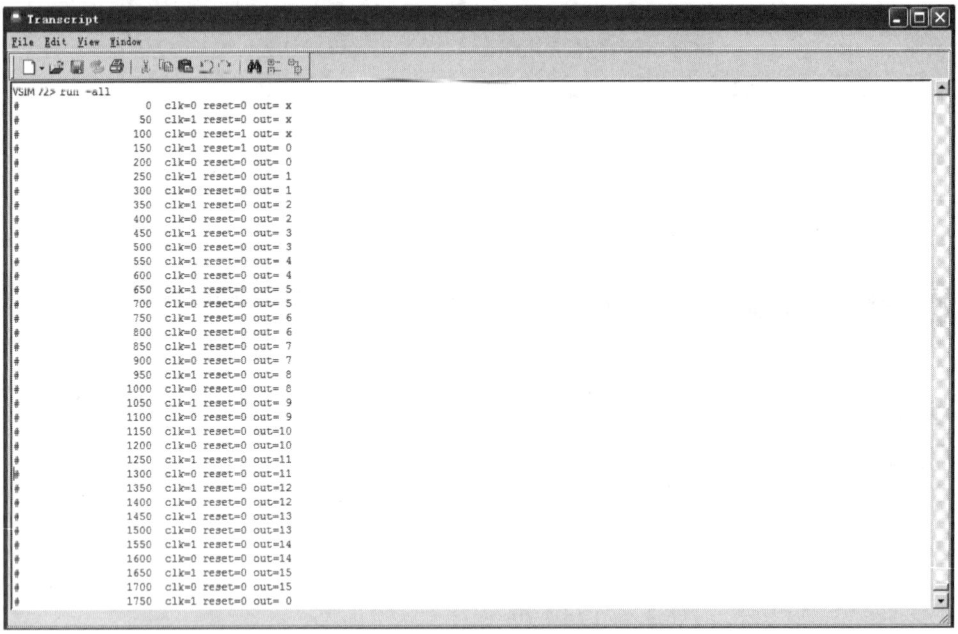

图 4-21　在 Transcript 窗口中显示的仿真结果

4.2.2　ModelSim 与 Quartus Ⅱ 联合进行功能仿真的基本步骤

本节以第 3 章的二十四进制计数器为例,介绍 ModelSim 与 Quartus Ⅱ 联合进行功能仿真的基本步骤,其测试文件如下:

```
`timescale 1ns/1ns
module count24_test;
reg clk, reset;
wire[3:0] out1, out0;
wire cout;
count24 U(clk, reset, cout, out1, out0);
    initial
        begin clk = 0; reset = 0; end
```

```
initial
  begin
    #10 reset = 1;
    #20 reset = 0;
    #500 $finish;
  end
  always #5 clk = ~clk;
initial
  $ monitor( $ time,,,"clk = %b reset = %b out = %d cout = %b",clk,reset,cout,out1,out0);
endmodule
```

选择 Tools→Options 菜单命令,打开如图 4-22 所示的 Options 对话框,在 General 下选择 EDA Tool Options,在右侧的 ModelSim-Altera 选项中选择 ModelSim 的安装路径。

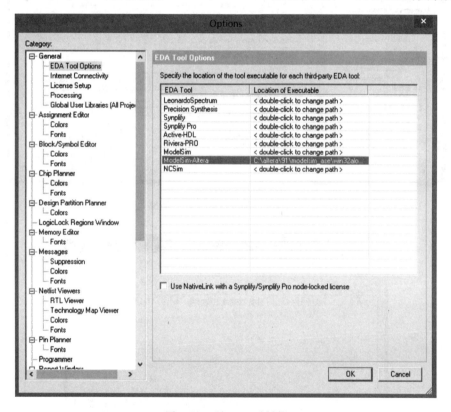

图 4-22 Options 对话框

选择 Assignmets→Setting 菜单命令,打开如图 4-23 所示的 EDA 工具设置对话框,按如图所示进行设置。

在图 4-23 中单击 Test Benches 按钮,打开如图 4-24 所示的 Test Benches 对话框。

在图 4-24 中单击 New 按钮打开如图 4-25 所示的 New Test Benches Settings 对话框,在 Test bench name 文本框中添加测试文件的名字,在 Top level module in test bench 文本框中添加测试文件中的顶层模块名,在 Design instance name in test bench 文本框中添加测试文件中的例化名。在 Test bench files 下的 File name 文本框中加测试文件名,单击 ▦ 按钮,浏览测试文件所在的路径,找到测试文件并单击 Add 按钮即可。

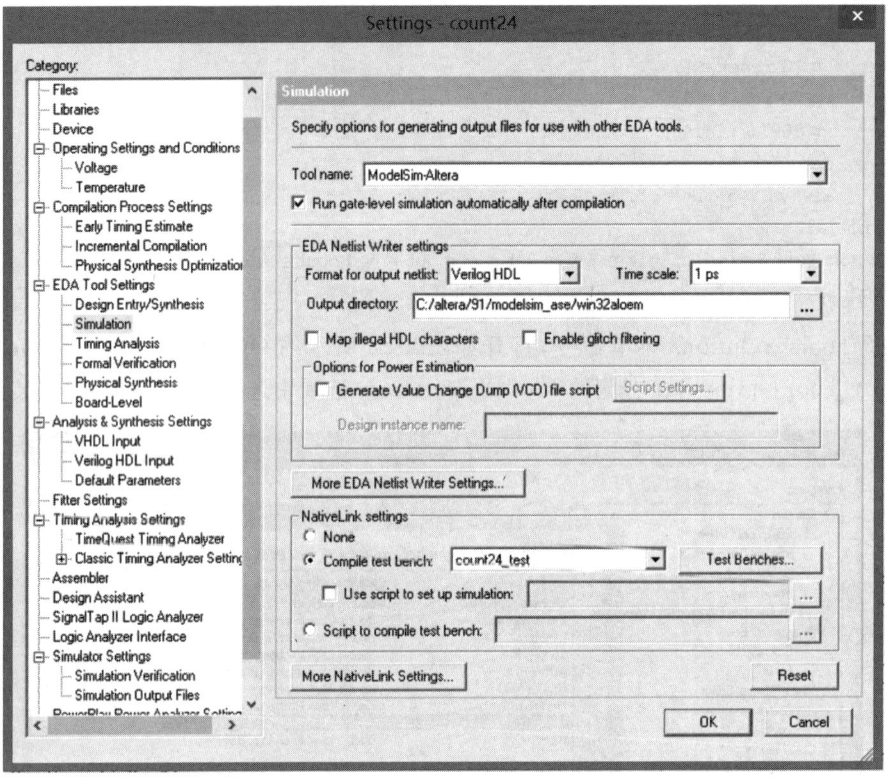

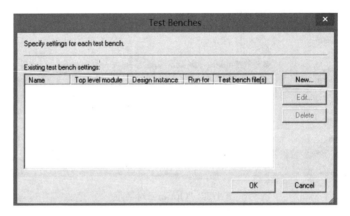

图 4-23　EDA 工具设置对话框

图 4-24　Test Benches 对话框

　　以上设置完成后,进行完整编译,当完整编译进行到 99% 时,Quartus 自动调用 ModelSim 并自动进行仿真,其仿真结果如图 4-26 所示。

4.2.3　ModelSim 对 Altera 器件进行后仿真的基本步骤

　　ModelSim 对 Altera 器件进行后仿真的基本步骤如下。

　　(1) 在图 4-23 所示的对话框,去掉 Run gate-level simulation automatically after compilation 前面的√,然后进行完整编译,就会生成后仿真所需要的.vo 和.sdo 文件,在 Message 栏中

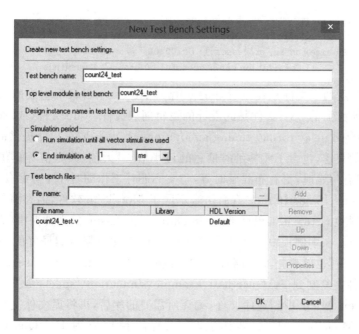

图 4-25 New Test Benches Settings 对话框

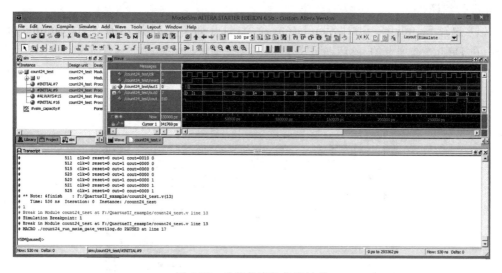

图 4-26 功能仿真的仿真结果

出现下面的信息:

Info: Running Quartus II 64 – Bit EDA Netlist Writer
Info: Version 9.1 Build 222 10/21/2009 SJ Full Version
Info: Processing started: Thu Jan 05 19:01:53 2017
Info: Command: quartus_eda -- read_settings_files = off -- write_settings_files = off count24 - c count24
Info: Generated files "count24.vo", "count24_fast.vo", "count24_v.sdo" and "count24_v_fast.sdo" in directory "F:/QuartusII_example/simulation/modelsim/" for EDA simulation tool
Info: Quartus II 64 – Bit EDA Netlist Writer was successful. 0 errors, 0 warnings
Info: Peak virtual memory: 234 megabytes

```
Info: Processing ended: Thu Jan 05 19:01:54 2017
Info: Elapsed time: 00:00:01
Info: Total CPU time (on all processors): 00:00:00
Info: Quartus II Full Compilation was successful. 0 errors, 8 warnings
```

.vo 和.sdo 这两个文件是在设置好的 output directory 目录下生成的文件。这两个文件是时序仿真所必需的。.vo 文件是此设计的逻辑网表文件。.sdo 文件(或.sdf 文件)是标准延时文件(standard delay format timing annotation),是由 FPGA 厂商提供的对其物理硬件原语时序特征的表述,包含了元件延时信息的最小值、最大值、典型值等提供给第三方工具使用(里面不仅有门延时,更有布线延时等,与实际芯片工作的时序十分相似)。

(2) 应用 ModelSim-Altera 进行后仿真不同于 ModelSim 软件,需要将仿真过程中使用的库文件复制到 Quartus Ⅱ 工程目录的 simulation/modelsim 的文件夹中(必须放在此文件夹中,否则无效)。在本例程中只用到了 Cyclone Ⅱ,因此只需将编译好的 cycloneii 库文件复制到该文件夹中,也就是把安装路径下的 C:\altera\91\modelsim_ase\altera\verilog 中的 cycloneii 文件夹复制到 F:\QuartusII_examplc\simulation\modelsim 文件夹中。当然也可以在 ModelSim-Altera 中新建库文件,编译所需要的库后,再将库文件复制到此目录下。

(3) 打 开 ModelSim-Altera 新建工程,工程路径也应为 F:\ QuartusII_example\ simulation\modelsim。添加文件至工程,由于进行时序仿真,故这里面添加.vo 和测试文件,并进行编译。

(4) 选择 Simulate→Start Simulation 命令,打开如图 4-27 所示的 Start Simulation 对话框,在 Design 选项卡的 work 库中选择测试文件模块。

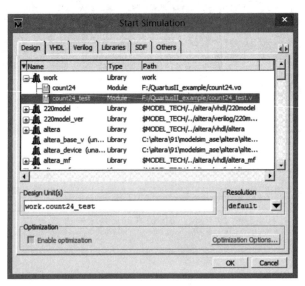

图 4-27　Start Simulation 对话框

(5) 切换到 libraries 选项卡,如图 4-28 所示,将 modelsim 文件夹里面的 cycloneii 库添加到 libraries 里面。

(6) 库文件增加完成后,切换到如图 4-29 所示的 SDF 选项卡,添加.sdo 文件,单击 Add 按钮,在 Add SDF Entry 对话框中添加测试文件的例化名。

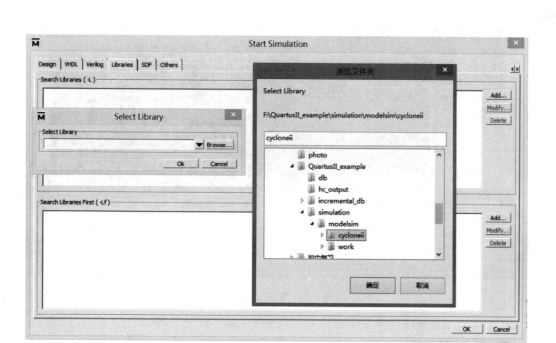

图 4-28　Libraries 选项卡

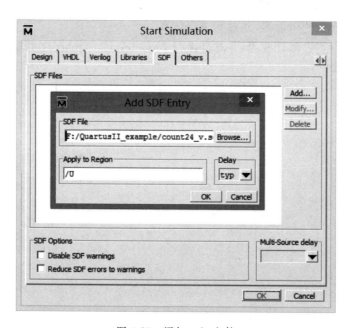

图 4-29　添加.sdo 文件

（7）设置完成后，单击 OK 按钮，ModelSim-Altera 自动进入仿真界面，增加波形至 Wave 窗口，运行仿真，完成后仿真，其结果如图 4-30 所示，从仿真结果可以看到，不仅有延时，而且还有一些跳变。

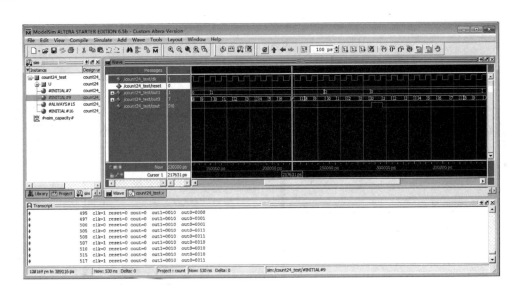

图 4-30 后仿真的结果

思考与练习

1. 简述 ModelSim 6.5 的设计流程。

2. 编写一个 4 位的全加器,并对其进行仿真。

3. 编写一个一百进制计数器,并对其进行 ModelSim 与 Quartus Ⅱ 联合功能仿真。

## 第 5 章

Verilog HDL 基本语法

Verilog HDL 的出现彻底改变了数字电路的设计方法，使得设计者可以像写 C 程序那样设计电路，从而把更多的精力集中到系统结构和算法实现上。Verilog HDL 是一门优秀的硬件描述语言，直观易学，在工业界获得广泛应用。

同其他高级语言一样，Verilog HDL 具有自身固有的语法说明与定义格式。本章首先简单介绍 Verilog HDL 的发展概况、设计流程以及与 VHDL 的不同之处，然后重点介绍 Verilog HDL 的语言要素、结构、常用的语句以及运用 Verilog HDL 进行仿真的方法。本章力图使读者能迅速从总体上把握 Verilog HDL 程序的基本结构和特点，达到快速入门的目。

5.1 Verilog HDL 概述

Verilog HDL 是一种硬件描述语言，可以在多种抽象层次上对数字系统建模，可以描述设计的行为特性、数据流特性、结构组成以及包含响应监控和设计验证方面的延时和波形产生机制。此外，Verilog HDL 提供了编程语言接口（Programming Language Interface，PLI），通过该接口用户可以在模拟、验证期间从外部访问设计，包括模拟的具体控制和运行。Verilog HDL 不仅定义了语法，而且对每个语法结构都定义了清楚的模拟、仿真语义。因此，用这种语言编程的模型能够使用 Verilog HDL 仿真器进行验证。Verilog HDL 从 C 语言中继承了多种操作符和结构，所以从形式上看 Verilog HDL 和 C 语言有很多相似之处。

5.1.1 Verilog HDL 的产生和发展

很久以来，人们使用诸如 FORTRAN、Pascal、C 等语言进行计算机程序设计，这些程序本质上是顺序执行的。同样，在硬件设计领域，设计人员也希望使用一种标准的语言进行硬件设计。在这种情况下，许多硬件描述语言应运而生。设计人员可以使用它们对硬件中的并发执行过程建模。在出现的各种硬件描述语言中，Verilog HDL 和 VHDL 使用得广泛。

Verilog HDL 是 GDA（Gareway Design Automation）公司的 Phil Moorby 于 1983 年首创的，只是为其公司的模拟器产品开发的硬件描述语言，之后 Moorby 又设计了 Verilog-XL 仿真器。由于 Verilog-XL 仿真器得到广泛使用及 Verilog HDL 具有简洁、高效、易用和功能强大等优点,因此 Verilog HDL 逐渐为众多设计者所接受和喜爱。1989 年,Cadence 公司收购了 GDA 公司,1990 年,Cadence 公开发表了 Verilog HDL,并成立 OVI(Open Verilog International)组织专门负责 Verilog HDL 的发展。Verilog HDL 于 1995 年成为 IEEE 标准,称为 IEEE Standard 1364—1995(Vcrilog-1995)。2001 年 3 月,IEEE 正是批准了 Verilog-2001 标准(IEEE 1364—2001)。

Verilog HDL 是在 C 语言的基础上发展而来的。从语法结构上看,Verilog HDL 继承和借鉴了 C 语言的很多语法结构,两者有许多相似之处。表 5-1 中列举了两种语言中一些相同或相近的语句。

表 5-1　Verilog HDL 与 C 语言的比较

C 语言	Verilog HDL
function	module,function,task
if-then-else	if-else
case	case,casez,casex
{,}	begin-end
for	for
while	while
define	define
int	int
printf	monitor,display,strobe

当然,Verilog HDL 作为一种硬件描述语言,要受到具体硬件电路的诸多限制,它与 C 语言的区别如下:

(1) 在 Verilog HDL 中不能使用 C 语言中比较抽象的表示语法,如迭代表示法、指针(C 语言最具特点的语法)、次数不确定的循环及动态声明等。

(2) C 语言的理念是一行一行执行下去,是顺序的语法;而 Verilog HDL 描述的是硬件,可以在同一时间内有很多硬件电路一起并行动作。这两者之间有冲突,糟糕的是 Verilog 仿真器也是顺序执行的软件,在处理时序关系时会有思考上的死角。

(3) C 语言的输入输出函数丰富,而 Verilog HDL 能用的输入输出函数很少,在程序修改过程中会遇到输入输出的困难。

(4) C 语言无时间延时语句。

(5) C 语言中函数的调用是唯一的,每一次调用都是相同的,可以无限制调用。而 Verilog HDL 对模块的每一次调用都必须赋予一个不同的别名,虽然调用的是同一模块,但不同的别名代表不同的模块,即生成了新的硬件电路模块。因此 Verilog HDL 中模块的调用次数受硬件电路资源的限制,不能无限制调用。这一点与 C 语言有较大区别。

(6) 与 C 语言相比,Verilog HDL 描述语法缺乏灵活性,限制很多,能用的判断语句有限。

(7) 与 C 语言相比,Verilog HDL 仿真速度慢,查错工具功能差,错误信息不完整。

(8) Verilog HDL 提供程序界面的仿真工具软件,通常都价格昂贵,而且可靠性不明确。

(9) Verilog HDL 中的延时语句只能用于仿真,不能被综合工具所综合。

Verilog HDL 是一种硬件描述语言,可以用它来建立电路模型,这种模型可以是实际电路的不同级别的抽象描述,这些抽象的级别和它们对应的模型共有以下 5 种:

(1) 系统级(System Level):用高级语言结构设计模块的外部性能的模型。

(2) 算法级(Algorithm Level):用高级语言结构设计算法的模型。

(3) 寄存器传输级(Register Transfer Level,RTL):大多数硬件设计人员工作在 RTL 级,RTL 模型是描述数据在寄存器之间如何流动和如何处理这些数据的模型。

以上 3 种都属于行为描述,只有 RTL 级才与逻辑电路有明确的对应关系。

(4) 门级(Gate Level):描述逻辑门以及逻辑门之间连接的模型。

门级与逻辑电路有明确的连接关系。以上 4 种描述是设计人员必须掌握的。

(5) 开关级(Switch Level):描述器件中晶体管和存储节点以及它们之间连接的模型。

开关级与具体的物理电路有对应关系,开关级描述是工艺库元件和宏部件设计人员必须掌握的。

采用 Verilog HDL 设计具有以下特点:

(1) 作为一种通用的硬件描述语言,Verilog HDL 易学易用,因为在语法上它与 C 语言非常类似,有 C 语言编程经验的人很容易学习和掌握。

(2) 对于同一个设计,Verilog HDL 允许设计者在不同设计层次上进行抽象。Verilog HDL 中提供开关级、门级、RTL 级和行为级的支持,一个设计可以先用行为级语法描述它的算法,仿真通过后,再用 RTL 描述,得到可综合的代码。

(3) Verilog HDL 支持广泛,基本上所有流行的综合器、仿真器都支持 Verilog HDL。

(4) 所有的后端生产厂商都提供 Verilog HDL 的库支持,这样在制造芯片时可以有更多的选择。

(5) 能够描述层次设计,可使用模块实例结构描述任何层次,模块的规模可以是任意的,Verilog HDL 对此没有任何限制。

(6) Verilog HDL 对仿真提供强大的支持,虽然现在出现了专门用于验证的语言,但用 Verilog HDL 直接对设计进行测试仍然是大部分设计人员的首选。

(7) 用户自定义原语(UDP)创建的灵活性。用户定义的原语既可以是组合逻辑原语,也可以是时序逻辑原语。

(8) Verilog HDL 的描述能力可以通过使用编程语言接口机制进一步扩展。编程语言接口允许外部函数访问 Verilog 模块内部信息,允许设计者通过软件程序与仿真器进行交互。

由于 Verilog HDL 的标准化,易于将设计移植到不同厂家的不同芯片中去,信号参数也容易改变,可任意修改。在仿真验证时,测试向量也可用该语言描述。此外,采用 Verilog HDL 进行设计还具有工艺无关性,这使得设计人员在功能设计、逻辑验证阶段可以不必过多考虑门级及工艺的具体细节,只需根据系统设计的要求,施加不同的约束条件,即可设计出实际电路。

5.1.2　Verilog HDL 的设计流程

Verilog HDL 设计流程如图 5-1 所示。

(1) 设计规范。制定设计规格书,在任何设计中都是首先完成的。主要是抽象描述待设计数字电路的功能、接口和整体结构。在此,并不需要考虑结构如何由具体硬件电路来实现。

（2）文本编辑。用任何文本编辑器都可以进行,也可以用专用的 HDL 编辑环境。编辑完成后的文件保存为.v 文件。

（3）功能仿真。将.v 源文件调入 HDL 仿真软件进行功能仿真,检查逻辑功能是否正确(也叫前仿真),对简单的设计可以跳过这一步,只在布线完成以后进行时序仿真。如果发现错误,则返回第(2)步,进行除错处理,直到正确为止。

（4）逻辑综合。将.v 源文件调入逻辑综合软件进行综合,即把语言综合成最简单的布尔表达式和信号的连接关系。逻辑综合软件会生成.edf(edif)的 EDA 工业标准文件。

（5）布局布线。将.edf 文件调入 FPGA/CPLD 厂商提供的软件中进行布线,即把设计好的逻辑安放到 FPGA/CPLD 内。

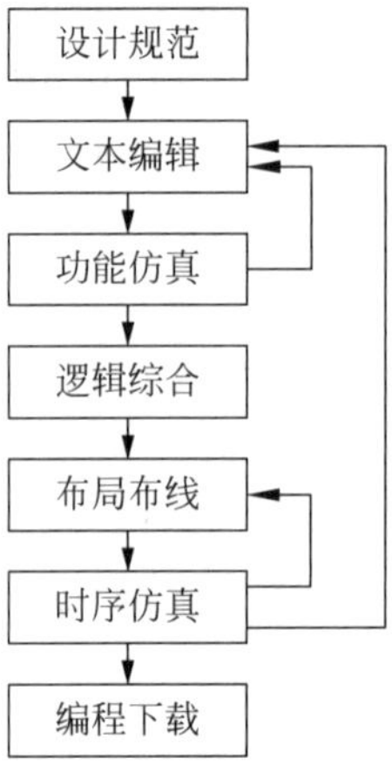

（6）时序仿真。需要利用在布局布线中获得的精确参数,用仿真软件验证电路的时序(也叫后仿真)。如果发现错误则返回第(5)步或者第(2)步进行除错处理,直到验证结果正确为止。这样的过程可能需要反复多次,才能将错误完全排除。

（7）编程下载。确认仿真无误后,将文件下载到芯片中。

注意:如果是 ASIC 设计,则不需要将代码下载到硬件电路这个环节,而是把综合后的结果交给后端设计组(后端设计主要包括版图、布线等)或直接交给集成电路生产厂家。

图 5-1　Verilog HDL 设计流程

5.1.3　Verilog HDL 与 VHDL 的比较

Verilog HDL 和 VHDL 都是用于逻辑设计的硬件描述语言,并且都已成为 IEEE 标准。VHDL 的英文全称为 VHSIC Hardware Description Language,而 VHSIC 则是 Very High Speed Integrated Circuit 的缩写词,意为甚高速集成电路,故 VHDL 准确的中文解释为甚高速集成电路的硬件描述语言。

Verilog HDL 和 VHDL 作为描述硬件电路设计的语言,其共同的特点在于：能形式化地抽象表示电路的行为和结构;支持逻辑设计中层次与范围的描述;可借用高级语言的精巧结构来简化电路行为的描述;具有电路仿真与验证机制以保证设计的正确性;支持电路描述由高层次到低层次的综合转换;硬件描述与实现工艺无关;便于文档管理;易于理解和设计重用。

但是 Verilog HDL 和 VHDL 又各有特点。归纳起来,它们主要有以下几点不同：

（1）Verilog HDL 是在 C 语言的基础上发展起来的,只要有 C 语言的编程基础,一般可在两三个月内掌握这种设计技术。而掌握 VHDL 设计技术就比较困难,一般认为至少需要半年以上的专业培训。

（2）从推出过程来看,VHDL 偏重于标准化的考虑,而 Verilog HDL 与 EDA 工具的结合更为紧密。VHDL 于 1981 年开始使用,1987 年 12 月成为 IEEE 标准(IEEE 1076 标准),也是国际上第一个标准化的 HDL,而 Verilog HDL 则在 1995 年才正式成为 IEEE 标准。之所以 VHDL 比 Verilog HDL 早成为 IEEE 标准,是因为 VHDL 是为了实现美国国防部 VHSIC 计划所推出的各个电子部件供应商具有统一数据交换格式的要求而开发的,而

Verilog HDL 则是从一个普通的民间公司的私有财产转化而来的,之后又在全球最大的 EDA/ESDA 供应商 Cadence 公司的扶持下针对 EDA 工具开发的 HDL。

（3）与 VHDL 相比,Verilog HDL 的编程风格更加简洁明了、高效便捷。如果单纯从描述结构上考察,两者的代码量之比为 3∶1。

（4）目前市场上所有的 EDA/ESDA 工具都同时支持这两种语言,而在 ASIC 设计领域,Verilog HDL 占有很明显的优势。

（5）VHDL 可以使设计者自定义数据类型,不同数据类型在运算时要先转换成相同的数据类型;Verilog HDL 的数据类型只有两种: net 型和 variable 型。

（6）VHDL 有链接库的概念,因为 VHDL 是编译式的语言。Verilog HDL 没有链接库的概念,因为 Verilog HDL 是解释式的语言。

（7）VHDL 和 Verilog HDL 的运算符大都相同。但 VHDL 有取模（Mod）指令,而 Verilog HDL 没有取模指令,要实现取模,则需要编写程序实现。

（8）设计的可重用性方面。VHDL 程序中的过程或函数可以放在包中。如果电路设计需要重复设计一个加法器单元,可以把加法器先写成过程或函数的形式,随后就可以调用相应的过程或函数。Verilog HDL 语言中没有包的概念,所以,要使用过程和函数,就必须定义在模块语句中。若有两个程序都需要用到函数和过程,则需要用`include 指令才能形成调用。

（9）一般认为 Verilog HDL 在系统级抽象方面比 VHDL 略差一些,而在门级开关级电路描述方面比 VHDL 强很多。

这两种语言仍在不断完善的过程中,2001 年公布的 IEEE Verilog 2001 标准使得 Verilog HDL 在系统级和可综合性能方面都有了大幅度的调高。Verilog HDL 是一门不断发展的语言,有关其最新的发展动态,读者可以到 Internet 上浏览。

5.2　Verilog HDL 模块结构

和其他高级语言一样,Verilog HDL 也是模块化的。它以模块的形式描述数字系统。模块是 Verilog HDL 最基本的概念,也是 Verilog HDL 设计中的基本单元,每个 Verilog HDL 设计的数字系统都是由若干个模块组成的;模块实际上代表硬件电路上的实体,模块可大可小,可以小到一个晶体管,大到一个复杂的数字系统;模块之间是并发执行的;模块又是分层的,高层模块可以调用、连接低层模块的实例来完成复杂功能,并且各模块通过连接完成整个系统需要一个顶层模块;模块以关键字 module 开始,以关键字 endmodule 结束,所有的设计都必须包含在模块中。

每个 Verilog HDL 模块包括 4 个主要部分:模块声明、端口定义、数据类型声明、逻辑功能描述。Verilog HDL 模块的基本结构如图 5-2 所示。

图 5-2　Verilog HDL 模块的基本结构

1. 模块声明

模块声明包括模块名字、模块输入输出端口列表。模块声明的格式如下：

module 模块名字(端口名 1,端口名 2,…,端口名 n);

2. 端口定义

可以将端口定义成输入端口、输出端口和双向端口。端口定义的格式如下：

```
input[n-1:0] 端口名 1,端口名 2,…,端口名 n;        //输入端口
output[n-1:0] 端口名 1,端口名 2,…,端口名 n;       //输出端口
inout[n-1:0] 端口名 1,端口名 2,…,端口名 n;        //双向端口
```

其中,input、output、inout 为关键字；$[n-1:0]$ 表明端口位宽为 n,如果省略,则默认值为 1,表明是 1 位。

注意：每个端口除了要声明成输入、输出和双向端口外,还要声明其数据类型(net 型或 variable 型)；输入端口和双向端口不能声明为 variable 型；在测试模块内不需要定义端口。

3. 数据类型声明

模块内的所有信号(包括端口信号、节点信号等)都必须进行数据类型的声明。Verilog HDL 提供了多种数据类型,用以模拟实际电路中的各种物理连接和物理实体。如果数据没有声明数据类型,则综合器默认是 wire 型数据。

例如：

```
wire a;              //定义一个 1 位的 wire 型数据 a(此时位宽可省略)
reg[7:0] dout;       //定义一个 8 位的 reg 型数据 dout
reg A;               //reg 型数据 A 的宽度是 1 位(此时不能省略)
```

4. 逻辑功能描述

模块中最核心的部分是逻辑功能描述。可以用很多方法实现模块的逻辑功能。其中最常用的方法有 3 种。

1) assign 语句

assign 语句一般用于组合逻辑的赋值,称为持续赋值语句。assign 语句结构简单,只需在关键字后面加一个表达式即可。采用 assign 语句描述模块功能的方法称为数据流描述方式。例如：

```
assign Sum = a ^ b ^ c;
assign Cout = (a&b)|(a&c)|(b&c);
```

上面两个 assign 语句实现的是全加器的和以及进位输出功能。

2) 元件例化

元件例化就是调用 Verilog HDL 的内置门元件,类似于原理图输入方式下调用图形元件来完成设计,此种方法侧重于模块是由哪些元件组成的以及是怎么连接的。采用这种方式设计的模块被称为结构描述方式。例如：

```
and U1(out,a,b);     //调用一个二输入与门
or U2(out,a,b,c);    //调用一个三输入或门
```

在层次化设计中,不同模块的调用也可以认为是结构描述方式。

3) always 语句

always 语句既可以描述组合逻辑,又可以描述时序逻辑,一般多用于描述时序逻辑。采用 always 语句描述模块功能的方法称为行为描述方式。在 always 语句内可以用很多种语句来设计模块的功能,如 if-else 语句、case 语句、for 循环语句以及调用任务或函数。例如:

```
always@(posedge clk)
  begin
    if(reset)   out <= 0;
    else        out <= din;
  end
```

上面的例子描述的是一个带有同步复位功能的 D 触发器,在 always 语句内采用了 if-else 语句。

综上所述,可以得到 Verilog HDL 模块的结构:

```
module 模块名(输入输出端口列表);                //模块声明
                                               //端口声明

input 输入端口列表;
output 输出端口列表;
inout 双向端口列表;
     //数据类型声明,任务或函数声明
wire[n-1:0] 数据名;
reg[n-1:0] 数据名;
task 任务名;
  端口及数据类型声明;
  其他语句;
endtask
function 函数名;
  端口声明;
  局部变量定义;
  其他语句;
endfunction
     //逻辑功能描述
assign 结果 = 表达式;                          //数据流描述方式
always@(敏感信号列表)                          //行为描述方式
  begin
    过程赋值语句;
    if - else 语句;
    case 语句;
    for 循环语句;
    调用任务或函数;
  end
门元件关键字 例化门元件名(端口列表);           //元件例化结构描述方式
调用模块名 例化模块名(端口列表);
endmodule
```

5.3　Verilog HDL 语言要素及数据类型

本节介绍 Verilog HDL 的基本语法,包括基本的语言要素、常量、变量、数据类型和运算符。

5.3.1　Verilog HDL 语言要素

1. 空白符

Verilog HDL 的空白符(white space)包括空格(\b)、制表符(\t)、换行符(\n)和换页符。如果空白符不出现在字符串中,则该空白符被忽略。空白符除起到分隔的作用外,在必要的地方插入相应的空白符,使得代码结构层次清晰,方便阅读与修改。例如:

```
initial begin a = b; c = d; e = f; end
```

这行代码等同于下面的书写格式:

```
initial
  begin                          //加入空格、换行符等,使得代码层次清晰,提高可读性
    a = b;
    c = d;
    e = f;
  end
```

2. 注释符

在 Verilog HDL 中有两种形式的注释符(comment):

(1) 单行注释符:以//开始到本行结束,不允许续行。

(2) 多行注释符:以/ * 开始,到 * /结束,可以扩展至多行。

例如:

```
a = b;    //单行注释
a = b;    / * 多行
          注释 * /
```

注意:多行注释不允许嵌套,但单行注释可以嵌套在多行注释中。例如,"/ * 这是/ * 不合法的 * /注释 * /"是不合法的,而"/ * 这是//合法的注释 * /"是合法的。

3. 关键字

关键字(keyword)也称为保留字,它是 Verilog HDL 内部的专用词,这些关键字用户不能随便使用。附录 A 和附录 B 列出了 Verilog HDL 中的所有关键字。需要注意的是,所有的关键字都是小写的。例如,initial 是关键字,但 INITIAL 和 Initial 不是关键字,而是标识符。

4. 标识符

标识符(identifier)是程序代码中对象的名字,设计人员使用标识符来访问对象。Verilog HDL 中的标识符可以是任意字母、数字、"_"(下画线)和 $(美元符号)的组合,但标识符的第一个字符必须是字母(A～Z,a～z)或者是下画线,不能以数字或美元符号开始。以美元符号开始的标识符是为系统任务和系统函数保留的,在 6.1 节中进行介绍。另外,标

识符是区分大小写的。

以下是合法的标识符的例子：

```
dout
DOUT                    //DOUT 与 dout 是不同的
Dout                    //Dout 与 DOUT、dout 都是不同的
_rst                    //可以以下画线开头
count_60
```

以下是不合法的标识符的例子：

```
24dout                  //非法：标识符不允许以数字开头
$ DOUT                  //非法：标识符不允许以 $ 开头
Dout&                   //非法：标识符中不允许包含字符 &
```

Verilog HDL 中还有一类标识符称为转义标识符（escaped identifier），转义标识符以反斜线符号"\"开头，以空白符结尾，可以包含任何字符。例如：

```
\2011
\#rst * ~
```

反斜线和结束空白符并不是转义标识符的一部分。也就是说，标识符\din 和标识符 din 是相同的。

注意：转义标识符与关键字并不完全相同。标识符\initial 与关键字 initial 是不同的。

5.3.2　常量

在程序运行过程中，其值不能被改变的量称为常量（constant）。Verilog HDL 中的常量主要有 3 种类型：整数、实数和字符串。其中，整数型常量是可以综合的，而实数型和字符串型常量是不可综合的。

在二进制数中，单比特逻辑值只有 1 和 0 两种状态，而在 Verilog HDL 中，为了对电路进行精确建模，又增加了两种逻辑状态，即 z 和 x。

Verilog HDL 有 4 种逻辑值状态：

- 0：低电平、逻辑 0 或"假"。
- 1：高电平、逻辑 1 或"真"。
- z 或 Z：高阻态。
- x 或 X：不确定或未知的逻辑状态。x 表示一个未知初始状态的变量，或者由于多个驱动源试图将其设为不同的值而引起的冲突型线网型变量。

注意：对于综合工具来说，或者说在实际实现的电路中，并没有 x 值，只存在 0、1 和 Z 这 3 种状态。在实际电路中还可能出现亚稳态，它既不是 0，也不是 1，而是一种不稳定状态。

Verilog HDL 中的数据都是在上述 4 种逻辑状态中取值，其中 z 和 x 都不区分大小写，也就是说，值 10xz 与值 10XZ 是等同的，表示同一个数据。

1. 整数

整数（integer）的书写格式如下：

+ / – < size >'< base >< value >

即

+ / –<位宽>'<进制><数字>

size 为对应二进制数的宽度,base 为进制,value 是基于进制的数字序列。进制有 4 种表示形式:二进制(b 或 B)、八进制(o 或 O)、十进制(d 或 D 或默认)、十六进制(h 或 H)。另外,在书写中,十六进制中的 a～f 与值 z 和 x 一样,不区分大小写。

以下是合法的整数的例子:

```
4'b1101            //位宽为 4 位的二进制数 1101
6'o35              //位宽为 6 位的八进制数 35
5'D56              //位宽为 5 位的十进制数 56
8'ha34             //位宽为 8 位的十六进制数 a34
10'B11x0_01z       //10 位二进制数 11x0_01z
4'IIz              //4 位 z,即 zzzz
6'Ox               //6 位 x(扩展的 x),即 xxxxxx
3□ 'B□101          /* 在位宽和"'"之间以及进制和数字之间允许出现空格,但在"'"和进
                      制之间以及数字之间不允许出现空格 */
```

以下是不合法的整数的例子:

```
5'd – 6            //非法:数字不能为负,有负号应放在最左边
3'□b101            //非法:'和进制 b 之间不允许出现空格
(4 + 6)'h5E        //非法:位宽不能为表达式
```

在书写和使用数字时需要注意下面一些问题:

(1) 在较长的数字之间可以用下画线分开,如 12'b1111_1011_1010。

下画线可以随意用在整数或实数中,它本身没有意义,只是用来提高可读性。但数字的第一个字符不能是下画线,下画线也不可以用在位宽和进制处,只能用在具体的数字之间。

(2) 当数字不说明位宽和进制时,默认为 32 位的十进制数。例如:

```
17                 //代表十进制数 17
– 9                //代表十进制数 – 9
```

(3) 如果没有定义一个整数的位宽,其宽度为相应值中定义的位数。例如:

```
'h0111             //16 位十六进制数 16'h0000_0001_0001_0001
'0321              //9 位八进制数 9'0011_010_001
```

(4) x 或 z 在二进制中代表 1 位 x 或 z,在八进制中代表 3 位 x 或 z,在十六进制中代表 4 位 x 或 z,其代表的宽度取决于所用的进制。例如:

```
12'b0111xxxx       //等价于 12'h7x
7'b101zzz          //等价于 7'05z
8'Bxxxx1111        //等价于 8'HxF
```

(5) 如果定义的位宽比实际的位数大,通常在左边填 0 补位。但如果数字最左边一位为 x 或 z,就相应地用 x 或 z 在左边补位。例如:

```
6'b10                    //左边补 0,6'b000010
7'b11zzz0                //左边补 0,7'b011zzz0
8'Bx1111                 //左边补 x,8'Bxxxx1111
5'bzz1                   //左边补 z,5'bzzzz1
```

如果定义的位宽比实际的位数小,那么左边的位被截掉。例如:

```
2'b0111                  //等价于 2'b11
7'H3EA                   //等价于 7'b110_1010,即 7'H6A
3'Bxxxx1011              //等价于 3'b011
```

(6)"?"是高阻态 z 的另一种表示符号。在数字的表示中,字符"?"和 z(或 Z)是完全等价的,可互相替代。

(7)整数可以带符号(正负号),并且正负号应写在最左边。负数通常表示为二进制补码的形式。例如:

```
32'd23                   //代表十进制数 23
- 6'd12                  //代表十进制数 - 12,用二进制表示为 110100,最高位为符号位
```

(8)在位宽和"'"之间以及进制和数字之间允许出现空格,但在"'"和进制之间以及数字之间不允许出现空格。

```
3□'h□101                 /* 合法: 在位宽和"'"之间以及进制和数字之间允许出现空格,但在
                            "'"和进制之间以及数字之间不允许出现空格 */
3'□0101                  //非法:"'"和进制 b 之间不允许出现空格
```

注意:对于整数,建议严格按书写格式书写,即包括位宽、"'"、进制和数字。要特别注意负数在实际应用中的用法。

2. 实数

在 Verilog HDL 中,实数(real)就是浮点数,实数的定义方式有两种:

(1)十进制格式。例如:

```
0.02                     //合法
3.1                      //合法
5                        //非法:没有小数点及后面的数字,它是一个十进制的整数
.9                       //非法:小数点左侧必须有数字
6.                       //非法:小数点右侧必须有数字
```

(2)科学计数法。由数字和字符 e(或 E)组成,e(或 E)的前面必须有数字,而且后面必须为整数。例如:

```
4.2e3                    //合法:代表实数 4200.0
23_5.1e4                 //合法:代表实数 2351200.0
2E - 2                   //合法:代表实数 0.02
2.E3                     //非法:小数点右侧必须有数字
```

Verilog HDL 中也定义了实数转换为整数的方法。实数通过四舍五入被转换为最相近的整数。例如:

```
4.2,4.36,4.45            //若转换为整数都是 4
9.5,9.67,9.8             //若转换为整数都是 10
```

```
- 11.2, - 11.45          //若转换为整数都是 - 11
- 2.62, - 2.93          //若转换为整数都是 - 3
```

注意：实数转换为整数的情况在仿真时经常遇到，具体是否转换为整数，取决于仿真的时间精度。

3. 字符串

字符串(string)是由一对双引号括起来的字符序列。出现在双引号内的任何字符(包括空格和下画线)都将被作为字符串的一部分。例如：

```
"Simulation"
"Simulation Finished!"     //空格出现在双引号内，所以是字符串的组成部分
"12345_67"                 //下画线出现在双引号内，所以是字符串的组成部分
```

字符串的作用主要是在仿真时显示一些相关的信息或者指定显示的格式。

实际上，字符都会被转换成二进制数，而且这种二进制数是按特定规则编码的。现在普遍都采用 ASCII 码，这种代码把每个字符用一个字节(8 位)的二进制数表示，所以字符串实际就是若干个 8 位 ASCII 码的序列。例如"Simulation Finished!"共有 20 个字符(两个单词共 18 个字符，单词之间的空格为一个字符，叹号为一个字符)，因此需要用 20 个字节存储。方法如下：

```
reg[8 * 20:1] stringvar;
initial
  begin
    stringvar = "Simulation Finished!";
  end
```

注意：字符串变量属于 reg 型变量，其宽度为字符串中字符的个数乘以 8。

字符串中有一类特殊字符，必须用字符"\"来说明，这样的字符只能用于字符串中，表 5-2 列出了这些特殊字符的表示和意义。

表 5-2　特殊字符的表示和意义

特殊字符表示	意　　义
\n	换行符
\t	制表符
\\	符号\
\"	符号"
\ddd	3 位八进制数表示的 ASCII 值($0 \leqslant d \leqslant 7$)

5.3.3　变量和数据类型

在程序运行过程中，其值可以改变的量称为变量(variable)。变量应该有名字，并且占据一定的存储空间，在该存储空间内存放变量的值。Verilog HDL 的变量体现了该语言为硬件建模的特性，在 Verilog HDL 中有多种数据类型的变量，每种类型都有其在电路中的实际意义。数据类型被设计用来表示数字硬件电路中数据的存储和传输。

在 Verilog HDL 中，根据赋值和对值的保持方式的不同，可将数据类型分为两大类：线

网(net)和变量(variable)。

注意: 在 Verilog-1195 标准中,variable 型称为 register 型;在 Verilog-2001 标准中将 register 一词改为 variable,以避免初学者将 register 和硬件中的寄存器概念混淆。

1. net 型

net 型数据相当于硬件按电路中的各种物理连接(导线和节点),用来连接各个模块以及输入输出。其特点是输出值紧跟输入值的变化而变化,没有电荷保持作用(trireg 除外)。net 型数据必须由驱动源驱动。对 net 型变量有两种驱动方式:一种方式是在结构描述中将其连接到一个门元件或模块的输出端;另一种方式是用持续赋值语句 assign 对其进行赋值。

net 型变量在定义时需要设置位宽,默认值为 1 位。变量的每一位可以取 0、1、x 或 z 中的任意值。对于这 4 种逻辑值,在 Verilog HDL 中还可以使用强度值来表示逻辑值 1 和 0 的信号强度,以用于在数字电路中建立不同强度的驱动源模型。逻辑强度及其类型和等级如表 5-3 所示。

表 5-3　逻辑强度、类型和等级

强　　度	类　　型	等　　级
supply	驱动	最强
strong	驱动	
pull	驱动	
large	存储	
weak	驱动	
medium	存储	
small	存储	
highz	高阻	最弱

如果有两个或两个以上的不同强度的信号驱动同一个线网,则线网的值取决于高强度信号的值。例如,一个强度为 strong 的逻辑值 1 和一个强度为 pull 的逻辑值 0 连接到同一个线网,则结果是强度为 strong 的逻辑值 1。如果两个或两个以上的强度相同的不同信号驱动同一个线网,则线网值不确定。例如,一个强度为 strong 的逻辑值 1 和一个强度为 strong 的逻辑值 0 连接到同一个线网,则结果为 x。

为了能够精确地反映硬件电路中各种可能的物理连接特性,Verilog HDL 提供了多种 net 型数据,如表 5-4 所示,表中符号"√"表示可综合。

表 5-4　常用的 net 型变量及可综合性说明

类　　型	功　　能	可综合性
wire,tri	两种常见的 net 型变量	√
wor,trior	具有线或特性的多重驱动连线	
wand,triand	具有线与特性的多重驱动连线	
tri1,tri0	分别为上拉电阻和下拉电阻	
supply1,supply0	分别为电源(逻辑 1)和地(逻辑 0)	√
trireg	具有电荷保持作用的连线,可用于电容的建模	

1）wire 和 tri 型线网

wire 和 tri 型线网都是用于连接单元的连线，wire 是连线，tri 是三态线。二者的语法和功能基本一致。对于 Verilog HDL 综合器来说，对 tri 型数据和 wire 型数据的处理是完全相同的，将信号定义为 tri 型只是为了增加程序的可读性，可以更清楚地表示该信号综合后的电路连线具有三态的功能。

wire 是最常用的 net 型，Verilog HDL 模块中的输入输出信号在没有明确指定数据类型时都被默认为 wire 型。wire 型信号可以用做任何表达式的输入，也可以用做 assign 语句或实例元件的输出。对于综合器来说，wire 型变量取值可为 0、1、x、z，如果 wire 型变量没有连接到驱动源，其值为高阻态 z。

wire 型变量的定义格式如下：

wire[$n-1$:0] 数据名 1,数据名 2,…,数据名 n;　　　　　//n 位数据

或

wire[n:1] 数据名 1,数据名 2,…,数据名 n;　　　　　//n 位数据

wire 是 wire 型数据的标识符；[$n-1$:0]和[n:1]代表该数据的位宽，即该数据有几位；后面的是数据名。当 $n=1$ 时，代表的是 1 位的数据，这时可以省略位宽的设置，即为默认状态。

注意：如果一次定义多个 wire 型数据，数据名之间用逗号隔开，声明语句的最后要用分号表示语句结束。

例如：

```
wire b;                              //定义一个 1 位的 wire 型数据 b
wire[7:0] address;                   //定义一个 8 位的 wire 型数据 address
wire[16:1] data;                     //wire 型数据 data 的宽度是 16 位
```

这种多位的 wire 型数据也称为 wire 型向量(vector)，在 5.3.5 节中将进一步说明。

当 wire 型或 tri 型的线网由多个驱动源驱动时，其有效值由表 5-5 决定。此处假设多个驱动源的强度相同。

表 5-5　wire/tri 型真值表

wire/tri	0	1	x	z
0	0	x	x	0
1	x	1	x	1
x	x	x	x	x
z	0	1	x	z

例如：

```
wire[3:0] c,b,a;
assign c = a;                        //第一个驱动源
assign c = b;                        //第二个驱动源
```

在这个例子中，c 有两个驱动源，两个驱动源的值用于在表中进行查找，以便决定 c 的

有效值。c 是一个向量,在查表确认其有效值时应按位操作。如果第一个驱动源的值是 01x,第二个驱动源的值是 11z,那么 c 的有效值是 x1x(两个值的第 1 位 0 和 1 在表中查找 到 x,第二位 1 和 1 在表中查找到 1,第 3 位 x 和 z 在表中查找到 x)。

2) wor 和 trior 型线网

wor 是线或,trior 是三态线或,二者的语法和功能基本一致。只要这类线网的某个驱 动源的值是 1,那么线网的值就是 1。例如:

```
wor[3:0] abc;
trior[7:0] data;
```

当 wor 型或 trior 型的线网由多个驱动源驱动时,其有效值由表 5-6 决定。此处假设多 个驱动源的强度相同。

表 5-6   wor/trior 型真值表

wor/trior	0	1	x	z
0	0	1	x	0
1	1	1	1	1
x	x	1	x	x
z	0	1	x	z

3) wand 和 triand 型线网

wand 是线与,triand 是三态线与,二者的语法和功能基本一致。只要这类线网的某个 驱动源的值是 0,那么线网的值就是 0。例如:

```
wand[2:1] Abus;
triand clk;
```

当 wand 型或 triand 型的线网由多个驱动源驱动时,其有效值由表 5-7 决定。此处假设 多个驱动源的强度相同。

表 5-7   wand/triand 型真值表

wand/triand	0	1	x	z
0	0	0	0	0
1	0	1	x	1
x	0	x	x	x
z	0	1	x	z

4) tri1 和 tri0 型线网

tri1 是三态 1,tri0 是三态 0,用于为带有上拉或下拉电阻的设备建模。当没有驱动源驱 动一个 tri1(tri0)型线网时,该线网值为 1(tri1)或 0(tri0)。线网值的驱动强度为 pull。tri0 等效于这样一个 wire 型线网:有一个强度为 pull 的 0 值连续驱动该 wire 型线网。同样,tri1 等效于这样一个 wire 型线网:有一个强度为 pull 的 1 值连续驱动该 wire 型线网。例如:

```
tri0 Gndbus;
tri1 Abus;
```

当 tri1 型或 tri0 型的线网由多个驱动源驱动时,其有效值由表 5-8 决定。此处假设多个驱动源的强度相同。

表 5-8　tri1/tri0 型真值表

tri1/tri0	0	1	x	z
0	0	x	x	0
1	x	1	x	1
x	x	x	x	x
z	0	1	x	0/1

5) supply1 和 supply0 型线网

supply1 和 supply0 用于电路中的电源建模,supply1 型线网用于对电源(高电平 1)的建模,supply0 型线网用于对于对地(低电平 0)的建模。例如:

```
supply1[2:1] Vcc;
supply0 ClkGnd;
```

6) trireg 型线网

trireg 型线网存储数值(类似于寄存器),并且用于电容节点的建模。一个 trireg 型线网数据可以处于驱动和电容两种状态之一。

(1) 驱动状态:当至少被一个驱动源驱动时,trireg 型线网数据有一个值(1、0 或 x)。判决值被导入 trireg 型数据,也就是 trireg 型线网的驱动值。

(2) 电容状态:如果所有驱动源都处于高阻状态(z),trireg 型线网数据则保持它最后的驱动值。高阻值不会从驱动源导入 trireg 型线网数据。

例如:

```
trireg[1:8] Dbus,Abus;
```

注意:在线网型中,除了 trireg 未初始化时的值为 x 以外,其余子类型未初始化时的值均为 z,这与任何驱动的导线呈现高阻态的物理意义是一致的。

7) 未说明的线网

在 Verilog HDL 中有时候不需要声明某种线网类型,默认的线网类型为 1 位线网。可以使用编译器伪指令`default_nettype 来改变这一隐式的线网说明方式。其调用格式如下:

```
`default_nettype net_kind          //net_kind 是系统默认的线网类型
```

例如:

```
`default_nettype wand          //任何未被说明的线网类型默认为 1 位线与型
```

8) scalared 和 vectored 型线网

scalared 是标量线网,vectored 是向量线网。scalared 和 vectored 是声明线网时的可选项。如果没有定义这一项,那么默认值是标量线网,前面所有程序中的线网都是这样的。如果某个线网声明时使用了 vectored,那么就不允许对该线网做位选择(只选择线网值中的 1位)和部分选择(选择线网值中的部分位),而必须对线网整体赋值。例如:

```
wire vectored[4:1] data;
                //使用了 vectored 不允许位选择(data[3])和部分选择(data[2:1])
wor scalared[3:0] addr;
                /*使用了 scalared,效果与"wor[3:0] addr; "相同,允许位选择(addr[3])和部分
                选择(addr[2:1])*/
```

2. variable 型

variable 型变量必须放在过程语句(always、initial)中,通过过程赋值语句赋值。在 always、initial 等过程语句中被赋值的信号也必须定义成 variable 型。需要注意的是: variable 型变量(在 Verilog-1995 标准中称为 register 型)并不意味着一定对应着硬件上的 触发器或寄存器等存储单元,在综合器进行综合时,variable 型变量会根据其被赋值的具体 情况来确定是映射为连线还是映射为存储元件(触发器或寄存器)。

variable 型数据包括 4 种类型,如表 5-9 所示,表中符号"√"表示可综合。

表 5-9 常用的 variable 型变量及可综合性说明

类 型	功 能	可综合性
reg	常用的 variable 型变量	√
integer	32 位带符号整型变量	√
real	64 位带符号实型变量	
time	64 位无符号时间变量	

表 5-9 中的 real 和 time 两种寄存器型变量都是纯数学的抽象描述,不对应任何具体的 硬件电路,不能被综合。real 主要表示实数寄存器,主要用于仿真。time 主要用于对模拟时 间的存储和处理。

1) reg 型变量

reg 型变量是最常用的 variable 型变量。

reg 型变量的定义格式如下:

reg[$n-1$:0] 数据名 1,数据名 2,…,数据名 n;   //n 位数据

或

reg[n:1] 数据名 1,数据名 2,…,数据名 n;   //n 位数据

reg 是 reg 型数据的标识符;[$n-1$:0]和[n:1]代表该数据的位宽,即该数据有几位; 后面的是数据名。当 $n=1$ 时,代表的是 1 位的数据,这时可以省略位宽的设置,即为默认 状态。

注意:如果一次定义多个 reg 型数据,数据名之间用逗号隔开,声明语句的最后要用分 号表示语句结束。reg 型数据的默认初始值是不定值 x。

例如:

```
reg out;                    //定义一个 1 位的 reg 型数据 out
reg[7:0] address;           //定义一个 8 位的 reg 型数据 address
reg[16:1] data;             //reg 型数据 data 的宽度是 16 位
```

reg 型数据的值通常被认为是无符号数,如果向 reg 型数据中存入一个负数,通常会被

视为整数。例如:

```
reg[4:1] out;                    //定义一个 4 位寄存器 out
…
out = 5;                         //这条赋值语句给 out 赋值 5(0101)
out = - 2;                       /* 这条赋值语句给 out 赋值 - 2,out 的值为 14(1110,是 2 的
                                   补码形式) * /
```

reg 型变量并不意味着一定对应着硬件上的触发器或寄存器,在综合时,综合器会根据具体情况来确定将其映射为寄存器还是映射为连线。

【例 5-1】 reg 型变量综合为连线

```
module reg_syn1(a,b,c,e,f);
 input a,b,c;
 output e,f;
 reg e,f;
 always@(a or b or c)
   begin
     e = a|b;
     f = e&c;
   end
endmodule
```

用综合器对本例进行综合,会得到图 5-3 所示的电路,可见,变量 e、f 因为在 always 过程语句中赋值,所以定义成 reg 型,但综合器并没有将其映射为触发器或寄存器,而是映射为连线。综合时,reg 型变量的初始值为 x。

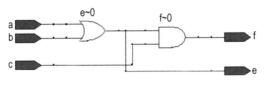

图 5-3　reg 型变量被综合为连线

2) integer 型变量

integer 型变量是整数寄存器,也是 Verilog HDL 中最常用的变量类型,这种寄存器中存储整数值,常用于对循环控制变量的说明,例如用来表示循环次数等。整数寄存器可以存储带符号数。integer 型变量的初始值为 x。

integer 型变量的定义格式如下:

integer integer1,integer2,…,integerN[msb:lsb];

其中,integer1,integer2,…,integerN 是整数寄存器名; msb 和 lsb 是定义整数数组界限的常量,数组界限的定义是可选的。

例如:

```
integer A,B;                     //定义了 3 个整数寄存器
integer data[1:3];               //定义了一组寄存器,其名称分别为 data[3]、data[2]、data[1]
```

整数寄存器中最少可以容纳一个 32 位的数,但是不能做位向量访问。例如,对上面的

整数 A 说明,A[4](位选择)和 A[25：22](部分选择)都是非法的。如果想得到整数寄存器中的位,可以将整数寄存器赋值给一般的 reg 型变量,然后从中选取相应的位。例如:

```
reg[31:0] Areg;
integer Bin;                    //Bin[5]和 Bin[25:22]是不允许的
…
Areg = Bin;                     /* 把 Bin 的值赋给 Areg 之后,Areg[5]和 Areg[25:22]是允许
                                的,这样就可以从整数 Bin 中获取相应的位 */
```

上例说明了如何通过简单的赋值将整数转换为位向量。类型转换自动完成,不必使用特定的函数。从位向量到整数的转换也可以通过赋值完成。例如:

```
integer I;                      //定义整数 I
reg[3:0] Bcq;                   //定义寄存器 Bcq
I = 6;                          //I 的值为 32'b0000…00110
Bcq = I;                        //Bcq 的值为 4'b0110
Bcq = 4'b0101;                  //把 Bcq 赋值为 0101
I = Bcq;                        //把 Bcq 的值赋给 I 之后,I 的值为 32'b00…0101
I = – 6;                        //I 的值为 32'b11…1010
Bcq = I;                        //Bcq 的值为 4'b1010
```

注意:赋值总是从最低位(最右侧)开始向最高位(最左侧)进行,而且任何多余的位都会被截断。

3) real 型变量

real 型变量是实数型寄存器,一般用于测试模板中存储仿真时间。

real 型变量的定义格式如下:

```
real real_reg1,real_reg 2, … ,real_regN;
```

例如:

```
real Swing,Top;
```

real 型变量的默认值为 0,当将值 z 和 x 赋予 real 型变量时,这些值被当作 0。例如:

```
real Rc;
…
Rc = 'b01xz;                    //Rc 在赋值后的值为 'b0100
```

4) time 型变量

time 型变量是时间寄存器,用于存储和处理时间,通常用在系统函数 $ time 中。

time 型变量的定义格式如下:

```
time time_reg1,time_reg2, … ,time_regN[msb:lsb];
```

其中 time_reg1,time_reg2,…,time_regN 是寄存器名;msb 和 lsb 是规定范围界限的常量,这个范围将决定时间寄存器内能存储时间值的个数。如果未定义界限,默认值为 1,那么每个时间寄存器只能存储一个至少 64 位的时间值。time 型变量存储无符号数。例如:

```
time events[0:31];             //时间值数组,可以存储 32 个时间值
time currtime;                 //currtime 可以存储一个时间值
```

5.3.4　参数

在 Verilog HDL 中,参数型数据是被命名的常量,在仿真开始前对其赋值,在整个仿真过程中其值保持不变,数据的具体类型(整数型、实数型、字符串型)是由所赋的值来决定的。参数通常出现在模块内部,用来定义状态机的状态、数据位宽以及延时大小等,其方法是用参数 parameter 来定义符号常量,即用 parameter 来定义一个标识符代表一个常量。

参数的定义格式如下:

parameter 参数名 1 = 表达式 1,参数名 2 = 表达式 2,参数名 3 = 表达式 3,…;

例如:

```
parameter msb = 15;                  //定义最高位为第 15 位
parameter a = 2, b = 3;              //定义两个常量 a、b
parameter delay = 10;                //定义延时为 10 个时间单位
parameter msb = 4, size = msb − 1;   //定义表达式
```

参数最大的特点是它可以在编译时被方便地修改,所以常用来对一些需要调整的数据建模,以便在实例化模块时根据需要进行配置。

注意:在 Verilog HDL 中还提供了另一种定义常量的方法,就是编译向导语句宏替换 `define。但是需要注意,`define 是一种全局性的定义,在遇到 `undef 之前定义的内容始终有效;而 parameter 是一种局部定义,在模块内部使用并且可以被灵活改动,这是 parameter 的一个重要特征。

5.3.5　向量

1. 标量与向量

位宽为 1 位的变量称为标量,如果在变量声明中没有指定位宽,则默认为标量(1 位)。例如:

```
wire reset;                          //reset 为 wire 型标量
reg S;                               //S 为 reg 型标量
```

位宽大于 1 位的变量(包括 net 型和 variable 型)称为向量。向量通过位宽定义语法 [msb:lsb]指定地址范围。msb 表示向量的最高有效位(most significant bit),lsb 表示向量的最低有效位(lease significant bit)。例如:

```
wire[2:0] sel;                       //3 位的向量 sel,其中 sel[2]是最高有效位,sel[0]是最低有效位
reg[0:3] A;                          //A[0]是最高有效位,A[3]是最低有效位
reg[3:0] data;                       //4 位的总线 data
```

注意:msb 和 lsb 必须是常数值或 parameter,或者是可以在编译时计算结果为常数的表达式,且可以为任意符号的整数值,即整数、负数或零均可。msb 可以大于、等于甚至小于 lsb。

2. 位选择和域选择

在向量中,可以指定其中的某一位或若干相邻位进行操作,这些指定的一位或相邻位分别称为位选择或域选择(部分选择)。例如:

```
S = data[3];                  //位选择:将 data 的第 3 位的值赋给变量 S
D = data[3:0];                //域选择:将 data 的第 3、2、1、0 位的值赋给变量 D
reg[3:0] a,b; reg cout; reg [3:0] out;
cout = a&b;                   //位选择
out = a ^ b;                  //域选择
```

注意:在进行位选择或域选择时,如果选取的一位或几位为 x、z 或它们标定的范围超出所选择向量的实际范围,则位选择或域选择的值为 x。例如:$S=data[3]$;,如果将 3 换成 x 或 z,则 S 的值为 x。建议用位选择和域选择赋值时,应注意等号左右位宽要一致。

例如:

```
wire[15:0] out; wire[3:0] in;
assign out[8:5] = in;
```

等效于

```
assign out[8] = in[3];
assign out[7] = in[2];
assign out[6] = in[1];
assign out[5] = in[0];
```

还有一类向量是不支持位选择和域选择的,即向量类向量,在 5.2.3 节中介绍 scalared 和 vectored 线网时已阐述,这里就不再详细说明了。

5.3.6 存储器

在系统设计中,经常需要用到存储器。Verilog HDL 通过对 reg 型变量建立数组来对存储器建模。数组中的每一个单元通过一个数组索引进行寻址。memory 型数据是通过扩展 reg 型数据的地址范围来生成的。

memory 型数据的定义格式如下:

```
reg[n-1:0] 存储器名[m-1:0];
```

或

```
reg[n-1:0] 存储器名[m:1];
```

其中,$reg[n-1:0]$为存储器的字长,定义了存储器中每一个存储单元的大小,即该存储单元是一个 n 位的寄存器;存储器名后的$[m-1:0]$或$[m:1]$为存储器的容量,定义了该存储器中有多少个这样的寄存器;最后用分号结束定义语句。例如:

```
reg data[7:0];                //8 个 1 位寄存器组成的存储器 data
reg[8:1] data[7:0];           //8 个 8 位寄存器组成的存储器 data
reg[0:3] A;                   //A[0]是最高有效位,A[3]是最低有效位
reg[3:0] data;                //4 位的总线 data
```

也可以用 parameter 参数定义存储器的大小,以便于修改,并且在同一个数据类型声明语句里,可以同时定义存储器型数据和 reg 型数据。例如:

```
parameter wordsize = 16,memorysize = 256;
reg[wordsize-1:0] Amem[memorysize-1:0],writereg,readreg;
```

上面的语句中定义了一个宽度为 16 位、容量为 256 个存储单元的存储器,还有 reg 型数据 writereg 和 readreg。

尽管 memory 型数据和 reg 型数据的定义格式很相近,但要注意两者的不同之处。例如一个由 n 个 1 位寄存器构成的存储器是不同于一个 n 位寄存器的。例如:

```
reg[7:0] rega;                    //1 个 8 位的寄存器
reg Amem[7:0];                    //8 个 1 位寄存器组成的存储器 Amem
```

一个 n 位的寄存器可以在一条赋值语句里进行赋值,而一个完整的存储器则不行。例如:

```
rega = 0;                         //合法的赋值语句
Amem = 0;                         //非法的赋值语句
```

对存储器赋值时,只能对存储器的某一个单元进行赋值。例如:

```
reg[7:0] Bmem[31:0];              //存储器定义
Bmem[4] = 8'b00110011;            //Bmem 存储器的第 4 个单元被赋值为 8'b00110011
Bmem[7] = 21;                     //Bmem 存储器的第 7 个单元被赋值为十进制数 21
```

注意:不允许对存储器进行位选择和域选择。不过,可以首先将存储器的值赋给寄存器,然后对寄存器进行位选择和域选择。

还有另一种方法对存储器进行赋值,就是采用以下系统任务(仅限于电路仿真中使用):

```
$ readmemb(加载二进制值)
$ readmemh(加载十六进制值)
```

这些系统任务从指定的文件中读取数据并加载到存储器。文本文件必须包含相应的二进制数或十六进制数。详细的使用方法将在 6.1 节中详细介绍。

5.3.7　运算符

Verilog HDL 提供了类型众多的运算符(operator),这些运算符与 C 语言中的运算符颇为相似。按运算符的功能可分为算术运算符、逻辑运算符、位运算符、关系运算符、等式运算符、缩位运算符、移位运算符、条件运算符和位拼接运算符 9 类;如果按运算符所带操作数的个数可分为以下 3 类:

(1) 单目运算符(unary operator):运算符可带一个操作数,操作数放在运算符的右边。

(2) 双目运算符(binary operator):运算符可带两个操作数,操作数放在运算符的两边。

(3) 三目运算符(ternary operator):运算符可带 3 个操作数,这 3 个操作数用三目运算符分隔开。

例如:

```
clk = ~clk;                       //~是一个单目取反运算符,clk 是操作数
cout = a&b;                       //&是一个双目按位与运算符,a 和 b 是操作数
y = sel?a:b;                      //?:是一个三目条件运算符,sel、a、b 是操作数
```

下面按功能的不同对这些运算符分别介绍。

1. 算术运算符

常用算术运算符包括加、减、乘、除、求余和乘方,它们都是双目运算符。综合器一般都支持加、减、乘运算,除法运算需视版本而定,一般不支持求模运算的电路综合。

算术运算符的符号如下:

+	加	−	减
*	乘	/	除
%	求余(求模)	* *	乘方(求幂)

整数除法的结果应该截去小数部分。对于除法或求余运算符,如果第二个操作数为0,那么整个的结果应当为未知(x)。在求余操作中,如果第一个操作数恰好能被第二个操作数整除,那么最终的结果(即取得的余数)为0;求余运算结果值的符号采用与第一个操作数相同的符号。在乘方运算中,如果有任意一个操作数为实数、整数或者有符号数,那么最终的结果应该为实数;如果两个操作数都为无符号数,那么结果为无符号数;如果第一个操作数为0,第二个操作数为非正数,或者第一个操作数为负数,第二个操作数为非整数值,那么乘方运算的结果为未知(x)。

注意:对于算术运算符,如果任何一个操作数的某一位的值为未知(x)或高阻(z),那么最终的结果为未知(x)。例如,4'b10x1+4'b0111=4'bxxxx。

例如:

```
11/3              //结果为3,11除以3,商为3.666…,截去小数部分,取整数部分3
10/3              //结果为3,10除以3,商为3.333…,截去小数部分,取整数部分3
8%4               //结果为0,8除以4,余数为0
7%5               //结果为2,7除以5,余数为2
−10%3             //结果为−1,结果值符号取第一个操作数的符号
10%−3             //结果为1,结果值符号取第一个操作数的符号
−4'd12%3          /* 结果为1,−4'd12 在表达式中被机器编译成无符号十进制数
                     1073741821,所以表达式的最终结果为正值1 */
```

算术表达式结果的长度由最长的操作数决定,赋值语句中,其结果的长度则由运算符左端目标长度决定,算术表达式的所有中间结果长度取最大操作数的长度。例如:

```
reg[0:3] A,B,C;
reg[0:5] F;
…
A = B + C;         //长度由B、C和A中最长的长度决定,为4位
F = B + C;         //长度由F的长度决定(F、B、C中F的长度最长),为6位//
```

再如:

```
wire[4:1] A,B;
wire[1:5] C;
wire[1:6] D;
wire[1:8] Y;
assign Y = (A + C) + (B + D);  /* 赋值语句,(A+C)和(B+D)两个算术运算的结果长度取每个运算
                                  的最大操作数的长度(5位和6位),最终Y的结果取决于Y的长
                                  度(8位) */
```

【例 5-2】 算术运算符

```
module arithmetic_test;
 reg[3:0] a,b,c;
 initial
   begin
     a = 4'b1100;              //12
     b = 4'b0011;              //3
     c = 4'b0010;              //2
     $ display(a * b);         //结果为 4(4'b0100),等于 36 的低 4 位
     $ display(a/b);           //结果为 4
     $ display(a + b);         //结果为 15
     $ display(a - b);         //结果为 9
     $ display(c * * b);       //结果为 8
     $ display(a % b);         //结果为 0
   end
endmodule
```

在 5.3.3 节中讲述过,reg 型数据如果没有声明为有符号数,则应当被看作无符号数。而 integer 型变量则被看作有符号数。有符号的值在机器中以二进制补码形式表示。有符号数和无符号数中间的转换在二进制表示形式上相同,只是在机器编译后才有所改变。

【例 5-3】 在表达式中使用 integer 型和 reg 型数据

```
integer intA;
reg[15:0] regA;
reg signed[15:0] regS;
intA = - 4'd12;
regA = intA/3;           //表达式结果为 - 4,intA 为整型数据,其中 regA 为 65532
reg = - 4'd12;           //regA 为 65524
intA = regA/3;           //表达式结果为 21841,其中 regA 为 reg 型数据
intA = - 4'd12/3;        //表达式结果为 1431655761,其中 - 4'd12 是一个 32 位的 reg 型数据
regA = - 12/3;           //表达式结果为 - 4,其中 - 12 是一个整型数据,regA 为 65532
regS = - 12/3;           //表达式结果为 - 4,其中 regS 是一个有符号的 reg 型数据
regS = - 4'sd12/3;       /* 表达式结果为 1,其中 - 4'd12 实际上等于 4,按照整数除法的规则
                            有 4/3 = 1 * /
```

注意:一个表达式中如果既有符号数又有无符号数,则需要特别注意运算结果。因为只要其中一个操作数为无符号数,那么其他所有操作数也将被当作无符号数进行运算,并且得到一个无符号数的运算结果。如果要进行有符号数的运算,则每一个操作数都必须为有符号数(其中无符号数可通过调用系统函数 $ signed 转换为有符号数进行运算)。

算术运算符中的＋和一可当做操作数的正负号,这时它们是单目运算符,＋和一作为单目运算符要比作为双目运算符的优先级高。

2. 逻辑运算符

逻辑运算符的符号如下:

&&   逻辑与   ‖   逻辑或   !   逻辑非

&& 和 ‖ 是双目运算符,要求有两个操作数,如 A&&B、A‖B。! 是单目运算符,只要

求有一个操作数,如!A。在逻辑运算符的运算中,如果操作数是一位的,则逻辑运算的真值表如表 5-10 所示。

表 5-10 逻辑运算的真值表

a	b	!a	!b	a&&b	a‖b
0	0	1	1	0	0
0	1	1	0	0	1
1	0	0	1	0	1
1	1	0	0	1	1

如果操作数的位数不止一位,则应将操作数作为一个整体来对待,即如果操作数是全 0,则相当于逻辑 0,但只要某一位是 1,则操作数就应该整体看作逻辑 1。

注意:如果任何一个操作数的某一位的值为未知(x)或高阻(z),那么这个操作数也被看作 x。

【例 5-4】 逻辑运算符

```
module logic_test;
 reg[3:0] a,b,c;
 initial
   begin
     a = 6;
     b = 0;
     c = 4'hx;
     $ display(a&b);          //结果为 0
     $ display(a‖b);          //结果为 1
     $ display(!a);           //结果为 0
     $ display(a‖c);          //结果为 1
     $ display(a&&c);         //结果为 x
     $ display(b‖c);          //结果为 x
     $ display(!c);           //结果为 x
   end
endmodule
```

3. 位运算符

位运算符的符号如下:

～	按位取反	&	按位与
‖	按位或	^	按位异或
～^ 或^ ～	按位同或(符号～^和^～是等价的)		

注意:～是单目运算符,表示按位取反;而!也是单目运算符,表示的是逻辑非。～和!是有区别的:～的结果可能是一位也可能是多位的,主要视操作数的位数而定。当操作数是一位的时候,两种运算的结果都是一位的;当操作数是多位的时候,～的结果是多位的,而!的结果是一位的。

按位取反的真值表如表 5-11 所示。

表 5-11　按位取反的真值表

～	0	1	x	z
结果	1	0	x	x

按位与、按位或、按位异或的真值表如表 5-12 所示。

表 5-12　按位与、按位或、按位异或的真值表

&	0	1	x	z	|	0	1	x	z	^	0	1	x	z
0	0	0	0	0	0	0	1	x	x	0	0	1	x	x
1	0	1	x	x	1	1	1	1	1	1	1	0	x	x
x	0	x	x	x	x	x	1	x	x	x	x	x	x	x
z	0	x	x	x	z	x	1	x	x	z	x	x	x	x

注意：如果两个操作数的位宽不相等，则自动地将两个操作数按右端对齐，位数少的操作数在高位用 0 补齐，以使两个操作数能按位进行操作；如果任何一个操作数的某一位的值为未知（x）或高阻（z），那么这个按位运算的最终结果也是 x。

【例 5-5】　位运算符

```
module bit_test;
   reg[3:0] a,b,c;
   reg[5:0] d;
   reg[4:0] e;
   initial
    begin
      a = 4'b1100;
      b = 4'b0011;
      c = 4'b0101;
      d = 6'b001010;
      e = 5'bx1100;
      $ display(~a);              //结果为 4'b0011
      $ display(a&c);            //结果为 4'b0100
      $ display(a|b);            //结果为 4'b1111
      $ display(b^c);            //结果为 4'b0110
      $ display(a~^c);           //结果为 4'b0110
      $ display(a&d);            //结果为 6'b001000
      $ display(d|e);            //结果为 x
   end
endmodule
```

4. 关系运算符

关系运算符的符号如下：

<	小于	>	大于
<=	小于或等于	>=	大于或等于

注意：<＝运算符除了表示关系运算中的小于或等于以外，还用于表示信号的一种赋值方式（非阻塞赋值）。

在进行关系运算时，如果两个操作数的关系为真，则返回 1；如果两个操作数的关系为

假,则返回 0;如果操作数中出现未知状态 x 或高阻态 z,则返回值为 x。

【例 5-6】 关系运算符

```
module relate_test;
  reg[3:0] a,b,c,d;
  initial
    begin
      a = 3;
      b = 6;
      c = 3;
      d = 4'hx;
      $ display(a < b);            //结果为 1
      $ display(a > b);            //结果为 0
      $ display(a > = c);          //结果为 1
      $ display(d < = c);          //结果为 x
    end
endmodule
```

如果两个操作数的位宽不相等,其中一个或两个操作数为无符号数,则自动地将两个操作数按右端对齐,位数少的操作数在高位用 0 补齐。例如:

```
'b1001 > 'b01100                   //等价于'b01001 > 'b01100,结果为 0
```

如果关系表达式中的两个操作数都是有符号数(整型数据、有符号 reg 数据或者十进制格式整数),那么表达式就应当被看作两个有符号数的比较。如果关系表达式中的任意一个操作数是实型数据,那么另外一个操作数就应当首先被转换成实型数据,然后表达式就被看作两个实型数据之间的比较。除以上两种情况外,表达式都被看作无符号数之间的比较。

5. 等式运算符

等式运算符的符号如下:

= =	等于	!=	不等于
= = =	全等	!= =	不全等

这 4 种运算符都是双目运算符,它们要求有两个操作数,得到的结果是 1 位的逻辑值。如果得到 1,说明等式的关系为真;如果得到 0,说明等式的关系为假。= =和!=又称为逻辑等式运算符,其结果由两个操作数的值决定。由于操作数中某些位可能是 x 或 z,结果可能是不确定值 x。而= = =和!= =运算符则不同,它在操作数进行比较时对某些不确定值 x 和 z 也进行比较,两个操作数必须完全一致,其结果才是 1,否则为 0。= = =和!= =运算符常用于 case 表达式的判别,所以又称为 case 等式运算符。= =和= = =的真值表如表 5-13 所示。

表 5-13　= =和= = =的真值表

= =	0	1	x	z	= = =	0	1	x	z
0	1	0	x	x	0	1	0	0	0
1	0	1	x	x	1	0	1	0	0
x	x	x	x	x	x	0	0	1	0
z	x	x	x	x	z	0	0	0	1

例如,设有 reg 型变量 a=4'b10x0,b=4'b10x0,则 a==b 得到的结果是 x,而 a===b 得到的结果是 1。

注意:如果两个操作数的位宽不相等,则自动地将两个操作数按右端对齐,位数少的操作数在高位 0 补齐。

例如:

```
2'b10 = = 4'b0010                        //等价于 4'b0010 = = 4'b0010,结果为 1
```

【例 5-7】 等式运算符

```
module equality_test;
  reg[3:0] a,b,c,d,e,f,g,i;
  initial
    begin
      a = 4;
      b = 7;
      c = 4'b010;
      d = 4'bx10;
      e = 4'bx101;
      f = 4'bxx01;
      g = 4'bx01;
      i = 4'b111;
      $ displayb(c);                //结果为 0010
      $ displayb(d);                //结果为 xx10
      $ display(a == b);            //结果为 0
      $ display(b == i);            //结果为 1
      $ display(c!= d);             //结果为 x
      $ display(c!= f);             //结果为 1
      $ display(d == = e);          //结果为 0
      $ display(c!== d);            //结果为 1
      $ display(f == g);            //结果为 1
    end
endmodule
```

6. 缩位运算符

缩位运算符的符号如下:

&	与	~&	与非
|	或	~|	或非
^	异或	^~或~^	同或

缩位运算符是单目运算符,其运算规则类似于位运算符,但运算过程不同。位运算符对操作数的相应位进行运算,操作数是几位数则运算结果也是几位数;而缩位运算符对单个操作数进行运算,最后的运算结果是 1 位的,即缩位运算符将一个向量缩减为一个标量。缩位运算的具体运算过程是:首先将操作数的第一位与第二位进行运算;其次将运算结果与第三位进行运算,依此类推,直至最后一位。例如:

```
reg[3:0] a;
y = &a;                           //等效于 b = ((a[0]&a[1])&a[2])&a[3];
```

【例 5-8】 缩位运算符

```
module reduction_test;
 reg[3:0] a,b,c;
 initial
    begin
      a = 4'b1101;
      b = 4'b1111;
      c = 4'b1x01;
       $ displayb(&a);            //结果为 0
       $ displayb(|a);            //结果为 1
       $ displayb(~|a);           //结果为 0
       $ displayb(^b);            //结果为 0
       $ displayb(~^b);           //结果为 1
       $ displayb(&c);            //结果为 0
       $ displayb(|c);            //结果为 1
       $ displayb(^c);            //结果为 x
    end
endmodule
```

7. 移位运算符

移位运算符的符号如下:

  ≪   左移   ≫   右移

这两种移位运算符都是双目运算符,其使用格式如下:

A≫n 或 A≪n

A 代表要进行移位的操作数,n 代表要移动的位数。这两种移位运算都用 0 来填补移出的空位。

注意:如果移位运算符右侧操作数的值为未知(x)或高阻(z),那么这个运算的结果就是 x。

例如:

5'b01001 ≪ 2 = 7'b0100100;
1 ≪ 4 = 32'b10000;
4'b0101 ≫ 4 = 4'b0000;
4'b0101 ≪ 3 = 4'b1000;
4'b0101 ≫ 2 = 4'b0001;

【例 5-9】 移位运算符

```
module shift_test;
 reg[3:0] a,b;
 initial
    begin
      a = 4'b1001;
      b = 4'b10x0;
       $ displayb(a ≪ 3);         //结果为 1000
       $ displayb(a ≫ 2);         //结果为 0010
```

```
        $ displayb(b << 1);            //结果为 0x00
        $ displayb(b >> 1);            //结果为 010x
     end
endmodule
```

8. 条件运算符

条件运算符(?:)是通过判断条件表达式的真假,从而从两个表达式中选取一个表达式作为输出结果。它是运算符中唯一的三目运算符。其使用格式如下:

结果 = 条件表达式?表达式 1: 表达式 2;

条件运算符的运算过程是:首先计算条件表达式的值。如果为真(逻辑 1),则结果为表达式 1;如果为假(逻辑 0),则结果为表达式 2。如果条件表达式的值为 x 或 z,则两个表达式都不会是输出结果,而是将两个表达式的值逐位比较,取相等值作为输出结果。如果两个表达式的某一位都是 1,则这一位的结果就是 1;如果两个表达式的某一位都为 0,则这一位的结果就位 0;否则这一位的结果是 x。例如:

```
y = ctrl?a:b;                 //如果 ctrl = 1,则 y = a; 如果 ctrl = 0,则 y = b
y = (ctrl = = 0)?b:a;         //功能与上句相同
```

条件运算符还可以嵌套使用。例如:

```
y = ctrl1?(ctrl0?a:b):(ctrl0?c:d);
```

【例 5-10】 条件运算符

```
module condition(a,b,sel,out);
 input[3:0] a,b;
 input sel;
 output[3:0] out;
 reg[3:0] out;
 always@(a or b or sel)
   begin
      out = sel?a:b;             //实现的是二选一多路数据选择器的功能
   end
endmodule
```

测试程序如例 5-11 所示。

【例 5-11】 条件运算符的测试程序

```
module condition_test;
 reg[3:0] a,b;
 reg sel;
 wire[3:0] out;
 condition U(a,b,sel,out);
 initial
   begin
      a = 4'b0111;
      b = 4'b0010;
      sel = 0;
      #10 sel = 1;
```

```
       #10 sel = 0;
       #10 sel = 1'bx;
       #10 $finish;
    end
endmodule
```

用 ModelSim 软件仿真的结果如图 5-4 所示。

图 5-4　条件运算符的仿真波形

从图 5-4 中可以看出,当 sel＝0 时,out 输出的是 b 的值 4'b0010;当 sel＝1 时,out 输出的是 a 的值 4'b0111;当 sel＝x 时,out 的输出的既不是 a 的值,也不是 b 的值,而是将 a 和 b 的值进行比较得到的 4'b0x1x。

9. 位拼接运算符

位拼接运算符{}是将两个或两个以上操作数或操作数的某几位拼接在一起,形成一个新的表达式。使用格式如下:

{操作数 1,操作数 2,…,操作数 n}

这里的操作数可以是操作数本身,也可以是操作数的某一位或某几位。例如:

```
{a,b,c}
{a[1],b[2],c[2:3]}                          //等同于{a[1],b[2],c[2],c[3]}
```

【例 5-12】　位拼接运算符

```
module concatenate_test;
 reg[1:0] a;
 reg[2:0] b;
 reg[3:0] c;
 initial
    begin
     a = 2'b01;
     b = 3'b101;
     c = 4'b1110;
      $displayb({a,b});                     //结果为 01101
      $displayb({a,c[2:1]});                //结果为 0111
    end
endmodule
```

位拼接运算符还可以嵌套使用,如果多次拼接同一个操作数,重复的次数可以用常数指定,这时位拼接运算符又称为复制运算符。其使用格式如下:

{重复次数{操作数}}

例如:

```
{2{a,b}}                                    //等同于{{a,b},{a,b}}和{a,b,a,b}
```

```
{5{2'b01}}                          //等同于 0101010101
{4{k}}                              //等同于{k,k,k,k}
```

【例 5-13】 复制运算符

```
module replicate_test;
 reg[1:0] a;
 reg b;
 reg[5:0] c;
 initial
   begin
     a = 2'b01;
     b = 1'b1;
      $ displayb({2{a}});           //结果为 0101
      $ displayb({3{b}});           //结果为 111
     c = {2{a}};
      $ displayb(c);                //结果为 000101
   end
endmodule
```

注意：位拼接运算符中不允许拼接位宽不确定的常数。

例如：

```
{a,2}                               //非法：十进制数 2 的长度不确定
```

10. 运算符的优先级

与其他高级语言一样，Verilog HDL 中运算符也有优先级之分。表 5-14 列出了 Verilog HDL 中运算符优先级的高低。

表 5-14　运算符的优先级

运 算 符	优 先 级
＋,－,!,~（单目运算符）	最高优先级
*,/,%	
＋,－（双目运算符）	
＜＜,＞＞	
＜,＜＝,＞,＞＝	
＝＝,!＝,＝＝＝,!＝＝	
&,~&	
^,~^	
|,~|	
&&	
||	最低优先级
?:	

注意：小括号可以改变默认的优先级，对于复杂的表达式，建议使用小括号，以避免出错，同时还能提高程序的可读性。

5.4 Verilog HDL 基本语句

Verilog HDL 的基本语句包括时间控制语句、过程语句、赋值语句、块语句、条件语句、循环语句和编译向导语句等。

5.4.1 综合性设计语句

综合是指所设计的代码和指令能转化为具体的电路网表结构,在基于 FPGA/CPLD 的设计中,综合就是将 Verilog HDL 描述的行为级或功能级电路模型转化为 RTL 级功能块或门级电路网表的过程。硬件描述语言中的所有语句都可以用于仿真,但可综合的语句通常只是其中的一个优化子集,不同的综合器所支持的 HDL 语句集是不同的。表 5-15 是 Verilog HDL 可综合的行为语句,"√"表示该语句能够被综合工具所支持,即可综合。

表 5-15 Verilog HDL 可综合的行为语句

类　　型	语　　句	可 综 合 性
过程语句	initial	
	always	√
块语句	begin-end	√
	fork-join	
赋值语句	持续赋值语句 assign	√
	过程赋值语句＝、＜＝	√
条件语句	if-else	√
	case	√
循环语句	for	√
	repeat	
	while	
	forever	
编译向导语句	`define	√
	`include	√
	`ifdef、`else、`endif	√

5.4.2 时间控制语句

时间控制语句是 Verilog HDL 中比较重要的语句,主要用于 Verilog HDL 仿真。时间控制语句可以对过程块内的各条语句的执行时间进行控制。Verilog HDL 提供了两种时间控制语句:延时控制语句和事件控制语句。

1. 延时控制

延时控制是为行为语句的执行指定一个延时时间的时间控制方式。程序执行到该语句就会暂停下来,等待这个值规定的若干个时间单位,然后再继续执行后面的语句。延时控制语句有 3 种方式:语句前延时、单独延时和语句内延时。

延时是以"♯延时时间"来表示的,其中符号♯是延时控制的标识符。延时时间是指定的延时时间量,它是以多个仿真时间单位的形式给出的,可以是一个立即数、变量或表达式。

例如：

```
#2
#delay
#(delay/2)
```

注意：如果延时时间的值为 x 或 z,那么与零延时等效；如果延时时间计算结果为负值,那么负数的二进制补码值将被视为正数并作为延时值。

1) 语句前延时

这种延时形式是延时定义的位置在语句之前,二者共同构成一条语句,其使用格式如下：

```
#延时时间  语句;
```

这种时间控制语句是在延时时间后面紧跟着一条语句。当仿真进程遇到这条带有延时控制的语句时,不立即执行语句,而是要等待延时时间量过去后才真正开始执行语句指定的操作。例如：

```
#10 b = a;
```

当仿真进行到这条语句时,将等待 10 个时间单位,然后才执行后面的语句,将 a 的值赋值给 b。

实际上,电路对不同的信号跳变表现出的延时往往并不一致,这些延时模型包括上升延时(输出变为 1)、下降延时(输出变为 0)、关闭延时(输出变为高阻态 z)和输出变为 x 的延时。例如：

```
assign #(2,3) A = B&C;
assign #(2,3,4) A = B&C;
```

第一条语句表示上升延时为 2 个时间单位,下降延时为 3 个时间单位,关闭延时和输出变为 x 的延时取 2、3 中最小的,即 2 个时间单位。

第二条语句表示上升延时为 2 个时间单位,下降延时为 3 个时间单位,关闭延时为 4 个时间单位,输出变为 x 的延时取 2、3、4 中最小的,即 2 个时间单位。

2) 单独延时

这种延时只有延时时间量,后面没有任何语句,其使用格式如下：

```
#延时时间;
```

在这种延时控制情况下,仿真进程遇到该语句时,不进行任何操作,只处于等待状态,等到延时时间量过去后,结束该条语句。例如：

```
begin
  #10;
  #10 b = a;
end
```

上例中 #10; 就是这种形式的延时控制语句,当仿真进程遇到该语句的时候,不进行任何操作,而是等待 10 个时间单位；然后在 10 个时间单位的基础上再等待 10 个时间单位才将 a 的值赋值给 b。这两条语句等价于 #20 b＝a；这一条语句。

3）语句内延时

这种新式的延时控制语句是延时定义的位置处于赋值语句中间，其作用是把赋值过程分隔成两步，其使用格式如下：

结果 = #延时时间表达式；

例如：

A = #2 C&D;

程序执行到这条语句，首先计算 C&D 的值，然后进入延时，经过 2 个时间单位后，将计算出来的值赋给 A。

注意：语句内延时和语句前延时是不同的。语句前延时是首先进入延时等待，再做赋值；而语句内延时首先计算右端表达式，然后进入延时等待，最后再对左端目标进行赋值。

2. 事件控制

事件控制就是把某个事件作为执行某个操作的条件。在 Verilog HDL 中，一个事件通常是指一个变量、线网信号或表达式的值发生变化。事件控制可分为边沿敏感事件和电平敏感事件。

1）边沿敏感事件

边沿敏感事件使用符号@定义，其使用格式如下：

@(事件)语句；

例如：

@(posedge clk) dout = din;

在时钟 clk 上升沿跳变时，将 din 的值赋给 dout。

另外，当需要有多个事件控制时，可以使用 or 来表示并列关系，其使用格式如下：

@(事件 1 or 事件 2 or … or 事件 n)语句；

例如：

@(posedge clk or posedge reset) c = a + b;
@(d1 or d2 or d3) dout = d1 ^ d2 ^ d3;

上面两例中，只要有一个事件发生变化，就会促使后面的语句执行。

2）电平敏感事件

电平敏感事件使用关键字 wait 定义，其使用格式如下：

wait(事件)语句；

该语句检测事件是否为真。如果为真，就执行后面的语句；如果为假，则会一直等待。例如：

wait(en) dout = din;
wait(d < 100) dout = 1;

当括号内的条件满足时,就会执行后面的语句。

注意:时间控制语句在进行电路综合时会被综合工具自动忽略,当作没有延时处理。事件控制语句并不是所有的使用形式都可以被综合。事件控制语句通常与 always 语句联合使用。

5.4.3 过程语句

Verilog HDL 中的过程语句有两种:initial 过程语句和 always 过程语句。一个模块中可以包含多个 initial 和 always 语句,每一个 initial 或 always 语句都是一个独立的执行过程,并且这些执行过程彼此之间都是并行的,即这些语句的执行顺序与其在模块内的顺序无关。所有执行过程都是在仿真时间 0 时刻同时开始。

注意:initial 和 always 语句不能相互嵌套使用。

1. initial 过程语句

initial 过程语句仅执行一次,常用于仿真中的初始化。其使用格式如下:

```
initial
  begin
    语句 1;
    语句 2;
     ⋮
    语句 n;
end
```

initial 语句没有触发条件。如果 initial 过程语句中包含多条语句,必须用 begin-end 顺序块语句(将在 5.4.4 节中介绍)包含起来;如果 initial 语句中只有一条语句,则 begin-end 块语句可省略。

【例 5-14】 initial 语句举例

```
reg w;
initial
  w = 1;                                        //在 0 时刻将 1 赋值给 w
```

在上例中,initial 语句中只有一条语句,所以不需要加 begin-end 语句;如果含有多条语句,则必须加 begin-end 语句,如例 5-15 所示。

【例 5-15】 对测试变量赋值

```
`timescale 1ns/1ns
module li5_15_initial;
  reg a,b,c;
  initial
    begin
      a = 0;b = 0;c = 0;
      #10 c = 1;
      #10 b = 1;
      #10 c = 0;
      #10 a = 1;
      #10 c = 1;
      #10 b = 0;
```

```
        #10 c = 0;
        #10 $finish;
    end
endmodule
```

例 5-15 是用 initial 语句对测试变量 a、b 和 c 进行赋值。由于 initial 语句中有多条语句,所以采用块语句 begin-end 将这些语句括起来,initial 语句内的第一条语句是将 a、b 和 c 的初始值都设置为 0,然后每过多少个时间单位改变其中某个变量的值。用 ModelSim 软件仿真的结果如图 5-5 所示。

图 5-5　对测试变量赋值的仿真结果

例 5-16 是对存储器 ram 的各个存储单元进行初始化,将所有存储单元的初始值设置为 0。

【例 5-16】　对存储器初始化

```
parameter size = 256;
integer i;
reg[7:0] ram[size:1];
initial
  begin
    for(i = 0;i < = size;i = i + 1)
      ram[i] = 0;
  end
```

2. always 过程语句

always 块内的语句是不断重复执行的,只要满足其规定的条件,always 语句就执行,如果在整个仿真过程中多次满足这个条件,always 就会被多次执行。always 过程语句是可综合的,在可综合的电路设计中广泛采用。

always 语句的使用格式如下:

```
always@(敏感信号列表)
  begin
    //过程赋值
    //if - else、case 等条件语句
    //for、while、repeat 等循环语句
    //task、function 调用
  end
```

always 语句通常是带有触发条件的,触发条件写在敏感信号列表中,只要满足触发条件,其后的 begin-end 块语句内的语句就会被执行。

1) 敏感信号列表

所谓敏感信号列表,又称事件表达式或敏感信号表达式,即当该表达式中变量的值改变时,就会引发块内语句的执行,因此敏感信号表达式中应列出影响块内取值的所有信号。

对于同一个操作可能有多个触发事件,当其中的任意一个事件发生时,都要执行操作,

那么需要在不同的事件之间添加关键字 or。

@(a)　　　　　　@(a or b)

敏感信号可以分为两种类型：一种为电平敏感型，另一种为边沿敏感型。

电平敏感型是指当某个信号的电平发生变化时执行 always 指定的内容。边沿敏感型是指当某个信号上升沿或者下降沿到来时执行 always 指定的内容。

每一个 always 过程最好只由一种类型的敏感信号来触发，而最好不要将边沿敏感型和电平敏感型列在一起。

```
always @(posedge clk or posedge reset)    //两个敏感信号都是边沿敏感型
always @(A or B)                          //两个敏感信号都是电平敏感型
always @(posedge clk or reset)
            //不建议这样用，最好不要将边沿敏感型和电平敏感型信号列在一起
```

利用 always 过程语句可以实现时序逻辑，也可以实现组合逻辑。在用 always 过程语句实现组合逻辑时，要注意将所有的输入信号都列入敏感信号列表中；而在用 always 过程语句实现时序逻辑时，却不一定要将所有的输入信号都列入敏感信号列表。敏感信号列表中未包含所有输入信号的情况称为不完整事件说明（incomplete event specification）。不完整事件说明情况在仿真时可能会引起模拟器的误解。

【例 5-17】　敏感事件列表中未包含所有输入信号的情况

```
module three_input_and(f,a,b,c);
  input a,b,c;
  output f;
  reg f;
  always @ (a or b)
   begin
     f = a&b&c;
     end
endmodule
```

例 5-17 的目的是实现三输入与门功能，但在 always 语句敏感信号列表中只包含 a 和 b 两个输入信号，没有包含输入信号 c，所以当某时刻 c 发生变化时，不能触发 always 语句的执行，不能影响到输出 f 的变化。这样设计并不能实现三输入与门的功能仿真波形。如图 5-6 所示，输出 f 始终是 0，不论 c 如何变化，都不能影响到 f。

图 5-6　敏感事件列表中未包含所有输入信号的仿真波形

要正确实现三输入与门的功能，必须将输入信号 c 添加到敏感信号列表中，如例 5-18 所示。

【例 5-18】　敏感事件列表中包含所有输入信号的情况

```
module li_always1(a,b,c,f);
  input a,b,c;
  output f;
```

```
    reg f;
    always@(a or b or c)
     begin
       f = a&b&c;
     end
endmodule
```

例 5-18 的仿真波形如图 5-7 所示。从图中可以看出，当 c 发生变化时，f 也会同时发生变化。将图 5-6 和图 5-7 进行对比就可以看出两者的区别。

图 5-7　敏感事件列表中包含所有输入信号的仿真波形

例 5-17 和例 5-18 所采用的测试代码如下：

```
`timescale 1ns/1ns
module li_always_test;
  reg a,b,c;
  li_always U(a,b,c,f);              //对于例 5-18,只需将 li_always 换成 li_always1 即可
  initia
    begin
      a = 0;b = 0;c = 0;
      #10 a = 1;
      #10 b = 1;
      #10 c = 1;
      #10 c = 0;
      #10 c = 1;
      #10 $ finish;
    end
endmodule
```

在进行仿真时，always 过程语句内各条语句的真正执行必须由敏感信号列表中列出的信号触发才能启动。如果 always 过程语句中省略了敏感信号列表，则认为触发条件始终被满足，always 过程语句将无条件地循环下去。例如：

always clock = ～clock;

上面的例子中 always 没有敏感信号列表，所以 clock＝～clock；的执行是无条件的，当仿真进程进行到该 always 语句时，将开始循环执行，又由于该语句没有时间控制，该语句每次执行都不需要延时，这样仿真进程将停留在某一时刻(一般是 0 时刻)，这时仿真就不能往下一时刻继续进行，这样就进入了仿真的死循环状态。

注意：always 语句中如果没有敏感信号列表，就会无条件地循环执行，直到遇到 $ finish 或 $ stop，系统任务才能停止。

如果在上面的例子中加上时间控制语句，则该 always 语句将会产生测试代码常用的矩形脉冲信号。例如：

always #10 clock = ～clock;

上例带有 10 个时间单位的延时,每一次该语句被执行的时刻是不同的,彼此间隔 10 个时间单位,所以循环不会停留在某一时刻。上例可以产生一个周期为 20 个时间单位的矩形脉冲信号波形。

2) posedge 与 negedge 关键字

对于时序电路,通常都是由时钟沿触发的,为表示沿的概念,Verilog HDL 提供了 posedge 与 negedge 两个关键字来描述时钟上升沿和下降沿。

【例 5-19】 十六进制计数器

```
module count16(clk,reset,out);
  input clk,reset;
  output[3:0] out;
  reg[3:0] out;
  always@(posedge clk)              //时钟上升沿触发
  begin
    if(reset) out <= 4'h00;         //同步复位,高电平有效
    else out <= out + 1;            //计数
  end
endmodule
```

例 5-19 中,posedge clk 表示时钟信号 clk 的上升沿作为触发条件,如果改成 negedge clk 则表示时钟 clk 的下降沿作为触发条件。

上面的例子中没有在敏感信号列表中列出输入信号 reset,这个信号只能在时钟上升沿起作用,这种形式表示的是该十六进制计数器是同步复位。对于异步复位,应按如下方式书写敏感信号列表:

```
always@(posedge clk or posedge reset)        //reset 信号上升沿到来时复位,故高电平有效
always@(posedge clk or negedge reset)        //reset 信号下降沿到来时复位,故低电平有效
```

这里异步操作只有一个信号,如果包含多个信号,可以按此方式加入。

注意:块内的逻辑描述要与敏感信号表达式中信号的有效电平一致。

【例 5-20】 带有异步复位功能的十六进制计数器

```
module count16_r(clk,reset,out);
  input clk,reset;
  output[3:0] out;
  reg[3:0] out;
  always@(posedge clk or negedge reset)        //reset 低电平有效
  begin
    if(reset) out <= 4'h00;
             //高电平有效,与敏感信号列表中的低电平有效矛盾,应改为 if(!reset)
    else out <= out + 1;                        //计数
  end
endmodule
```

5.4.4 块语句

块语句是将两条或两条以上的语句组合成语法结构相当于一条语句的结构。当块语句内只有一条语句时,块语句可省略。在 Verilog HDL 中,块语句可以分为两种:

（1）begin-end 块。块内语句顺序执行,称为顺序块。

（2）fork-join 块。块内语句并行执行,称为并行块。

1．顺序块 begin-end

顺序块 begin-end 中的语句是按顺序执行的。顺序块语句的使用格式如下：

```
begin: 块名
  句 1;
  语句 2;
   ⋮
  语句 n;
end
```

注意：顺序块语句中的块名是可选择的,如果在块内定义局部变量,必须有块名；还有一种情况就是在仿真过程中跳出或中断块语句时需要标记块名。

顺序块语句有以下特点：

（1）顺序块内的各条语句是按它们在块内出现的次序逐条顺序执行的,当前面一条语句执行完毕后,下一条语句才能开始执行。

（2）顺序块中每条语句中的延时控制都是相对于前一条语句结束时刻的。

（3）在进行仿真时,当遇到顺序块时,块中第一条语句立即开始执行；当串行块中最后一条语句执行完毕时,程序流程控制就跳出顺序块,顺序块结束执行。

（4）整个顺序块的执行时间等于其内部各条语句执行时间的总和。

【例 5-21】 begin-end 块举例

```
begin
  b = a;
  c = b;
end
```

由于 begin-end 块内的语句是按顺序执行的,最终 b 和 c 的值是相同的,都等于 a 的值。

【例 5-22】 用 begin-end 块产生信号波形

```
`timescale 1ns/1ns
module signal;
  reg out;
  initial
  begin
    out = 0;
    #1 out = 1;
    #2 out = 1;
    #3 out = 0;
    #4 out = 1;
    #5 $finish;
  end
endmodule
```

例 5-22 顺序块中的语句执行过程如下：

（1）在仿真开始后($t=0$ 时刻)顺序块就开始执行,首先执行第一条语句,第一条语句执行完时,也就是在 0 时刻,out 值变为 0。

（2）开始执行第二条语句，由于第二条赋值语句带有 1 个时间单位的延时，所以直到第一条语句结束 1 个时间单位后（$t=1$ 时刻），第二条赋值语句才开始执行，out 的值变为 1。

（3）同样，第三条赋值语句在第二条赋值语句结束 2 个时间单位后（$t=3$ 时刻）开始执行，d_out 的值变为 1。

（4）第四条赋值语句在第三条赋值语句结束 3 个时间单位后（$t=6$ 时刻）开始执行，out 的值变为 0。

（5）第五条赋值语句在第四条赋值语句结束 4 个时间单位后（$t=10$ 时刻）开始执行，out 的值变为 1。

（6）第六条语句是在第五条赋值语句结束 5 个时间单位后（$t=15$ 时刻）开始执行，顺序块结束执行。

例 5-22 的仿真波形如图 5-8 所示。图中每个栅格代表 2 个时间单位，所产生的信号波形一共需要 15 个时间单位，等于每条语句执行时间的总和。

图 5-8　用顺序块产生信号波形的仿真波形

2. 并行块 fork-join

并行块 fork-join 中的所有语句是并发执行的。并行块语句的使用格式如下：

```
fork: 块名                                    //块名同顺序块语句
  语句 1;
  语句 2;
   ⋮
  语句 n;
join
```

并行块语句有以下特点：

（1）并行块内各条语句是同时并行地执行的，也就是说，当程序流程控制进入并行块后，块内各条语句都各自独立地同时开始执行。各条语句的起始执行时间都等于程序流程控制进入该并行块的时间。

（2）块内各条语句中指定的延时控制都是相对于程序流程控制进入并行块的时刻的延时，也就是相对于并行块开始执行时刻的延时。

（3）当并行块内所有的语句都已经执行完毕后，也就是当执行时间最长的那一条块内语句结束执行后，程序流程控制才跳出并行块，结束并行块的执行。整个并行块的执行时间等于执行时间最长的那条语句所需的执行时间。

【例 5-23】　fork-join 块举例

```
fork
  b = a;
  c = b;
join
```

由于 fork-join 块内的语句是并行执行的，最终 b 和 c 的值不同，b 的值等于 a 的值，而 c

的值等于改变之前 b 的值。

【例 5-24】 用 fork-join 块产生信号波形

```
`timescale 1ns/1ns
module signal;
  reg out;
  initial
  fork
    out = 0;
    #1 out = 1;
    #2 out = 1;
    #3 out = 0;
    #4 out = 1;
    #5 $finish;
  join
endmodule
```

例 5-24 并行块中语句的执行过程如下：

（1）在仿真开始后（$t=0$ 时刻）initial 过程语句随即被执行，并行块随后也开始执行（$t=0$ 时刻），块内所有语句的执行被同时启动。由于第一条赋值语句没有延时，所以第一条语句的赋值操作也是在 0 时刻同时进行的，使 out 的值变为 0。

（2）由于第二条赋值语句带有 1 个时间单位的延时，所以在并行块开始执行 1 个时间单位后（$t=1$ 时刻），第二条赋值语句对应的赋值操作才真正得到执行，将 out 的值变为 1。

（3）第三条赋值语句对应的赋值操作是在并行块开始执行 2 个时间单位后（$t=2$ 时刻）才进行的，将 out 的值变为 1。

（4）第四条赋值语句对应的赋值操作是在并行块开始执行 3 个时间单位后（$t=3$ 时刻）才进行的，将 out 的值变为 0。

（5）第五条赋值语句对应的赋值操作是在并行块开始执行 4 个时间单位后（$t=4$ 时刻）进行的，使 out 的值变为 1。

（6）第六条语句对应的操作是在并行块开始执行 5 个时间单位后（$t=5$ 时刻），并行块语句结束执行。

由于并行块中的 6 条语句所需的执行时间分别是 0、1、2、3、4、5 个时间单位，其中第六条赋值语句所需时间最长，所以在第六条语句执行完毕后（$t=5$ 时刻），并行块结束执行。例 5-24 的仿真波形如图 5-9 所示。

图 5-9 用并行块产生信号波形的仿真波形

注意：顺序块语句和并行块语句的区别：①begin-end 顺序块语句是可综合的，而 fork-join 并行块是不可综合的；②块内语句的执行顺序是不一样的。

3. 顺序块语句与并行块语句的混合使用

在混合使用顺序块语句和并行块语句时，要注意以下两点。

（1）当串行块和并行块属于不同的过程块（initial 或 always 过程块）时，串行块和并行块是并行执行的。

【例 5-25】 串行块和并行块属于不同的过程块

```
`timescale 1ns/1ns
module block1;
  reg a,b;
  initial                    //第一个 initial 语句
    begin                    //顺序块
      a = 1;                 //b1
      #10 a = 0;             //b2
      b = 1;                 //b3
      #40 a = 0;             //b4
      b = 0;                 //b5
    end
  initial                    //第二个 initial 语句
    fork                     //并行块
      b = 1;                 //f1
      #20 a = 1;             //f2
      #30 b = 0;             //f3
      #40 a = 1;             //f4
      #60 a = 1;             //f5
    join
endmodule
```

在例 5-25 中有两个 initial 语句,这两个 initial 语句是并行执行的,它们所包含的块语句也是并行执行的。在顺序块语句中,语句按照顺序方式执行;在并行块语句中,语句按照并行方式执行。例 5-25 各语句执行情况如表 5-16 所示。仿真波形如图 5-10 所示。

表 5-16　例 5-25 中各语句执行情况

时刻	begin-end 块中语句	fork-join 块中语句
0	b1	f1
10	b2,b3	
20		f2
30		f3
40		f4
50	b4,b5	
60		f5

图 5-10　串行块和并行块属于不同过程块的仿真波形

（2）当串行块和并行块嵌套使用在同一过程块内时,内层语句块可以看作外层语句块中的一条普通语句,内层语句块在什么时刻得到执行是由外层语句块的规则所决定的。而在内层语句块开始执行后,其内部各条语句的执行要遵守内层语句块的规则。

【例 5-26】 顺序块内含有并行块

```
module block2;
  reg a,b;
```

```
initial                                   //initial 过程块
  begin                                   //外层的顺序块
    a = 0;                                //语句 b1
    b = 1;                                //语句 b2
    ♯10 a = 1;                            //语句 b3
    fork                                  //内层的并行块
      b = 0;                              //语句 f1
      ♯10 b = 1;                          //语句 f2
      ♯20 a = 0;                          //语句 f3
    join
    ♯10 b = 0;                            //语句 b4
    ♯10 a = 1;                            //语句 b5
    b = 1;                                //语句 b6
  end
endmodule
```

例 5-26 有一个 initial 语句,在 initial 语句中含有一个 begin-end 块语句,而该顺序块语句中又含有一个 fork-join 块语句。可以将 fork-join 块语句整体看成是 begin-end 块语句中的一条语句。根据顺序块内部语句的顺序执行方式,语句 b1、b2、b3、并行块语句、b4、b5、b6将按顺序执行,内层并行块要等到语句 b1、b2、b3 依次执行完毕后才能开始执行。而一旦内层并行块开始执行,并行块中的各条语句将按并行块规定的并行方式执行。在本例中语句 b3 完成执行的时刻是仿真开始 10 个时间单位后($t=10$ 时刻),所以内层并行块是在 $t=10$时刻开始执行的,此时($t=10$ 时刻)并行块内语句 f1、f2、f3 同时开始执行。当内层并行块的所有语句都执行完毕后,外层顺序块中排在内层并行块后面的那条语句就开始执行。在本例中,内层并行块中最后执行完的语句是 f3,它在内层并行块执行开始 20 个单位时间后($t=30$ 时刻)才能结束执行,此时整个内层并行块结束执行,仿真进程将进入下一条语句b4。例 5-26 各语句执行情况如表 5-17 所示。仿真波形如图 5-11 所示。

表 5-17　例 5-26 中各语句执行情况

时刻	begin-end 块中语句	fork-join 块中语句
0	b1,b2	
10	b3	f1
20		f2
30		f3
40	b4	
50	b5,b6	

图 5-11　顺序块内含有并行块的仿真波形

顺序块也可以嵌套在并行块内部,这种情况下的执行过程与上面讲述的类似,就是将内层顺序块看成外层并行块的一条特殊语句,这条特殊语句在并行块中与其他语句一起并行执行,而内层顺序块内的各条语句在顺序块内得到顺序执行。

【例 5-27】 嵌套使用的顺序块和并行块

```
module block3;
  reg a,b;
  initial                          //initial 过程块
    fork                           //外层的并行块
      a = 0;                       //f1
      b = 0;                       //f2
      #10 a = 1;                   //f3
      #15 b = 1;                   //f4
      begin                        //内层的顺序块
        #15 a = 0;                 //b1
        #10 b = 0;                 //b2
      end
      #40 a = 1;                   //f5
    join
endmodule
```

例 5-27 各语句执行情况如表 5-18 所示。仿真波形如图 5-12 所示。

表 5-18   例 5-27 中各语句执行情况

时刻	begin-end 块中语句	fork-join 块中语句
0		f1,f2
10		f3
15	b1	f4
25	b2	
40		f5

图 5-12   并行块内含有顺序块的仿真波形

5.4.5 赋值语句

行为描述模块中的语句块(begin-end 块或 fork-join 块)是由过程赋值语句和高级程序语句这两种基本成分构成的。本节将对过程赋值语句进行讲解,并且同时介绍与过程赋值语句对应的持续赋值语句。

1. 持续赋值语句

持续赋值语句使用关键字 assign,主要用于对组合逻辑电路的行为进行描述。持续赋值语句只能用来对 wire 型变量进行赋值,而不能对寄存器型变量进行赋值。

持续赋值语句的使用格式如下:

assign 结果 = 表达式;

例如:

assign f = a ^ b;

a、b 和 f 这 3 个变量都是 wire 型的，a 和 b 信号的任何变化都会影响到 f。

例 5-28 是使用持续赋值语句设计的半加器。

【例 5-28】 半加器

```
module half_add (cout,sum,a,b,c);
  input a,b;
  output cout,sum;
  assign sum = a ^ b;
  assign cout = a&b;
endmodule
```

2. 过程赋值语句

过程赋值语句是在 initial 语句或 always 语句内对 reg 型变量进行赋值的语句，在经过过程赋值后，这些变量的取值将保持不变，直到另一条过程赋值语句对变量重新赋值为止。

过程赋值语句的使用格式如下：

被赋值变量　赋值操作符　赋值表达式；

赋值操作符是＝或＜＝，它们分别代表阻塞（blocking）赋值方式和非阻塞（non-blocking）赋值方式。

1）阻塞赋值方式

阻塞赋值方式的赋值符号为＝，例如 b＝a；。

阻塞赋值语句先计算右侧表达式的值，然后赋值给等号左端目标，而且在完成整个赋值之前不能被其他语句打断，也就是说，阻塞赋值在该语句结束时就立即完成赋值操作，即 b 的值在该语句结束后立刻改变。如果在一个块语句中有多条阻塞赋值语句，那么在前面的赋值语句没有完成之前，后面的语句就不能被执行，仿佛被阻塞了一样，因此称为阻塞赋值方式。

例 5-29 是采用阻塞赋值方式设计的 8 位全加器。

【例 5-29】 8 位全加器

```
module adder8(a,b,c,cout,sum);
  input[7:0] a,b;
  input c;
  output cout;
  output[7:0] sum;
  reg cout;
  reg[7:0] sum;
always@(a or b or c)
  begin
    sum = a ^ b ^ c;                    //阻塞赋值方式
    cout = (a&b)|(a&c)|(b&c);
  end
endmodule
```

2）非阻塞赋值方式

非阻塞赋值方式的赋值符号为＜＝，例如 b＜＝a；。

非阻塞赋值在整个过程块结束时才完成赋值操作，即 b 的值并不是立刻就改变的。也

可以将非阻塞赋值方式的赋值过程分为两个子过程:

子过程 1:计算右侧表达式的值。

子过程 2:给左侧目标赋值。

对于阻塞赋值而言,这两个子过程可以视为连续完成的,而且在完成赋值之前不允许随后的其他语句执行。而对于非阻塞赋值,其实是在某个时刻开始时执行子过程 1,在这个时刻结束时执行子过程 2,这两个子过程之间有一个微小的时间间隔。在这个间隔内,这条非阻塞赋值语句后面的其他的语句也可以执行。所以非阻塞过程赋值不阻塞后面的任何语句。

注意:如果在同一个语句块内有多个连续的非阻塞赋值语句,那么它们会同时在某个时刻开始时计算右侧的值,并在这个时刻结束时将结果赋值给左侧目标。但是这个时间间隔非常短,以至于可以认为这些非阻塞赋值语句是同时开始执行并且立即完成赋值的。

例 5-30 是采用非阻塞赋值方式设计的 D 触发器。

【例 5-30】 D 触发器

```
module dff(clk,resct,d,q);
  input clk,reset;
  input d;
  output q;
  reg q;
  always@(posedge clk)
    begin
      if(reset)
        q <= 0;                              //非阻塞赋值方式
      else
        q <= d;
      end
endmodule
```

3)阻塞赋值与非阻塞赋值

阻塞赋值方式和非阻塞赋值方式的区别一直以来都是 Verilog HDL 程序设计的难点,在使用过程中也是容易出错的地方。下面通过两个例子来说明二者的区别。

【例 5-31】 阻塞赋值方式

```
module blocking(clk,a,b,c,d);
  input clk;
  input a;
  output b,c,d;
  reg b,c,d;
  always@(posedge clk)
    begin
      b = a;
      c = b;
      d = c;
    end
endmodule
```

【例 5-32】 非阻塞赋值方式

```
module non_blocking(clk,a,b,c,d);
```

```
    input clk;
    input a;
    output b,c,d;
    reg b,c,d;
    always@(posedge clk)
        begin
            b<=a;
            c<=b;
            d<=c;
        end
endmodule
```

对上面的两个例子中的程序进行仿真,分别得到图 5-13 和图 5-14 的波形图。

图 5-13　阻塞赋值方式的仿真波形

图 5-14　非阻塞赋值方式的仿真波形

从两个仿真波形可以看出,对于阻塞赋值方式,b、c 和 d 的结果是相同的,这是因为 a 的值立即赋给 b,b 的值立即赋给 c,c 的值立即赋给 d。而对于非阻塞赋值方式,b 落后于 a 一个时钟周期,c 落后于 b 一个时钟周期,d 落后于 c 一个时钟周期,这是因为每次执行后,b 的值被 a 的值所更新,而 c 的值是上一个时钟周期 b 的值,d 的值是上一个时钟周期 c 的值。

上面两例的 RTL 综合后的电路图如图 5-15 和图 5-16 所示。

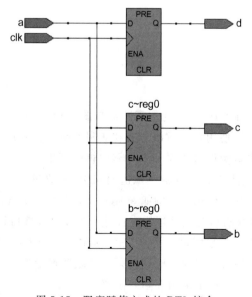

图 5-15　阻塞赋值方式的 RTL 综合

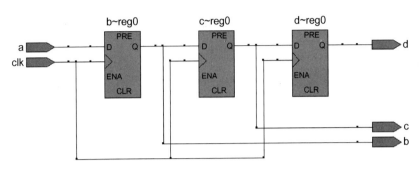

图 5-16 非阻塞赋值方式的 RTL 综合

注意：阻塞赋值方式可以理解为是顺序执行的，而非阻塞赋值方式可以理解为是并行执行的。为了避免出错，建议在同一个块内，最好不将输出再作为输入使用。

如果要用阻塞赋值方式获得例 5-32 非阻塞赋值方式的结果，可以采用多个 always 语句来实现，如例 5-33 所示。

【例 5-33】 用阻塞赋值方式实现例 5-32 非阻塞赋值方式的结果

```
module blocking(clk,a,b,c,d);
    input clk;
    input a;
    output b,c,d;
    reg b,c,d;
    always@(posedge clk)
      begin
        b = a;
      end
    always@(posedge clk)
      begin
        c = b;
      end
    always@(posedge clk)
      begin
        d = c;
      end
endmodule
```

对例 5-33 的程序进行仿真，得到的仿真波形与图 5-14 相同。

在进行可综合设计时，使用阻塞赋值方式和非阻塞赋值方式应注意一些原则，遵循这些原则，可以在设计过程中避免许多错误和不可靠逻辑的产生。

（1）非阻塞赋值不能用在 assign 持续赋值语句中，一般只会出现在 initial 和 always 等过程语句中，对 reg 型变量进行赋值。例如 assign out<＝a＋b；这样的语句是错误的。

（2）当用 always 过程语句对组合逻辑电路进行设计时，既可以用阻塞赋值方式，也可以用非阻塞赋值方式，应尽量采用阻塞赋值方式，这主要是因为组合逻辑电路的特点。

（3）对时序逻辑电路进行设计时，应尽量采用非阻塞赋值方式。

（4）对锁存器建模时，应尽量采用非阻塞赋值方式。

（5）在同一个 always 过程语句中描述时序和组合逻辑混合电路时，最好采用非阻塞赋值方式。

（6）在同一个过程块中，最好不要同时用阻塞赋值和非阻塞赋值，虽然同时使用这两种赋值方式在综合时并不一定会出错，但对同一个变量不能既进行阻塞赋值又进行非阻塞赋值，这样在综合时会出错。

（7）不能在两个或两个以上的 always 过程语句中对同一个变量赋值，这样会引起冲突，在综合时会报错。

（8）在一个模块内，严禁对同一个变量既进行阻塞赋值，又进行非阻塞赋值，这样会在综合时报错。

（9）仿真时采用＄strobe 显示非阻塞赋值的变量。

5.4.6　条件语句

前面已经讲过 Verilog HDL 是从 C 语言的基础上发展起来的，Verilog HDL 中的很多高级程序语句与 C 语言的语句类似。其中条件语句就是一种高级程序语句，Verilog HDL 中有两种条件语句：if 语句和 case 语句，它们与 C 语言中的条件语句类似。

1. if 语句

if 语句可以根据指定的判断条件表达式是否满足来确定后面的语句是否执行。其使用方法有 3 种。

1）if 语句

这种形式的 if 语句的格式如下：

if(条件表达式)语句;

这种形式的 if 语句没有 else 项，只要条件表达式为真，就会执行后面的语句，否则就直接退出条件语句。例如：

if(load＝＝1) q＝d;

在执行过程中，会根据条件表达式 load＝＝1 是否为真来决定后面的语句是否执行。如果 load 取值为 1，则赋值语句就会执行，将 d 的值赋给 q；如果 load 取值为 0、x 或 z，则不执行后面的语句，q 值保持原值不变。

【例 5-34】　组合逻辑电路

```
module mux1(a,sel,q);
  input[1:0] a;
  input sel;
  output[1:0] q;
  reg[1:0] q;
always@(a or sel)
  begin
    if(sel)
      q＝a;
  end
endmodule
```

对上面的程序进行仿真，得到的波形图如图 5-17 所示。

图 5-17   例 5-34 的仿真波形

从图 5-17 中可以看出，仿真开始时，sel 不等于 1，所以输出是 x 状态；当 sel 等于时，执行赋值语句 q＝a;，将 a 的值赋给 q；当 sel 从 1 变为 0 后，q 的输出保持原值不变，所以产生了一个锁存器，这是在设计中不应该出现的。

【例 5-35】 锁存器

```
module latch1(load,d,q);
    input load;
    input[1:0] d;
    output[1:0] q;
    reg[1:0] q;
    always@(load or d)
        begin
            if(load)
                q = d;
        end
endmodule
```

对锁存器的程序进行仿真，得到的波形图如图 5-18 所示。可以看出，该设计的功能符合锁存器的功能。因此对于锁存器的设计可以使用这种形式的 if 语句。

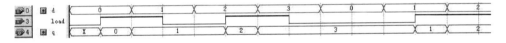

图 5-18   例 5-35 的仿真波形

上面的组合逻辑电路(锁存器除外)的设计中产生了设计之外的锁存器，这是设计者不想得到的结果；但是对于时序电路来说，时序电路一般都是根据时钟有效沿进行操作的，在沿没有到来时，就会保持原有的数据不变，即要锁存数据。因此，用 if 语句对组合逻辑电路(锁存器除外)时必须要小心，建议不采用这种形式的 if 语句；而时序电路可以采用这种形式的 if 语句进行设计。

2) if-else 语句

这种形式的 if 语句的格式如下：

```
if(条件表达式)     语句 1;
else             语句 2;
```

这种形式的 if 语句实现了二路分支选择控制。如果条件表达式满足条件，即为真时，则执行语句 1，然后结束 if 语句；否则执行语句 2，再结束 if 语句。例如：

```
if(sel = = 1)    out = in1;
else             out = in2;
```

当 sel 取值为 1 时，将 in1 的值赋给 out；当 sel 取值为为 0、x 或 z 时，将 in2 的值赋给 out。

【**例 5-36**】 2 选 1 多路数据选择器

```
module mux2(a,b,sel,q);
  input[1:0] a,b;
  input sel;
  output[1:0] q;
  reg[1:0] q;
  always@(a or sel)
    begin
      if(sel)
        q = a;
      else
        q = b;
    end
endmodule
```

2 选 1 多路数据选择器的仿真波形如图 5-19 所示。当 sel＝1 时,将 a 的值赋给 q；当 sel＝0 时,将 b 的值赋给 q。这样的设计就不会产生锁存器,建议采用 if 语句进行设计的时候,尽量采用 if-else 形式,以避免出现错误。

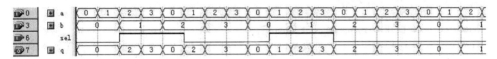

图 5-19　2 选 1 多路数据选择器的仿真波形

3）if-else if-else 语句

这种形式的 if 语句的格式如下:

```
if(条件表达式 1)           语句 1;
else if (条件表达式 2)     语句 2;
  ⋮
else if (条件表达式 1)     语句 n－1;
else                      语句 n;
```

这种形式的 if 语句具有 n 个条件分支项,每一分支项都指定了当该分支项的条件满足时所执行的操作。这种形式的 if 语句在执行过程中,将按照各个分支项的排列顺序对各个条件表达式是否满足进行判断。当遇到某一项的条件表达式满足条件时,就会执行其后的语句,然后退出整个 if 语句；如果所有条件表达式都不满足条件,就会执行最后的 else 后面的语句,然后退出整个 if 语句。if 语句的条件判断是由上而下的,所以,可以用 if 语句设计优先级功能。

【**例 5-37**】 4-2 优先级编码器

```
module code_4_2(in,out);
  input[3:0] in;
  output[1:0] out;
  reg[1:0] out;
  always@(in)
    begin
      if(in[3])           out = 3;
```

```
        else if(in[2])      out = 2;
        else if(in[1])      out = 1;
        else                out = 0;
    end
endmodule
```

图 5-20 是 4-2 优先级编码器的仿真波形,可以看出,当输入有某几位同时为 1 时,if 语句会从上到下按顺序地判断。图 5-20 中输入为 in＝1100 时,输出为 out＝3,这是因为 in[3]＝1,则执行 out＝3,后面的不需要再考虑了;而输入为 0101 时,因为 in[3]＝0,不满足条件,不能执行 out＝3,接着向下判断,in[2]＝1,则执行 out＝2;以此类推,最终得到图 5-20 中所示的结果。

图 5-20　4-2 优先级编码器的仿真波形

注意:if 语句整体可以看作一条语句。if 或 else 下面可以有一条语句,也可以有多条语句。如果有多条语句,则必须使用 begin-end 或 fork-join 块语句。

【例 5-38】 十进制计数器

```
module count10 (clk,clr,start,cout,daout);
input clk,clr,start;
output cout;
reg cout;
output [3:0] daout;
wire [3:0] daout;
reg[3:0] cnt;
assign daout = cnt;
always @(posedge clk or negedge clr)
    begin
        if(!clr)
            begin
                cnt <= 4'b0000;
                cout <= 1'b0;
            end
        else if(start == 1'b1)
            begin
                if(cnt == 4'b1001)
                begin
                cnt <= 4'b0000;
                cout <= 1'b1;
                end
            else
                begin
                cnt <= cnt + 1;
                cout <= 1'b0;
                end
        end
    end
end
endmodule
```

十进制计数器的仿真波形如图 5-21 所示。

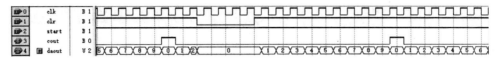

图 5-21　十进制计数器的仿真波形

2. case 语句

case 语句是用来实现多路分支选择控制的条件语句,与 if 语句相比,case 语句更加简便和直观。case 语句多用于描述数据选择器、译码器、状态机和微处理器等。case 语句有 case、casez、casex 3 种表示方式。

1) case 语句

case 语句的使用格式如下:

```
case(条件表达式)
  值 1: 语句 1;
  值 2: 语句 2;
    ⋮
  值 n: 语句 n - 1;
  default: 语句 n;
endcase
```

case 语句在执行时首先计算条件表达式的值,然后按照顺序与其他各分支项的值进行比较,如果全等,就执行分支项后面的语句,然后退出 case 语句;如果条件表达式的值与所列出的其他值都不全等,就执行 default 后面的语句,如果没有 default 语句,则直接退出 case 语句。

注意:条件表达式的位宽必须与各分支项值的位宽一致,才能进行比较;每个分支项的值不能相同,否则会出现矛盾;default 语句可以省略(不建议),但是最多只能有一个 default;语句 1～语句 n 中可以有一条语句,也可以有多条语句,如果是多条语句,必须使用 begin-end 或 fork-join 块语句。

【例 5-39】　4-2 编码器

```
module code4_2(I,Q);
  input[3:0] I;
  output[1:0] Q;
  reg[1:0] Q;
  always@(I)
    begin
      case(I)
        4'b0001:Q = 2'b11;
        4'b0010:Q = 2'b10;
        4'b0100:Q = 2'b01;
        4'b1000:Q = 2'b00;
        default:Q = 2'bxx;
      endcase
    end
endmodule
```

4-2 编码器的仿真波形如图 5-22 所示,可以看出,仿真与设计相一致。

图 5-22　4-2 编码器的仿真波形

2) casez 和 casex 语句

casez 和 casex 是 case 语句的另外两种形式,在 casez 语句中,如果分支项值中的某些位是高阻态 z,那么对这些位的比较就不需要考虑,而只需关注其他位的比较结果。在 casex 语句中,如果分支项值中的某些位是高阻态 z 或 x,那么对这些位的比较就不需要考虑,而只需要考虑其他位的结果。也可以用符号"?"标识 x 和 z。表 5-19 是 case、casez 和 casex 语句的比较规则。

表 5-19　case、casez 和 casex 语句的比较规则

case	0	1	x	z	casez	0	1	x	z	casex	0	1	x	z
0	1	0	0	0	0	1	0	0	1	0	1	0	1	1
1	0	1	0	0	1	0	1	0	1	1	0	1	1	1
x	0	0	1	0	x	0	0	1	1	x	1	1	1	1
z	0	0	0	1	z	1	1	1	1	z	1	1	1	1

例如:

```
case(sel)
3'b01x: q = 1;              //只有 sel = 3'b01x,才执行后面的语句
casez(sel)
3'b01x: q = 1;              //只要 sel 是 3'b01x、3'b01z 中的一个值,就会执行后面的语句
casex(sel)
3'b01x: q = 1;             /* 只要 sel 是 3'b01x、3'b01z、3'b010 和 3'b011 中的一个值,就会执行
                              后面的语句 */
```

【例 5-40】　用 casex 语句实现的操作码译码

```
module decode_opcode(a, b, op, out);
  input[3:0] a, b;
  input[3:0] op;
  output[3:0] out;
  reg[3:0] out;
  always@(a or b or op)
    begin
      casex(op)
        4'b0001:out = a + b;            //加操作
        4'b001?:out = a - b;            //减操作
        4'b01xz:out = a&b;              //按位与操作
        4'b1xz1:out = a|b;              //按位或操作
        default:out = 4'bx;
      endcase
    end
endmodule
```

上面程序的仿真波形如图 5-23 所示。可以看出,当 op 为 4'b0000 时,不进行任何操作,输出为 x;当 op 为 4'b0001 时,进行加操作;当 op 为 4'b001z、4'b001x、4'b0011 和 4'b0010 时,进行减操作;当 op 为 4'b01xx、4'b01xz、4'b01x0 和 4'b01x1 时,进行按位与操作;当 op 为 4'b10zx 和 4'b1xz1 时,进行按位或操作。这与设计的功能正好相吻合。

图 5-23　例 5-40 的仿真波形

5.4.7　循环语句

循环语句也是一种高级程序语句,Verilog HDL 中提供了 4 种形式的循环语句,它们只能用在 initial 和 always 过程语句中,用来控制语句的执行次数,这 4 种循环语句是 for、repeat、while 和 forever 语句。

1. for 循环语句

for 循环语句与 C 语言的 for 语句类似,语句中有一个控制执行次数的循环变量。其使用格式如下:

for(循环变量赋初值; 循环结束条件; 循环变量增值) 语句;

或

```
for(循环变量赋初值; 循环结束条件; 循环变量增值)
  begin
    语句 1;
    语句 2;
     ⋮
    语句 n;
  end
```

循环变量赋初值是给出变量的初始值;循环结束条件是指什么情况下结束循环语句,只要满足条件就可以一直执行;循环变量增值是对循环变量进行修改,通常为增加或减少循环变量。

for 循环语句的执行过程如下:

(1) 执行循环变量赋初值。

(2) 判断循环结束条件是否为真。如果循环结束条件为真,则执行循环语句内的语句;然后执行步骤(3);如果循环结束条件为假,则不再执行循环语句内的语句,结束循环过程,退出 for 循环语句。

(3) 执行循环变量增值,然后转到步骤(2)。

注意:for 循环语句一般用于具有固定开始和结束条件的循环。如果只有一个可执行循环的条件,不建议使用 for 循环语句,可以使用 while 循环语句(需要考虑可综合性)。需要特别注意的是,Verilog HDL 中没有自加或自减语句,因此对变量进行增值时,不能使用 C++语言中的 i++的形式,而只能写成 i=i+1。大多数综合器都支持 for 循环语句,因此在可综合的设计中,如果需要循环语句时,应首先选择 for 循环语句。

【例 5-41】 用 for 循环语句实现的 4 位乘法器

```verilog
module multiplier4_for(a,b,out);
  parameter width = 4;
  input[width:1] a,b;                    //被乘数和乘数
  output[2 * width:1] out;               //积
  reg[2 * width:1] out;
  integer i;
  always@(a or b)
    begin
    out = 0;
    for(i = 1;i < = width;i = i + 1)
      begin
        if(b[i] == 1)
          out = out + (a << (i - 1));
      end
  end
endmodule
```

对上面的程序进行仿真,可得到用 for 循环语句实现的 4 位乘法器的仿真波形,如图 5-24 所示,可以看出,输出 out 正好是 a 和 b 的乘积。

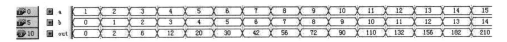

图 5-24 4 位乘法器的仿真波形

2. repeat 循环语句

repeat 循环语句实现的是一种指定循环次数的循环,repeat 循环语句内的语句将被重复执行指定的次数。其使用格式如下:

repeat(循环次数表达式) 语句;

或

```
repeat(循环次数表达式)
  begin
    语句 1;
    语句 2;
    ⋮
    语句 n;
end
```

循环次数表达式用于指定循环次数,它可以是一个整数常量、reg 型变量或一个数值表达式。

注意:如果是变量或数值表达式,其取值只有在第一次进入循环时进行计算,且不随变量值在循环执行时的变化而变化,从而指定循环次数。

【例 5-42】 用 repeat 循环语句实现 8 位循环移位功能

```verilog
module cycle_shift_repeat(in,out,op,n);
  input[7:0] in;
```

```
    input op;
    input[2:0] n;
    output[7:0] out;
    reg[7:0] out;
    reg reg1;
    always@(op)
      begin
        out = in;
        if(op)
          repeat(n)
            begin
            reg1 = out[0];
            out = out >> 1;
            out[7] = reg1;
          end
    end
endmodule
```

通过 ModelSim 仿真,可得到如图 5-25 所示的波形,其中只给出了 $n=2$ 这种形式,当 n 取其他值时,可得到相应的输出。

图 5-25　8 位循环移位功能的仿真波形

【例 5-43】　用 repeat 循环语句实现 4 位乘法器

```
module multiplier4_repeat(a, b, out);
    parameter width = 4;
    input[width:1] a, b;                //被乘数和乘数
    output[2 * width:1] out;            //积
    reg[2 * width:1] out;
    reg[width:1] regb;                  //中间寄存器
    reg[2 * width:1] rega;              //中间寄存器
    integer i;
always@(a or b)
  begin
    out = 0;
    rega = a;
    regb = b;
    repeat(width)
      begin
        if(regb[1] == 1)               //对 b 每次右移后的最低位进行判断
          out = out + rega;
        rega = rega << 1;              //a 左移一位
        regb = regb >> 1;              //b 右移一位
      end
  end
endmodule
```

用 repeat 循环语句实现的 4 位乘法器的仿真波形如图 5-26 所示。可以看出,输出 out 等于 a 和 b 的乘积。

图 5-26　4 位乘法器的仿真波形

3. while 循环语句

while 循环语句是一种条件循环,即只有在指定的条件满足时才执行循环语句内的语句,否则不执行。其使用格式如下:

while(条件表达式) 语句;

或

```
while(条件表达式)
  begin
    语句 1;
    语句 2;
      ⋮
    语句 n;
  end
```

条件表达式指定循环语句执行的次数,通常是一个逻辑表达式,在每次执行之前都要对这个条件表达式进行判断。如果条件表达式为真,则执行循环语句内的语句,然后再判断条件表达式是否为真,是否再次执行循环语句内的语句,如此反复;如果条件表达式为假,则不执行循环语句内的语句,退出 while 循环语句。

注意:while 循环语句中的条件表达式的值如果是 x 或 z,将被当做条件为假处理。

【例 5-44】　while 应用举例

```
module display_while;
  reg[7:0] in;
  integer i;
  initial
    begin
      in = 8'b1100_1110;
      i = 0;
      while(i < 8)
        begin
      #10 $ display("in[ % d] is % d",i,in[i]);
        i = i + 1;
        end
      #10 in = 8'b1011_1011;
    end
endmodule
```

利用 ModelSim 仿真,可得到下面的输出结果:

in[0] is 0

```
in[1] is 1
in[2] is 1
in[3] is 1
in[4] is 0
in[5] is 0
in[6] is 1
in[7] is 1
```

4. forever 循环语句

forever 循环语句是连续地、无限地执行循环语句,一般用在 initial 过程语句中,用于产生时钟等周期性波形信号,直到仿真结束。其使用格式如下:

```
forever 语句;
```

或

```
forever
  begin
    语句 1;
    语句 2;
     ⋮
    语句 n;
  end
```

forever 循环是永久性循环,既不做任何计算与判断,也没有任何条件表达式。

注意:forever 循环语句是一个无限循环的过程,因此在使用 forever 循环语句的时候,必须加入结束语句或中断语句。如果没有这些语句,那么仿真将无限地执行下去。

【例 5-45】 时钟信号波形的产生

```
module clk_forever;
  reg clk;
  initial
    begin
      clk = 0;
      forever #10 clk = ~clk;
    end
  initial
    #200 $finish;
endmodule
```

利用 ModelSim 仿真,得到如图 5-27 所示的仿真波形。该时钟信号的周期为 20 个时间单位,在 200 个时间单位时结束。

图 5-27　产生时钟信号波形

5.4.8　任务与函数

Verilog HDL 程序设计过程中,对大型系统进行设计时,可以调用底层模块进行设计,还可以通过调用任务和函数进行设计。本节对任务和函数加以介绍。

1. 任务

任务(task)的关键字为 task 和 endtask。其定义格式如下:

```
task 任务名;                                    //无端口列表
  端口定义;
  数据类型声明;
  局部变量定义;
  begin
    语句 1;
    语句 2;
     ⋮
    语句 n;
  end
endtask
```

例如:

```
task add1;
  intput a,b;
  output f;
  begin
    f = a&b;
  end
endtask
```

任务的调用格式如下:

```
任务名(端口 1,端口 2,…,端口 n);
```

任务调用时的端口顺序必须与任务定义时的端口顺序对应,与任务的各个端口依次相连接。任务的输出端口必须连接到能够在过程赋值语句等号左端出现的变量类型,一般为 reg 型变量,wire 型变量不能连接到任务的输出端口。

例如,对上面定义的任务 add1 的调用如下:

```
add1(d1,d2,out);
```

调用任务是: 将 d1 和 d2 的值赋给 a 和 b,当任务执行完毕后,将 f 的值赋给 out。

【例 5-46】 用任务设计 ALU 模块

```
module alu1(a,b,sel,out);
  input[1:0] sel;
  input[3:0] a,b;
  output[7:0] out;
  reg[7:0] out;
  task mult1;
    input[4:1] c,d;                           //被乘数和乘数
    output[8:1]f;                             //积
    integer i;
    begin
      f = 0;
      for(i = 1;i <= 4;i = i + 1)
```

```
        begin
          if(d[i] == 1)
            f = f + (c << (i - 1));
        end
      end
    endtask
    always@(a or b or sel)
      begin
        case(sel)
          2'b00:out = a + b;
          2'b01:out = a - b;
          2'b10:mult(a,b,out);
          2'b11:out = a&b;
          default:out = 5'bx;
        endcase
      end
endmodule
```

为了验证上面程序的功能,编写下面的测试模块,对其进行仿真:

```
`timescale 1ns/1ns
module alu1_test;
  reg[3:0] a,b;
  reg[1:0] sel;
  wire[7:0] out;
  alu1 alu1_1(a,b,sel,out);
  initial
    begin
      a = 0;b = 0;sel = 0;
      #10 a = 8;b = 5;
      #10 sel = 1;
      #10 sel = 2;
      #10 sel = 3;
      #20 $ finish;
    end
endmodule
```

利用 ModelSim 进行仿真,得到的波形如图 5-28 所示。

图 5-28 用任务设计 ALU 模块的仿真波形

2. 函数

函数(function)的关键字为 function 和 endfunction。其定义的格式如下:

```
function <返回值类型> 函数名;
  端口定义;
  局部变量定义;
  begin
```

```
      语句 1;
      语句 2;
       ⋮
      语句 n;
    end
  endfunction
```

返回值类型(即宽度)是一个可选项,如果省略,则返回值为 1 位 reg 型数据。在端口定义中只能定义输入端口,因为函数的输出端口是由函数名承担的。例如:

```
function[3:0] decode;
  input[1:0] in;
  case(in)
    2'd3:decode = 4'b1000;
    2'd2:decode = 4'b0100;
    2'd1:decode = 4'b0010;
    2'd0:decode = 4'b0001;
    default:decode = 4'hx;
  endcase
endfunction
```

函数的调用格式如下:

函数名(表达式 1,表达式 2, … ,表达式 n);

函数调用时的端口顺序必须与函数定义时的端口顺序对应,与函数的各个端口依次相连接。函数可以作为一个操作数来使用,必须出现在表达式的等号右端。

例如,对上面定义的函数 decode 的调用如下:

out = decode(d);

调用函数时,将 d 的值赋给 in;函数运算完成后,将由函数名 decode 承担的输出赋给 out。

【例 5-47】 用函数设计 ALU 模块

```
module alu2(a,b,sel,out);
  input[1:0] sel;
  input[3:0] a,b;
  output[7:0] out;
  reg[7:0] out;
  function[8:1] mult2;
    input[4:1] c,d;
    reg[8:1]f;
    integer i;
    begin
      f = 0;
      mult2 = 0;
      for(i = 1;i < = 4;i = i + 1)
        begin
          if(d[i] == 1)
            f = f + (c << (i - 1));
```

```
            end
        mult2 = f;
      end
    endfunction
    always@(a or b or sel)
      begin
        case(sel)
          2'b00:out = a + b;
          2'b01:out = a − b;
          2'b10:out = mult2(a,b);
          2'b11:out = a&b;
          default:out = 5'bx;
          endcase
        end
      endmodule
```

与例 5-46 不同的是，本例将任务换成了函数，在定义时，函数中没有输出端口，由函数名承担输出端口。在调用时，函数作为一个操作数，出现在表达式的右端。利用 ModelSim 软件进行仿真，采用与例 5-46 相同的仿真测试程序，得到的仿真波形与图 5-27 相同。

3. 任务与函数的区别

从前面的叙述中可以看出，任务和函数在定义和调用上有很多不同的地方，主要可以归纳为以下几点：

（1）输入和输出。任务可以有任意个各种类型的输入和输出；而函数至少有一个输入，不能定义输出，输出是由函数名承担的，并且不能将 inout 类型作为输出。

（2）调用。任务只能在过程语句（always、initial）中调用，不能在持续赋值语句（assign）中调用；而函数作为一个操作数，既可以在过程语句中调用，又可以在持续赋值语句中调用。

（3）调用其他任务和函数。任务可以调用其他的任务和函数；而函数只能调用其他函数，而不能调用其他任务。

（4）时间控制语句（@、♯和 wait）。任务可以包含时间控制语句，而函数不能包含时间控制语句。

（5）返回值。函数向调用它的表达式返回一个值，返回值由函数名承担；任务不向表达式返回值，只能通过输出端口来传递执行结果。

5.4.9 编译预处理语句

Verilog HDL 和 C 语言一样，提供了编译预处理语句的功能。通常在编译时，先对这些语句进行预处理，然后再将结果与 Verilog HDL 源程序一起进行编译。

为了与其他的语句区分，编译预处理语句有自己的特点：它以反引号""（位于键盘左上角，数字 1 左面的按键，与符号"～"在同一个按键。注意，它与单引号不同）开头；编译预处理语句并非 Verilog HDL 的描述，因此语句的结尾没有分号；编译预处理语句不受模块和文件的限制，编译时，已定义的编译预处理语句一直有效，直到有其他的语句对其进行修改或关闭。`define、`else、`timescale 等都是编译预处理语句的关键字。

下面对 Verilog HDL 中常用的编译预处理语句进行介绍。

1. 宏定义`define

`define 与 C 语言中的 #define 功能相同,是用一个简单的名字或标识符(或称为宏名)来代表一个复杂的名字或字符串,其使用格式如下:

`define 宏名 字符串

注意:宏定义和 parameter 型变量类似,不同的是宏定义的作用域是从宏定义语句开始直到程序结束,而 parameter 型变量的作用域是定义该变量的模块。另外,在调用模块时不能修改宏定义的内容。但功能上的弱化带来了另外一个好处,那就是用宏定义可以加快仿真速度。

例如:

`define width 8

在该语句中,用 width 代替数字 8,采用这种定义形式后,在程序中就可以用 width 代表8 了。例如:

reg[`width - 1:0] a,b,c;

注意:在引用已定义的宏名时,必须在前面加上反引号""",表示该名字是一个宏名。

【例 5-48】 带有宏定义的 4 位加法器

```
`define width 4                    //只需将此行改为`define width 8 就可以
module adder4(a,b,c,sum);          //将程序改为 8 位加法器
   input[`width - 1:0] a,b,c;      //`width 在编译前被替换为 8
   output[`width:0] sum;           //因为有可能进位,所以和的位宽比加数的位宽大 1
   wire[`width - 1:0] a,b,c;
   reg[`width:0] sum;
   always@(a or b or c)
     begin
       sum = a + b + c;
     end
endmodule
```

【例 5-49】 使用宏定义完成类似函数的功能

```
`define w 1 + 2 *    //对输入的变量进行四则运算,设输入的变量为 a,则输出 1 + 2a 的值
module chengjia(a,out);
   input[1:0] a;
   output[3:0] out;
   wire[1:0] a;
   reg [3:0] out;
   always @ (a)
     begin
       out = `w a;                //编译前`w(a)被替换为 out = 1 + 2 * (a)
     end
endmodule
```

从上面的例子可以看出:

(1) `define 的功能是定义一个简单的宏名来代替一个字符串或一个复杂的表达式。

（2）宏定义语句行末不加分号，这一点需要注意。如果添加了分号，则分号被认为是字符串中的一部分。注释不会被认为是字符串的一部分，在引用宏名时注释不会作为替换的内容。

（3）采用宏定义，可以简化程序的书写，也便于修改，若需要改变某个变量，只需改变`define 定义行，一改全改。

在使用宏定义的时候还有如下一些要注意的地方：

（1）标识符是大小写敏感的，也就是说`define width 8、`define WIDTH 8 和`define Width 8 是 3 条不同的宏定义。

（2）宏定义语句可以出现在程序中的任何位置，它的作用域是从宏定义语句开始一直到程序结束。如果对同一个宏名做了多次定义，则只有最后一次定义生效。

【例 5-50】 对一个宏名的多次定义

```
`define a 1                          //定义 a 为 1
module muti_define;
reg [3:0] out1,out2,out3;
initial
  begin
    out1 = `a;                       //out1 的值为 1
    `define a 2
    out2 = `a;                       //out2 的值为 2
    `define a 3
    out3 = `a;                       //out3 的值为 3
  end
endmodule
```

也可以用`undef 语句取消前面`define 定义的宏名。

例如：

```
`define a 1
…
out1 = `a;
…
`undef a                             //在该语句编译后，a 的值不再是 1
```

（3）在编译前，所有引用的宏名被替换为宏内容，替换过程中不做任何语法检查，所以在使用宏定义的时候要小心。例 5-51 对例 5-49 稍做一点改动，想求出 $3+2*(a-1)$ 的值，但得到了错误的结果。

【例 5-51】 使用宏定义出错

```
`define w 1 + 2 *
//模块功能：对输入的变量进行四则运算，设输入的变量为 a，则输出 3 + 2a 的值
module chengjia(a,out);
  input[1:0] a;
  output [3:0] out;
  wire[1:0] a;
  reg[3:0] out;
  always@ (a)
    begin
```

```
        out =`w a - 1;        /* 想求 3 + 2 * (a - 1)的值,但编译器对宏名做了简单替换,替换后的结果
                              是 out = 3 + 2 * a - 1,导致运算结果出错 * /
    end
endmodule
```

（4）在进行宏定义时,可以引用已经定义的宏名,实现宏定义的嵌套。

【例 5-52】 宏定义嵌套

```
`define exp1   a + b
`define exp2   `exp1 + c
`define exp3   `exp2 + d
module exp_test;
reg a,b,c,d;
reg[1:0] out;
assign   out =`exp3;                    //`exp3 在编译前被替换为 a + b + c + d
endmodule
```

2. 文件包含`include

使用 Verilog HDL 设计数字电路系统时,一个设计可能包含很多模块,而每个模块都单独保存为一个文件。当顶层模块调用子模块时,就需要到相应的文件中寻找,文件包含语句的作用就是指明这些文件的位置。除去模块外,还可以将宏替代、任务或者函数等写在单独的文件中,然后通过`include 指令包含到其他文件中,供其他模块使用。

下面是一个 16 位加法器的例子。在该例中,adder16 模块使用`include 语句调用了一个通用的加法器 adder 模块,或者说 adder16 模块整个包含了 adder 模块。

【例 5-53】 使用了`include 语句的 16 位加法器

```
`include "adder. v"
module adder16(cout,sum,a,b,cin);
  output cout;
  parameter size = 16;
  output[size − 1:0] sum;
  input[size − 1:0] a,b;
  input cin;
  adder adder(cout, sum, a, b, cin);        //调用 adder 模块
endmodule
//下面是 adder 模块代码
module adder(cout, sum, a, b, cin);
  parameter size = 16;
  output cout;
  output [size − 1:0] sum;
  input cin;
  input [size − 1:0] a, b;
  assign {cout, sum} = a + b + cin;
endmodule
```

现在再考虑一个顶层模块 father,它需要调用 3 个子模块 child1、child2 和 child3,它们分别保存在 3 个文件 child1. v、child2. v 和 child3. v 中。

【例 5-54】 文件包含指令`include 的使用

```
//将 3 个文件都包含进来
`include "child1.v"
`include "child2.v"
`include "child3.v"
module father;
  child1 child1();                    //调用 child1 模块
  child2 child2();                    //调用 child2 模块
  child3 child3();                    //调用 child3 模块
endmodule
```

在对文件进行编译之前,编译器将文件包含语句指定的文件的全部内容插入文件包含语句处,然后再进行编译。插入文件内容的过程也和宏定义的过程一样,不做任何语法检查,如果某个文件被插入了两次,就会引起错误。

例 5-55 对例 5-54 做了一点修改,child1 和 child2 模块同时包含一个 share 模块,保存在 share.v 文件中。

【例 5-55】 重复包含同一个文件引起的错误

```
//share.v 文件
module share;
…
endmodule
//child.v 文件,在模块 child1 中引用了 share 模块
`include "share.v"                    //将 share.v 文件的全部内容插入此处
module child1;
share share;                          //引用 share 模块
  …
endmodule
//child2.v 文件,在模块 child2 中引用了 share 模块
`include "share.v"                    //将 share.v 文件的全部内容插入此处
module child2;
  share share;                        //引用 share 模块
  …
endmodule
//father.v,在模块 father 中引用了 child1、child2 两个模块
`include "child1.v"                   /* 将 child1.v 文件的全部内容插入此处,child1 文
                                        件中已经包含了 share.v 文件的全部内容 */
`include "child2.v"                   /* 将 child2.v 文件的全部内容插入此处,child2 文
                                        件中也已经包含了 share.v 文件的全部内容,因此
                                        share.v 文件的内容出现了两次,会引起错误 */
module father;
  child1 child1();                    //引用 child1 模块
  child2 child2();                    //引用 child2 模块
  …
endmodule
```

使用`include 语句时应注意以下几点:

(1) 一个`include 语句只能指定一个被包含的文件。

(2)`include 语句可以出现在源程序的任何地方。被包含的文件若与包含文件不在同

一个子目录下,必须指明其路径名。

(3) 文件包含允许多重包含,例如文件1包含文件2,文件2又包含文件3,等等。

3. 条件编译`ifdef-`else-`endif

一般情况下,Verilog HDL 代码都要参加编译。但有时希望根据环境需要对一部分代码有选择地进行编译,这就是条件编译。条件编译语句`ifdef-`else-`endif 可以指定仅对程序中的部分内容进行编译。该语句有如下两种使用形式。

(1) `if-`endif 语句,格式如下:

```
`ifdef     宏名
           语句;
`endif
```

这种形式的意思是:如果宏名在程序中被定义过(用`define 语句定义),则语句参与源文件的编译,否则该语句将不参与源文件的编译。

(2) `if-`else-`endif 语句,格式如下:

```
` ifdef    宏名
           语句1;
`else
           语句2;
`endif
```

这种形式的意思是:如果宏名在程序中被定义过(用 `define 语句定义),则语句1参与源文件的编译,否则语句2将被编译到源文件中。

【例 5-56】 条件编译举例

```
module compile(out, A, B);
  output out;
  input A, B;
  `ifdef add                  //宏名为 add
    assign out = A + B;
`else
    assign out = A - B;
`endif
endmodule
```

在上面的例子中,如果在程序中定义了`define add,则执行 assign out=A+B;操作;若没有该语句,则执行 assign out=A-B;操作。

4. 时间标尺定义`timescale

`timescale 语句用于定义时间单位和时间精度,在 Verilog HDL 中,所有延时都是用时间单位表示的。该语句的使用格式如下:

```
`timescale   时间单位/时间精度
```

其中时间单位/时间精度是由值 1、10 和 100 以及单位 s、ms、μs(在代码中写为 us)、ns、ps 和 fs 组成的。

注意:在定义`timescale 时,时间单位必须大于时间精度,否则是非法的。

例如:

```
`timescale 1ns/10ps        //表示时间单位是 1ns,时间精度为 10ps
`timescale                 /* 在模块外部出现,并影响后面所有的延时值,直到遇到另一个
                              `timescale 或`resetall 语句 */
```

【例 5-57】　`timescale 使用举例 1

```
`timescale lns/100ps
module gate(out,a,b);
  input a,b;
  output out;
  or  #(4.23,5.67) A1 (out,A,B);
endmodule
```

在上面的例子中,`timescale 指令定义延时以 ns 为单位,并且延时精度为 100ps。因此,延时值 4.23 对应 4.2ns,延时值 5.67 对应 5.7ns。如果将`timescalc 指令定义为

```
`timescale 10ns/lns
```

那么延时值 4.23 对应 42ns,延时值 5.67 对应 57ns。

【例 5-58】　`timescle 使用举例 2

```
`timescale 10ns/1ns
…
  reg a;
  initial
    begin
      #20 a = 0;            //在 200ns(10ns×20)时,a 被赋值为 0
      #10 a = 1;            //在 300ns(10ns×20 + 1ns×10)时,a 被赋值为 1
    end
```

在例 5-58 中,`timescale 语句定义了本模块的时间单位为 10ns,时间精度为 1ns。以 10ns 为计量单位,在不同的时刻,寄存器型变量 a 被赋予了不同的值。

当设计中多个模块都有自身的`timescale 时,模拟器总是选取所有模块的最小时间精度,并且所有延时都相应地换算为最小时间精度。

【例 5-59】　多个模块有自身的`timescale 的情况

```
`timescale 1ns/100ps
module A1();
…
assign #(3.45,6.78) out = a;
…
endmodule
`timescale 10ns/1ns
module A2();
…
assign #(2.12,8.57) out = b;
…
endmodule
```

A1 和 A2 两个模块都有自身的 timescale,仿真器选择最小的时间精度,因此第一个模块被选中,即时间单位为 1ns,时间精度为 100ps。第一个模块中的 3.45 对应 3.5ns,6.78

对应 6.8ns；第二个模块中的 2.12 对应 21ns，8.57 对应 86ns，并且整个仿真过程中使用 100pa 作为时间精度。

思考与练习

1. Verilog HDL 模块由哪几部分组成？

2. 下列标识符是否合法？

out、initial、Count、_123RT、www * 、3clk、file-1、a＃b、\wait、abcd＄134

3. 下列整数书写正确的有哪些？

5'b0011、8□'had1、(1＋2)'o741、6'b000_111、3'□d543、4'ba01、5'b_01010、25

4. reg 型数据与 wire 型数据有哪些区别？

5. reg[3:0] a；和 reg a[3:0]；两条语句功能是否相同？ 如果不同，说明它们的区别及如何为它们的每一位赋值。

6. 写出下列表达式的结果：

(1) 4'b0011＋4'b1010、6'hff-5'o721、4'bx * 4'b0101、4 ** 2、17％3、19％－5、－32％5

(2) 5'b0101＆＆4'b1110、3'b000＆＆4'b1100、2'b10 ‖ 2'b00、! (3'bx10)

(3) ～4'b1010、4'b1100＆4'b1111、3'b1110|3'b001、5'b10101 ^5'b0x101

(4) 4'b1010 ＜ 4'b1100、3'b010 ＜ 3'bX10、4'b1010 ＞＝ 10

(5) 3'b010 ＝＝ 3'b01x、4'b00x1 ＝＝ 4'b00x1、3'b1x0 ＝＝＝ 3'b1x0、3'bx10 ＝＝＝ 3'b1x0

(6) ＆4'b01001、|3'b1010、～^4'b1011

(7) 8'b01010101 ≪ 2、8'b11111000 ≫ 3

7. 利用 always 语句设计一个带有异步复位功能的十进制计数器。

8. 利用 always 语句实现一个周期为 100ns 的矩形脉冲。

9. 读下面的程序：

```
`timescale 1ns/1ns
initial
  begin
  a = 0;b = 1;
  ♯10 a = 1;
  ♯10 b = 0;
  ♯20 b = 0;
  ♯10 a = 0;
  ♯20 $finish;
end
```

每条语句执行的仿真时刻是多少？ 整个过程共需要多长时间？ 结束仿真后，每个变量的值是多少？ 将上面程序中的 begin-end 换成 fork-join，同样回答这几个问题。

10. 举例说明阻塞赋值和非阻塞赋值的区别。

11. 设计带有优先级的 8-3 编码器。

12. 用两种方法设计一个 8 选 1 的数据选择器。

13. 设计一个 17 人投票表决器。

## 第 6 章

仿真与测试

仿真(simulation),或者称为模拟,是对设计好的电路或系统的一种检测和验证。Verilog HDL 不仅提供了设计描述的能力,而且提供了对激励、控制、存储响应和设计验证的建模能力。Verilog HDL 最初只是一种用于电路模拟和仿真的语言,后来,由于 Verilog HDL 综合器的出现,才使得它具有了硬件设计和综合的能力。Verilog HDL 能够提供完备的仿真验证功能。

本章介绍与 Verilog HDL 仿真相关的内容,包括 Verilog HDL 的系统任务和系统函数、用户自定义原语(UDP)等,并通过若干实例具体说明 Verilog HDL 仿真程序的编写,以及如何对组合电路和时序电路进行仿真。

6.1 系统任务与系统函数

系统任务和系统函数有以下一些特点:

(1) 系统任务和系统函数一般以符号 $ 开头,如 $ monitor、$ readmemh 等。

(2) 使用系统任务和系统函数,可以显示模拟结果,对文件进行操作,以及控制模拟的执行过程等。

(3) 使用不同的 Verilog HDL 仿真工具(如 VCS、Verilog-XL、ModelSim 等)进行仿真时,这些系统任务和系统函数在使用方法上可能存在差异,应根据使用手册来使用。

(4) 一般在 initial 或 always 过程语句中调用系统任务和系统函数。

(5) 用户可以通过编程语言接口将自己定义的系统任务和系统函数加到 Verilog HDL 中,以方便仿真和调试。

系统任务与系统函数的主要区别如下:

(1) 系统任务可以没有返回值,也可以有多个返回值;而系统函数只有一个返回值。

(2) 系统任务可以带有延时;而系统函数不允许延时,在 0 时刻执行。

由于系统任务和系统函数比较多,有的开发工具还有自己定义的系统任务和系统函数,因此本节只介绍常用的系统任务和系统函数,这些系统任务和系统函数被大多数仿真工具支持,且基本能够满足一般的仿真测试的需要。这些常用的系统任务和系统函数可以分为以下几类:显示任务、文件输入输出任务、仿真控制任务、仿真时间函数和随机函数。

1. 显示任务

显示任务用于在仿真过程中显示信息和输出。这些显示任务包括以下 3 种。

1）显示和写入任务

显示和写入任务包括 $ display 和 $ write 两个系统任务，两者的功能基本相同，都是显示模拟结果。两者的区别是：$ display 在输出结束后具有自动换行的功能，而 $ write 则不带有自动换行功能。$ display 和 $ write 的使用格式如下：

```
$ display("输出格式控制符",输出变量名);
$ write("输出格式控制符",输出变量名);
```

输出格式控制符如表 6-1 所示。

表 6-1　输出格式控制符

输出格式控制符	说　　明
%h 或 %H	以十六进制形式显示
%d 或 %D	以十进制形式显示
%o 或 %O	以八进制形式显示
%b 或 %B	以二进制形式显示
%c 或 %C	以 ASCII 字符形式显示
%s 或 %S	以字符串形式显示
%v 或 %V	输出边线型数据的驱动强度
%e 或 %E	以指数格式显示实数
%f 或 %F	以浮点格式显示实数
%g 或 %G	输出以上指数格式和浮点格式中较短的实数
%t 或 %T	时间格式
%m 或 %M	显示层次名

例如：

```
$ display("Simulation");          //输出:Simulation
i = 5;
$ display("i = % b",i);           //输出:i = 32'b101
$ write( $ time);                 //输出:20, $ time 属于系统函数,将在下面讲解
```

例 6-1、例 6-2 分别采用 $ display 和 $ write 进行显示，注意两者的区别。假设 a、b、c 的值分别是 1、3、5。

【例 6-1】 $ display 举例

```
$ display("a = % d",a);
$ display("b = % b",b);
$ display("c = % c",c);
```

输出如下：

```
a = 1
b = 3
c = 5
```

【例 6-2】 $ write 举例

```
$ write("a = % d",a);
```

```
$ write("b = % b",b);
$ write("c = % c",c);
```

输出如下：

a = 1b = 2c = 3

从上面两个例子可以看出，$display 的输出带有自动换行功能，而 $write 不带有自动换行功能。如果想使用 $write 实现 $display 的输出结果，可以在 $write 中使用换行符号 \n，如例 6-3 所示。

【例 6-3】 使用 $write 实现 $display 的输出结果

```
$ write("a = % d\n",a);
$ write("b = % d\n",b);
$ write("c = % d\n",c);
```

这样，在仿真过程中，$write 的输出结果就会与 $display 相同。

上面例子中的\n是转义字符，表 6-2 中列举了常用的转义字符及说明，这些转义字符也用于输出格式的定义。

表 6-2 转义字符

转 义 字 符	说 明
\n	换行
\t	制表符
\\	符号\
\"	符号"
\ddd	八进制的 ASCII 字符

在 Verilog HDL 中，除了 $display 与 $write 这两种主要的输出任务之外，还有以下几种输出任务：

- $displayb 与 $writeb（输出二进制数）。
- $displayo 与 $writeo（输出八进制数）。
- $displayh 与 $writeh（输出十六进制数）。

2）监控任务

监控任务包括 $monitor、$monitorb、$monitoro 和 $monitorh，主要是连续监控和输出指定的参数。只要参数表中的参数值发生变化，整个参数表就在当前仿真时刻结束时显示。监视任务的语法形式与显示任务相同，其使用格式如下：

```
$ monitor("输出格式控制符",输出变量名);
```

例如：

```
$ monitor( $ time,"a = % b b = % b",a,b);
```

当a或b信号的值发生变化时，就会激活上面的语句，并显示当前时间、二进制格式的a和b信号。

注意：如果需要设计多位的全加器，只需要将位宽从 1 位变成相应位宽即可。例如，

4位全加器,只需要将 a、b 和 sum 的位宽变成 4 位就可以实现,即改为 input[3:0] a,b 和 output[3:0] sum,reg[3:0] sum。

【例 6-4】 ＄monitor 举例

```
initial
    ＄monitor("at ％ t, a = ％ d, b = ％ d", ＄time, a,b, "and c is ％ b",c);
```

该监控任务执行时,将对信号 a、b 和 c 的值进行监控。如果这 3 个信号中的任何一个信号的值发生变化,就显示所有信号的值。假设 3 个信号的初始值都是 x,在随后的仿真时间内,这 3 个信号都有变化,例如可以产生下面的输出:

```
at 1, a = x, b = x, and c is 0;        //在时刻1,c的值发生变化,显示所有的参数值
at 2, a = 0, b = x, and c is 0;        //在时刻2,a的值发生变化,显示所有的参数值
at 3, a = 0, b = 0, and c is 0;        //在时刻3,b的值发生变化,显示所有的参数值
at 4, a = 0, b = 0, and c is 1;        //在时刻4,c的值发生变化,显示所有的参数值
```

可以将＄monitor 想象为一个持续的监控器,一旦开始执行,就相当于启动了一个实时监控器,监视整个仿真过程中的参数,如果输出变量列表中的参数发生变化,就会按照＄monitor 语句中的格式输出一次。不过也可以通过＄monitoroff 和＄monitoron 两个系统任务关闭或开启监控任务。＄monitoroff 系统任务关闭所有的监控任务,而＄monitoron 系统任务可以重新开启所有的监控任务。

3) 探测任务

探测任务包括＄strobe、＄strobeb、＄strobeo 和＄strobeh,探测任务用于在指定时间显示仿真数据。其使用格式如下:

```
＄strobe("输出格式控制符",输出变量名);
```

注意:＄monitor 相当于持续的监控器,而＄strobe 相当于选通监控器。＄strobe 只有在模拟时间发生变化时,并且所有的事件都已处理完毕后,才将结果输出。＄strobe 更多地用来显示非阻塞赋值的变量值。

例如:

```
always@(posedge clk)
    ＄strobe ("the value is b％ at time ％ t",a,＄time);
```

当时钟上升沿到来时,＄strobe 任务将输出当前的 a 值和当前仿真时刻,例如可以产生下面的输出:

```
the value is 0 at time 1
the value is 1 at time 2
the value is 0 at time 3
the value is 0 at time 4
```

注意:探测任务与显示任务有区别,显示任务是在遇到该语句时执行,而探测任务则要推迟到当前时刻结束时才执行。

【例 6-5】 探测任务与显示任务的比较

```
integer a;
```

```
initial
  begin
    a = 1;
     $ display("After first assignment, a has value % d",Cool);
     $ strobe("When strobe is executed, a has value % d",Cool);
    a = 2;
     $ display("After second assignment, a has value % d",Cool);
  end
```

这段程序产生以下输出：

```
After first assignment, a has value 1
When strobe is executed, a has value 2
After second assignment, a has value 2
```

第一个赋值语句给 a 赋值为 1，随后遇到第 1 个显示任务，于是显示当前 a 的值为 1。然后遇到探测任务，但是探测任务并不立即执行，而是要等到当前时刻所有事件都完成之后才执行。注意，这些系统任务的执行是不占用仿真时间的，所以当前时刻应该是在第 2 个赋值语句，等待第 2 个赋值语句执行完之后，探测任务才执行，这时 Cool 的值已经是 2 了，所以输出显示 a 的值是 2。最后遇到第 2 个显示任务，输出显示 a 的值是 2。

2. 文件输入输出任务

1) 文件的打开与关闭

系统函数 $ fopen 可以打开某个文件，并返回关于文件名的整数（指针）。系统函数 $ fclose 可以通过文件指针关闭某个文件。系统函数 $ fopen 和系统函数 $ fclose 的使用格式如下：

```
integer 或 reg 文件指针;
initial
  begin
    文件指针 = $ fopen("文件名");
    …
     $ fclose(文件指针);
  end
```

注意：打开文件时，要在文件名中要给出文件的路径。

2) 输出到文件

用于向文件写入信息的系统任务包括 $ fdisplay、$ fdisplayb、$ fdisplayo、$ fdisplayh、$ fwrite、$ fwriteb、$ fwriteo、$ fwriteh、$ fstrobe、$ fstrobeb、$ fstrobeo、$ fstrobeh、$ fmonitor、$ fmonitorb、$ fmonitoro、$ fmonitorh。其使用格式如下：

```
系统任务(文件指针参数,"输出格式控制符",输出变量名);
```

文件指针参数是输出到文件系统任务返回的整型或寄存型变量（文件指针）。输出格式控制符与前面所讲述的格式相同。

【例 6-6】 输出到文件系统任务举例

```
integer File_1;
  initial
```

```
begin
  File_1 = $ fopen("d.vec");                              //打开文件 d.vec,指针 File_1 指向这个文件
  …
  $ fdisplay(File_1, "The simulation time is % t", $ time);   //把信息通过指针写入文件
  $ fclose(File_1);                                      //关闭文件 d.vec
end
```

3）从文件中读取数据

从文件中读取数据的系统任务有两个：$ readmemb 和 $ readmemh。它们从文本文件中读取数据并将数据存储到存储器中。其使用格式如下：

```
$ readmemb("文件名",存储器名,起始地址,结束地址);          //读取二进制格式数据
$ readmemh("文件名",存储器名,起始地址,结束地址);          //读取十六进制格式数据
```

文件名指定存有数据的文本文件。存储器名指定要将数据存储的目标存储器,每个被读取的数据都会被指定给存储器内的一个地址。起始地址和结束地址规定了数据放在存储器中的地址范围。若没有设定这两个值,则存储器从其最左端索引开始存储数据直到存储器的最右端索引;若设定了这两个值,则存储器从起始地址开始存储数据直到结束地址。

【例 6-7】 没有指定地址范围

```
reg[3:0] Amem[0:7];
initial
  $ readmenb("A.dat", Amem);
```

本例没有设定地址范围,所以从文件 A.dat 读入的数据都被存储在存储器 Amem 中从 0 开始到 7 的存储单元中。

【例 6-8】 指定地址范围

```
reg[3:0] Amem[0:7];
initial
  $ readmenb("A.dat", Amem, 2, 5);
```

本例从文件 A.dat 读取的第一个数据被存储在存储器 Amem 中的地址 2,下一个数据存储在存储器 Amem 中的地址 3,以此类推,直到地址 5。

3. 仿真控制任务

系统任务 $ finish 与 $ stop 用于对仿真过程进行控制,分别表示结束仿真和中断仿真。$ finish 与 $ stop 的使用格式如下：

```
$ stop;
$ stop(n);
$ finish;
$ finish(n);
```

n 是 $ finish 和 $ stop 的参数,n 可以是 0、1、2 等值,分别表示如下含义：

- 0：不输出任何信息。
- 1：给出仿真时间和位置。
- 2：给出仿真时间和位置,还有其他一些运行统计数据。

如果不带参数,则默认的参数值是 1。

当仿真程序执行到＄stop语句时,将暂时停止仿真,此时设计者可以输入命令,对仿真器进行交互控制。当仿真程序执行到＄finish语句时,则终止仿真,结束整个仿真过程,返回主操作系统。例如,在仿真工具 ModelSim 中执行时,＄stop 将暂停仿真,然后返回ModelSim 主操作界面的命令控制行,而＄finish 不但会终止仿真,还会关闭＄finish 的所有窗口(即返回操作系统)。例如:

```
if(…)
 $ stop;                                    //在一定的条件下中断仿真
```

再如:

```
#10    …
#100   " $ finish";                        //在某一时刻结束仿真
```

4. 仿真时间函数

＄time、＄realtime 是用于显示仿真时间标度的系统函数。这两个函数被调用时,都返回当前时刻距离仿真开始时刻的时间量值。两者的不同是,＄time 函数以 64 位整数值的形式返回模拟时间,＄realtime 函数则以实数型数据返回模拟时间。

通过例 6-9 可清楚地看出＄time 与＄realtime 的区别。

【例 6-9】 ＄time 与＄realtime 的区别

```
`timescale 10ns/1ns
module A;
  reg t;
  parameter delay = 2.6;
  initial
    begin
      # delay   t = 1;
      # delay   t = 0;
      # delay   t = 1;
      # delay   t = 0;
    end
  initial   $ monitor( $ time,,,"t = % b",t);   //使用函数 $ time
endmodule
```

本例中两个相邻的逗号“,”表示加入一个空格,用 ModelSim 仿真上面的例子,其输出为

```
0    t = x
3    t = 1
5    t = 0
7    t = 1
10   t = 0
```

每行开始处时间的显示都是整数形式的。如果将上面程序中的＄time 改为＄realtime,则仿真输出变为

```
0      t = x
2.6    t = 1
```

```
5.2      t = 0
7.7      t = 1
10.4     t = 0
```

5. 随机函数

$ random 是产生随机数的系统函数,每次调用该函数,将返回一个 32 位的随机数,该随机数是一个带符号的整数。

【例 6-10】 $ random 函数的使用

```
`timescale 1ns/1ns
module random;
   integer d;
   integer i;
   parameter delay = 10;
   initial $ monitor( $ time,,,"d = % b",d);
   initial
     begin
       for (i = 0;i < = 100;i = i + 1)
          ♯delay d = $ random;                  //每次产生一个随机数
        end
  endmodule
```

用 ModelSim 进行仿真,其输出如下所示,只不过每次显示的数据都是随机的。

```
0     d = xxxxxxxxxxxxxxxxxxxxxxxxxxxxxxxx
10    d = 00010010000101010011010100100100
20    d = 11000000100010010101111010000001
30    d = 10000100100001001101011000001001
40    d = 10110001111100000101011001100011
50    d = 00000110101110010111011100001101
60    d = 01000110110111111001100110001101
```

6.2   用户自定义原语

Verilog HDL 中不仅提供了基本门级元件和开关级元件,还提供了用户自己定义基本元件的功能,即 UDP(User Defined Primitives,用户自定义原语)。

UDP 的使用格式如下:

```
primitive 元件名(输出端口名,输入端口名 1,输入端口名 2,…,输入端口名 n);
   input 输入端口名 1,输入端口名 2,…,输入端口名 n;
   output 输出端口名;
   reg 输出端口名;
   initial
     begin
       输出端口或内部寄存器赋初值(0、1 或 x);
     end
   table
     输入 1   输入 2…:输出
     真值表
```

```
    endtable
endprimitive
```

UDP 元件的特点如下：

（1）UDP 元件是一个独立的用户自定义模块，不能出现在其他模块内。

（2）UDP 元件的输出端口只能有一个，且必须位于端口列表的第一项。只有输出端口能被定义成 reg 型。

（3）UDP 元件的输入端口可以有很多个，一般时序逻辑电路 UDP 的输入端口可多至 9 个，组合逻辑电路 UDP 的输入可多至 10 个。

（4）所有的端口变量必须是 1 位标量。

（5）在 table 表项中，只能出现 0、1、x 这 3 种状态，不能出现 z 状态。

UDP 元件的差异主要体现在 table 表项的描述上。下面分别对组合逻辑电路和时序逻辑电路 UDP 元件进行介绍。

1. 组合逻辑电路 UDP 元件

对于组合逻辑电路 UDP 元件，在 UDP 的 table 表项中直接描述电路的真值表。组合逻辑电路 UDP 元件中 table 表项的使用格式如下：

输入 1 输入 2…输入 n：输出

对于上述 table 表项格式，必须注意以下几点：

（1）各个输入和输出逻辑值只能是 0、1、x 中的一个，不能取高阻态 z。

（2）输出端口在 primitive 定义语句的端口表项中列在第一的位置，而输出端逻辑值在 table 表项内则位于最后一项。

（3）在表项中要用空格分隔不同的输入逻辑值，各个输入逻辑值在 table 表项中的排列顺序必须与它们在 primitive 定义语句中输入端口列表内的排列顺序保持严格一致。

（4）table 表项中的输入部分和输出部分之间要用冒号"："隔开。

（5）为了表明观察输入和输出相互关系以及各项排列顺序是否正确，通常在 table 表项的第一栏中插入一条注释语句。例如：

```
//a  b  c  d  sel1  sel2  :  out
```

UDP 元件的逻辑功能是由 UDP 定义模块内的关键字 table 和 endtable 之间的内容所决定的，这个表相当于构成了 UDP 元件输入输出的真值表。在进行模拟时，当模拟器发现 UDP 的某个输入发生改变时，将会自动进入 table 查找匹配的表项，再把查到的输出逻辑值赋给输出端口。如果在 UDP 定义模块的 table 中找不到与当前输入匹配的表项，则输出端将取不定态 x。所以，在进行 UDP 元件描述时，应当将尽可能多的输入状态设置到 table 中。

下面首先以一个 1 位全加器和输出 UDP 基元为例来介绍组合电路 UDP 元件的描述与定义。

【例 6-11】 1 位全加器和输出 UDP 元件

```
primitive sum_udp(sum,a,b,c);
    input a,b,c;
    output sum;
```

```
    table
     //  a   b   c   :   sum
         0   0   0   :   0;
         0   0   1   :   1;
         0   1   0   :   1;
         0   1   1   :   0;
         1   0   0   :   1;
         1   0   1   :   0;
         1   1   0   :   0;
         1   1   1   :   1;
    endtable
endprimitive
```

注意：在例 6-11 的 UDP 元件中，没有考虑 x 状态，如果某个输入值为 x，则由于 table 表项中没有对应的描述项，所以输出也将是 x。

【例 6-12】 包括 x 状态的 1 位全加器进位输出 UDP 元件

```
primitive cout_udp(cout,a,b,c);
    input a,b,c;
    output cout;
    table
     //  a   b   c   :   cout
         0   0   0   :   0;
         0   0   1   :   0;
         0   1   0   :   0;
         0   1   1   :   1;
         1   0   0   :   0;
         1   0   1   :   1;
         1   1   0   :   1;
         1   1   1   :   1;
         x   0   0   :   0          //只要有两个输入为 0,则进位输出肯定为 0
         0   x   0   :   0
         0   0   x   :   0
         x   1   1   :   1          //只要有两个输入为 1,则进位输出肯定为 1
         1   x   1   :   1
         1   1   x   :   1
    endtable
endprimitive
```

在上面的程序中可以发现：只要有两个输入为 0，则不管第 3 个输入为何值，进位输出肯定为 0；只要有两个输入为 1，则不管第 3 个输入为何值，进位输出肯定为 1。在这种情况下，Verilog HDL 提供了符号"?"进行缩记，符号"?"可用来表示 0、1、x 等几种取值，也就是说，当该位的值不管是 0、1、x 都不会影响到输出结果的取值时，即可用符号"?"来表示该位，这样就使程序的表达更清晰简洁。

【例 6-13】 用简缩符"?"表述的 1 位全加器进位输出 UDP 元件

```
primitive carry_udpx2(cout, a,b ,c);
    input a,b,c;
    output cout;
    table
```

```
    //a    b    c    :    cout
      ?    0    0    :    0;              //只要有两个输入为 0,则进位输出肯定为 0
      0    ?    0    :    0;
      0    0    ?    :    0;
      ?    1    1    :    1;              //只要有两个输入为 1,则进位输出肯定为 1
      1    ?    1    :    1;
      1    1    ?    :    1;
    endtable
endprimitive
```

2. 时序逻辑电路 UDP 元件

与组合逻辑电路相比,时序逻辑电路元件的输出除了与当前输入状态有关,还与时序元件本身的内部状态有关。时序逻辑电路 UDP 元件中 table 表项的使用格式如下:

输入 1 输入 2 … 输入 n:内部状态:输出

与组合逻辑电路 UDP 的定义一样,时序逻辑电路 UDP 定义模块中各个输入逻辑值在 table 表项中的排列顺序必须与它们在 primitive 语句中输入端口列表内的排列顺序保持严格一致。在表项中要用空格分隔不同的输入逻辑值。

时序逻辑电路 UDP 定义时的 table 表项格式与组合逻辑电路 UDP 的表项格式的不同之处在于:

(1) 表项中多了关于元件内部状态的描述。

(2) 要用两个冒号":"分别将输入逻辑值与元件内部状态、元件内部状态与输出逻辑值分隔开。

(3) 在构建 table 表项时要把元件内部状态对输出的影响考虑进去。

时序逻辑电路元件可根据触发方式分为电平触发与边沿触发两类。它们对应的 table 表项格式虽然相同,但是 table 表项中输入输出信号可取的状态是不同的。

1) 寄存器赋初值

因为时序逻辑电路元件有自己的内部状态,所以必须有一个寄存器变量来保持其内部状态。在时序逻辑电路 UDP 的定义模块中必须将输出端口定义为 reg 型。

在有些情况下必须对上电时刻(即 0 时刻)元件的初始状态值加以指定。所以在时序逻辑电路 UDP 的定义模块中还可以增加"寄存器赋初值",这一项是用 initial 过程语句指定元件上电时刻的初始状态(0、1 或 x)来实现的。如果省略该说明项(initial 语句),则元件的初始状态被默认为 x 状态。

2) 电平触发时序逻辑电路 UDP 元件

电平触发时序逻辑电路 UDP 的特点是其内部状态改变是由某一输入信号电平触发的。

【例 6-14】　电平敏感的 1 位数据锁存器 UDP 元件

```
primitive latch(out,clk,d);
  input clk,d;
  output out;
  reg out;
  initial out = 1'b1;                    //寄存器赋初值
  table
```

```
   //clk  d  :  state  :  out
     0   0  :    ?    :    0;          //clk = 0,锁存器把 d 端的输入值输出
     0   1  :    ?    :    1;
     1   ?  :    ?    :   - ;          //clk = 1,锁存器输出保持原值,用符号"-"表示
   endtable
 endprimitive
```

数据锁存器 UDP 与前面的组合电路元件相比,多了一列对元件内部状态(state)的描述,内部状态两边用冒号与输入、输出隔开。同时,增加了新的符号"—"以表示保持原值不变。

3) 边沿触发时序逻辑电路 UDP 元件

边沿触发时序逻辑电路 UDP 的特点是内部状态的改变是由输入时钟的有效沿(上升沿或下降沿)触发的,而与时钟信号稳定时的输入状况无关。所以在对边沿触发时序逻辑元件的描述中就需要对输入信号的变化和变化方式加以考虑。模拟器只有在检测到输入信号发生跳变时才会搜索 table 得到新的内部状态值和输出逻辑值。这样 table 表项中的输入逻辑值部分需要列出输入逻辑值变化情况,即跳变情况。在 Verilog HDL 中用带括号的两个数字"(vw)"的形式来表示从一个状态到另一个状态的转换,其中 v、w 可以是 0、1、x、?之一,因而"(01)"代表的就是由 0 往 1 的上升沿跳变,"(10)"代表下降沿跳变,"(1x)"代表由 1 往不定态的跳变,"(??)"代表在 0、1、x 这 3 个状态间的任意跳变……必须注意,Verilog HDL 规定在每条 table 表项中最多只允许一个输入信号处于跳变状态。

例如:

```
// clk    d   :  p_state  :  n_state
   (01)  (10)  :    0     :    0;
```

上面的 table 表项就是不允许的,因为其中有两个输入信号 clk 和 d 同时发生了跳变。

【例 6-15】 上升沿触发的 D 触发器 UDP 元件

```
primitive Dff(q,d,clk);
  output q;
  input d,clk;
  reg q;
  table
   // clk    d   :  state  :   q
     (01)   0   :    ?    :   0;      //上升沿到来,输出 q = d
     (01)   1   :    ?    :   1;
     (0x)   1   :    1    :   1;
     (0x)   0   :    0    :   0;
     (?0)   ?   :    ?    :  - ;      //没有上升沿到来,输出 Q 保持原值
      ?    (??)  :    ?    :  - ;      //时钟不变,输出也不变
  endtable
endprimitive
```

在上面的例子中,括号内的两个数字表示状态间的转换,也就是不同的边沿:"(01)"表示上升沿;"(10)"表示下降沿;"(? 0)"表示从任何状态(0、1、x)到 0 的跳变,即排除了上升沿的可能性;"(??)"表示任何可能的变化。

table 第 3、4 行的意思是:当时钟从 0 状态变化到不确定状态(x)时,如输入数据与当

前状态(state)一致,则输出也是定态;table 列表中最后一行的意思是:如果时钟处于某一确定状态(这里的"?"表示是 0 或者是 1,不包括 x),则不管输入数据有什么变化,D 触发器的输出都将保持原值不变(用符号"-"表示)。

3. UDP 元件缩记符

为便于描述、增强可读性,Verilog HDL 在 UDP 元件的定义中引入了很多缩记符,前面已经介绍了一些,表 6-3 对这些缩记符做了总结。

表 6-3 UDP 定义时的缩记符

缩记符	定 义	说 明
0	逻辑 0	能用来描述输入和输出信号
1	逻辑 1	能用来描述输入和输出信号
x	不定状态	能用来描述输入和输出信号
?	0、1 或 x(任意态)	只能表示输入,不能用来对输出进行描述
B 或 b	0 或 1	只能表示输入,不能用来对输出进行描述
-	输出状态保持不变	只用于时序元件的输出
(vw)	代表(01)、(10)、(0x)、(1x)、(x1)、(x0)、(?1)等	从逻辑 v 到 y 的转变
*	同(??),表示输入端的任意变化	表示输入有任何变化,不能用来对输出进行描述
R 或 r	同(01),表示输入的上升沿跳变	表示上升沿跳变
F 或 f	同(10),表示输入的下降沿跳变	表示下降沿跳变
P 或 p	(01)、(0x)或(x1)	表示包含 x 的上升沿跳变
N 或 n	(10)、(1x)或(x0)	表示包含 x 的下降沿跳变

例 6-16 是采用表 6-3 中的缩记符表示的一个带有异步置 1 和异步清零的上升沿触发的 D 触发器的 UDP 元件的例子。

【例 6-16】 带异步置 1 和异步清零的上升沿触发的 D 触发器 UDP 元件

```
primitive Dff_udp(q,d,clk,clr,set);
  output q;
  input d,clk,clr,set;
  reg q;
  table
  // clk   d    clr    set    :    state    :    q
   (01)    1    0      0      :    ?        :    0;
   (01)    1    0      x      :    ?        :    0;
    ?      ?    0      x      :    0        :    0;
   (01)    0    0      0      :    ?        :    1;
   (01)    0    x      0      :    ?        :    1;
    ?      ?    x      0      :    1        :    1;
   (x1)    1    0      0      :    0        :    0;
   (x1)    0    0      0      :    1        :    1;
   (0x)    1    0      0      :    0        :    0;
   (0x)    0    0      0      :    1        :    1;
    ?      ?    1      ?      :    ?        :    1;
    ?      ?    0      1      :    ?        :    0;
    n      ?    0      0      :    ?        :    -;
    ?      x    ?      ?      :    ?        :    -;
    ?      ?    (?0)   ?      :    ?        :    -;
    ?      ?    ?      (?0)   :    ?        :    -;
    ?      ?    ?      ?      :    ?        :    x;
```

```
      endtable
      endprimitive
```

6.3 测试平台的建立

仿真包括功能仿真和时序仿真。在设计输入阶段进行的仿真,不考虑信号延时等因素,称为功能仿真,又叫前仿真;时序仿真又称后仿真,它是在选择了具体器件并完成了布局布线后进行的包含定时关系的仿真。由于不同器件的内部延时不一样,不同的布局布线方案也给延时造成了很大的影响,因此在设计实现后,对网络和逻辑块进行延时仿真,分析定时关系,估计设计性能是非常必要的。

对电路进行仿真,必须有仿真器的支持。按对设计语言的不同处理方式,可将仿真器分为两类:编译型仿真器和解释型仿真器。编译型仿真器的仿真速度快,但需要预处理,因此不能即时修改;解释型仿真器的仿真速度相对慢一些,但可以随时修改仿真环境和仿真条件。

按处理的 HDL 语言类型,仿真器可分为 Verilog HDL 仿真器、VHDL 仿真器和混合仿真器。混合仿真器能够处理 Verilog HDL 和 VHDL 混合编程的仿真程序。常用的 Verilog HDL 仿真器包括 ModelSim、Verilog-XL、NC-Verilog 和 VCS 等。ModelSim 能够提供很好的 Verilog HDL 和 VHDL 混合仿真;NC-Verilog 和 VCS 是基于编译技术的仿真软件,能够胜任行为级、RTL 级和门级等各种层次的仿真,速度快;而 Verilog-XL 是基于解释的仿真工具,速度相对慢一些。

在一些复杂的设计中,仿真验证比设计本身还要耗时费力,所以仿真器的仿真速度、仿真的准确性、易用性等成为衡量仿真器性能的重要指标。

仿真验证工作可以分为两个部分:一是输入激励信号,二是分析输出信号。对于输入激励信号,不同的仿真器以及不同的语言有不同的方法,例如,MAX+PLUS Ⅱ 可以直接画出一些波形作为输入,这种方法简便直接,但是缺点是只能给出一些简单的波形组合,对于复杂的设计很难进行验证。Verilog HDL 本身就具有描述输入信号并将输入加载到被测试模块的功能,然后可以输出结果。用 Verilog HDL 编写的测试程序可以很复杂,可以灵活地设置更多的输入组合,可以随时添加测试数据,在 Verilog HDL 中把这种测试程序称为测试平台(testbench),它为测试或仿真一个 Verilog HDL 程序搭建了一个平台,在这个平台上给被测试的模块施加激励信号,通过观察被测试模块的输出响应,从而判断其逻辑功能和时序关系正确与否。本节将介绍这种测试平台的编写方法。

对已设计模块的测试与仿真通常可分为以下 3 个步骤:

(1) 产生激励信号,包括激励信号的初始化与产生测试波形。

(2) 将激励信号输入已设计模块并得到相应的输出信号。

(3) 将输出信号与设计要求相比较。

测试平台的示意图如图 6-1 所示。

从图 6-1 中可以看出,测试模块向待测试模块施加激励信号,激励信号必须定义成 reg型,以保持信号值。待测试模块在激励信号的作用下产生输出,输出信号必须定义为 wire型。测试模块中将待测试模块在激励信号作用下产生的输出信号以规定的格式用文本或图形的方式显示出来,供用户检验。

注意:测试模块中,输出信号如果是多位时,必须指定输出信号的位宽,如果省略位宽,将只显示一位信号。

Verilog HDL 测试模块的基本结构如图 6-2 所示。

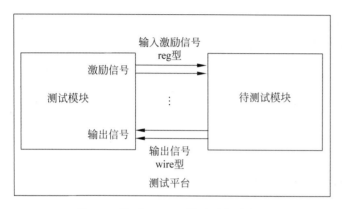

图 6-1 Verilog HDL 测试平台示意图

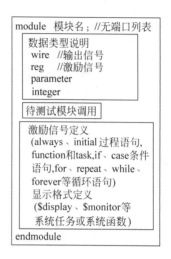

图 6-2 Verilog HDL 测试模块的基本结构

测试程序与一般的 Verilog HDL 模块没有根本的区别,其特点主要表现为以下几点:

(1) 测试模块只有模块名,没有端口列表。

(2) 输入信号(激励信号)必须定义为 reg 型,以保持信号值;输出信号(显示信号)必须定义为 wire 型。

(3) 在测试模块中调用被测试模块。调用时,如果采用位置对应关系,应注意端口排列的顺序与模块定义时一致;如果采用信号对应关系,则位置可以随意变动。

(4) 一般用 initial、always 过程语句来定义激励信号波形。

(5) 一般使用系统任务和系统函数来定义输出信号显示格式。

(6) 在激励信号的定义中,可使用如下一些控制语句:if 和 case 条件语句,for、forever、while 和 repeat 循环语句,wait、disable、begin-end、fork-ioin 等,这些控制语句一般只用在 always、initial、function、task 等过程块中。

【例 6-17】 实现 out=a&(b|c)的设计

```
`timescale 1ns/1ns
module a(a,b,c,out);
  input a,b,c;
  output out;
  reg out;
  always@(a or b or c)
    begin
      out = a&(b|c);
    end
endmodule
```

【例6-18】 out＝a&.(b|c)的仿真

```
`timescale 1ns/1ns
module a_test;
  reg a,b,c;
  wire out;
  a U(a,b,c,out);            //调用待测试模块
  initial
    begin
      a=0;b=1; c=0;     //初始化
      #10 c=1;              //产生激励信号
      #10 a=1; b=0;
      #10 a=0;
      #10 c=0;
      #10 $finish;
    end
  initial $monitor($time,,,"a=%d b=%d c=%d out=%d",a,b,c,out);
endmodule
```

通过 ModelSim 软件仿真,可得到下面的结果:

```
#  0     a=0 b=1 c=0 out=0
#  10    a=0 b=1 c=1 out=0
#  20    a=1 b=0 c=1 out=1
#  30    a=0 b=0 c=1 out=0
#  40    a=0 b=0 c=0 out=0
```

仿真波形如图 6-3 所示。

图 6-3　例 5-81 的仿真波形

6.4　仿真设计实例

1. 组合逻辑电路的仿真

下面以一个 4 位全加器为例介绍组合逻辑电路的仿真。

【例6-19】 4 位全加器的设计

```
module add4(a,b,c,sum,cout);
  input[3:0] a,b;
  input c;
  output[3:0] sum;
  output cout;
  reg[3:0] sum;
  reg cout;
  always@(a or b or c)
    begin
```

```
        {cout,sum} = a + b + c;
    end
endmodule
```

【例6-20】 4位全加器的仿真

```
`timescale 1ns/1ns
module add4_test;
  reg[3:0] a,b;
  reg c;
  wire[3:0] sum;              //显示信号 sum 是多位的,不能省略位宽
  wire cout;                  //显示信号 cout 是 1 位的,可以省略位宽
  add4 U(a,b,c,sum,cout);
  initial
    begin
      a = 0;b = 0;c = 0;      //初始化
      #10 c = 1;              //产生激励信号
      #10 b = 1;
      #10 c = 0;
      #10 a = 1;
      #10 c = 1;
      #10 b = 0;
      #10 c = 0;
      #10 $finish;
    end
  initial
    $monitor($time,,,"a = %d b = %d c = %d sum = %d cout = %d",a,b,c,sum,cout);
endmodule
```

通过 ModelSim 软件仿真,可得到下面的结果:

```
#    0   a = 0 b = 0 c = 0 sum = 0 cout = 0
#    5   a = 0 b = 0 c = 1 sum = 1 cout = 0
#   10   a = 0 b = 1 c = 0 sum = 1 cout = 0
#   15   a = 0 b = 1 c = 1 sum = 2 cout = 0
#   20   a = 1 b = 2 c = 0 sum = 3 cout = 0
#   25   a = 1 b = 2 c = 1 sum = 4 cout = 0
#   30   a = 2 b = 3 c = 0 sum = 5 cout = 0
#   35   a = 2 b = 3 c = 1 sum = 6 cout = 0
#   40   a = 3 b = 4 c = 0 sum = 7 cout = 0
#   45   a = 3 b = 4 c = 1 sum = 8 cout = 0
#   50   a = 4 b = 5 c = 0 sum = 9 cout = 0
#   55   a = 4 b = 5 c = 1 sum = 10 cout = 0
#   60   a = 5 b = 6 c = 0 sum = 11 cout = 0
#   65   a = 5 b = 6 c = 1 sum = 12 cout = 0
#   70   a = 6 b = 7 c = 0 sum = 13 cout = 0
#   75   a = 6 b = 7 c = 1 sum = 14 cout = 0
#   80   a = 7 b = 8 c = 0 sum = 15 cout = 0
#   85   a = 7 b = 8 c = 1 sum = 0 cout = 1
#   90   a = 8 b = 9 c = 0 sum = 1 cout = 1
#   95   a = 8 b = 9 c = 1 sum = 2 cout = 1
#  100   a = 9 b = 10 c = 0 sum = 3 cout = 1
```

```
#  105    a =  9 b = 10 c = 1 sum =    4 cout = 1
#  110    a = 10 b = 11 c = 0 sum =    5 cout = 1
#  115    a = 10 b = 11 c = 1 sum =    6 cout = 1
#  120    a = 11 b = 12 c = 0 sum =    7 cout = 1
#  125    a = 11 b = 12 c = 1 sum =    8 cout = 1
#  130    a = 12 b = 13 c = 0 sum =    9 cout = 1
#  135    a = 12 b = 13 c = 1 sum = 10 cout = 1
#  140    a = 13 b = 14 c = 0 sum = 11 cout = 1
#  145    a = 13 b = 14 c = 1 sum = 12 cout = 1
#  150    a = 14 b = 15 c = 0 sum = 13 cout = 1
#  155    a = 14 b = 15 c = 1 sum = 14 cout = 1
#  160    a = 15 b =  0 c = 0 sum = 15 cout = 0
#  165    a = 15 b =  0 c = 1 sum =    0 cout = 1
#  170    a = 15 b =  0 c = 0 sum = 15 cout = 0
#  175    a = 15 b =  0 c = 1 sum =    0 cout = 1
#  180    a = 15 b =  0 c = 0 sum = 15 cout = 0
#  185    a = 15 b =  0 c = 1 sum =    0 cout = 1
#  190    a = 15 b =  0 c = 0 sum = 15 cout = 0
#  195    a = 15 b =  0 c = 1 sum =    0 cout = 1
```

仿真波形如图 6-4 所示。

图 6-4　4 位全加器的仿真波形

2. 时序逻辑电路的仿真

下面以一个十进制计数器为例介绍时序逻辑电路的仿真。

【例 6-21】　十进制计数器的设计

```verilog
module count_10(clk, reset, out, cout);
  input clk, reset;
  output[3:0] out;
  output cout;
  reg[3:0] out;
  reg cout;
  always@(posedge clk)
    begin
      if(reset)
        begin
          out <= 0;
          cout <= 0;
        end
      else if(out == 9)
        begin
          out <= 0;
          cout <= 1;
        end
      else
        begin
```

```
            out < = out + 1;
            cout < = 0;
        end
    end
endmodule
```

【例 6-22】 十进制计数器的仿真

```
`timescale 1ns/1ns
module count_10_test;
  reg clk,reset;
  wire[3:0] out;
  wire cout;
  count_10 U(clk,reset,out,cout);
  initial
    begin clk = 0;reset = 0;end
  initial
    begin
      #10 reset = 1;
      #20 reset = 0;
      #150 $finish;
    end
  always #5 clk = ~clk;
  initial
    $monitor($time,,,"clk = %b reset = %b out = %d cout = %b",clk,reset,out,cout);
endmodule
```

通过 ModelSim 软件仿真,可得到下面的结果:

```
#    0   clk = 0 reset = 0 out = x cout = x
#    5   clk = 1 reset = 0 out = x cout = 0
#   10   clk = 0 reset = 1 out = x cout = 0
#   15   clk = 1 reset = 1 out = 0 cout = 0
#   20   clk = 0 reset = 1 out = 0 cout = 0
#   25   clk = 1 reset = 1 out = 0 cout = 0
#   30   clk = 0 reset = 0 out = 0 cout = 0
#   35   clk = 1 reset = 0 out = 1 cout = 0
#   40   clk = 0 reset = 0 out = 1 cout = 0
#   45   clk = 1 reset = 0 out = 2 cout = 0
#   50   clk = 0 reset = 0 out = 2 cout = 0
#   55   clk = 1 reset = 0 out = 3 cout = 0
#   60   clk = 0 reset = 0 out = 3 cout = 0
#   65   clk = 1 reset = 0 out = 4 cout = 0
#   70   clk = 0 reset = 0 out = 4 cout = 0
#   75   clk = 1 reset = 0 out = 5 cout = 0
#   80   clk = 0 reset = 0 out = 5 cout = 0
#   85   clk = 1 reset = 0 out = 6 cout = 0
#   90   clk = 0 reset = 0 out = 6 cout = 0
#   95   clk = 1 reset = 0 out = 7 cout = 0
#  100   clk = 0 reset = 0 out = 7 cout = 0
#  105   clk = 1 reset = 0 out = 8 cout = 0
#  110   clk = 0 reset = 0 out = 8 cout = 0
```

```
#  115    clk = 1 reset = 0 out =  9 cout = 0
#  120    clk = 0 reset = 0 out =  9 cout = 0
#  125    clk = 1 reset = 0 out =  0 cout = 1
#  130    clk = 0 reset = 0 out =  0 cout = 1
#  135    clk = 1 reset = 0 out =  1 cout = 0
#  140    clk = 0 reset = 0 out =  1 cout = 0
#  145    clk = 1 reset = 0 out =  2 cout = 0
#  150    clk = 0 reset = 0 out =  2 cout = 0
#  155    clk = 1 reset = 0 out =  3 cout = 0
#  160    clk = 0 reset = 0 out =  3 cout = 0
#  165    clk = 1 reset = 0 out =  4 cout = 0
#  170    clk = 0 reset = 0 out =  4 cout = 0
#  175    clk = 1 reset = 0 out =  5 cout = 0
```

仿真波形如图 6-5 所示。

图 6-5 十进制计数器的仿真波形

思 考 与 练 习

1. 分别叙述系统任务 $ display 和 $ write、$ monitor 和 $ strobe、$ display 和 $ strobe 的区别。

2. 用户自定义原语有什么特点？组合逻辑电路 UDP 和时序逻辑电路 UDP 的区别是什么？

3. 测试模块与设计模块的区别有哪些？

4. 设计一个 4 选 1 的数据选择器，并写出该选择器的测试平台。

5. 设计一个带有异步复位功能的二十四进制计数器，并写出该计数器的测试平台。

## 第 7 章

描述方式与层次设计

在应用 Verilog HDL 对数字系统进行建模时,可以采用不同的描述方式。对于复杂的数字系统,还可以将其分成多个模块进行层次化的设计。

7.1 Verilog HDL 的描述方式

Verilog HDL 允许设计者使用 3 种方式描述逻辑电路:结构描述方式、行为描述方式和数据流描述方式,还可以采用上述 3 种方式的混合形式来描述设计。下面分别介绍这几种常用的设计描述方式。

7.1.1 结构描述方式

结构描述方式就是通过调用 Verilog HDL 内部的基本元件或设计好的模块来完成设计功能的描述,结构描述侧重设计的功能模块由哪些具体的门或模块构成,它们又是怎样的连接关系。

在 Verilog HDL 程序中可通过如下方式来描述电路的结构:

(1) 调用 Verilog HDL 内置门元件(门级结构描述):是指调用 Verilog HDL 内部的基本门级元件对硬件电路的结构进行说明,这种情况下的模块由基本门级元件组成。

(2) 调用开关级元件(开关级结构描述):是指调用 Verilog HDL 内部的基本开关级元件来说明硬件电路的结构,这种情况下的模块由开关级元件组成。

(3) 调用模块:在多层次结构电路的设计中,顶层模块调用底层模块来说明硬件电路的结构,这种情况下的模块都是独立的子模块。

(4) 用户自定义原语(也在门级):由设计者自己定义元件的功能。

在上述的结构描述方式中,用户自定义原语由于主要与仿真有关,因此放在 6.2 节中介绍,而开关级结构描述主要用于对电路结基本部件(各种门电路、缓冲器、驱动器等)的模型库进行设计,而普通用户一般很少使用,不作为重点讲解。

1. Verilog HDL 内置门级元件

Verilog HDL 内置 26 个基本元件(basic primitive),其中 14 个是门级元件(gate-level primitive),12 个是开关级元件(switch-level primitive),这 26 个基本元件及其分类如表 7-1 所示。

表 7-1 Verilog HDL 内置基本元件

类 型		元 件
基本门（basic gate）	多输入门	and，nand，or，nor，xor，nxor
	多输出门	buf，not
三态门（three state driver）	允许定义驱动强度	bufif0，bufif1，notif0，notif1
MOS 开关（MOS switch）	无驱动强度	nmos，pmos，cmos，rnmos，rpmos，remos
双向开关（bi-directional switch）	无驱动强度	tran，tranif0，tranif1
	无驱动强度	rtran，rtranif0，rtranif1
上拉、下拉电阻	允许定义驱动强度	pullup，pulldown

  Verilog HDL 中丰富的门级元件为电路的门级结构描述提供了方便。Verilog HDL 中的门级元件如表 7-2 所示。

表 7-2 Verilg HDL 的内置门级元件

类 别	关 键 字	符号示意图	门 名 称
多输入门	and		与门
	nand		与非门
	or		或门
	nor		或非门
	xor		异或门
	xnor		异或非门
多输出门	buf		缓冲器
	not		非门
三态门	bufif1		高电平使能三态缓冲器
	bufif0		低电平使能三态缓冲器
	notif1		高电平使能三态非门
	notif0		低电平使能三态非门

  1）基本门的逻辑真值表

  表 7-3 到表 7-6 分别是与门和与非门、或门和或非门、异或门和异或非门、缓冲器和非门的真值表。

表 7-3 and(与门)和 nand(与非门)的真值表

and	0	1	x	z	nand	0	1	x	z
0	0	0	0	0	0	1	1	1	1
1	0	1	x	x	1	1	0	x	x
x	0	x	x	x	x	1	x	x	x
z	0	x	x	x	z	1	x	x	x

表 7-4 or(或门)和 nor(或非门)的真值表

or	0	1	x	z	nor	0	1	x	z
0	0	1	x	x	0	1	0	x	x
1	1	1	1	1	1	0	0	0	0
x	x	1	x	x	x	x	0	x	x
z	x	1	x	x	z	x	0	x	x

表 7-5 xor(异或门)和 nxor(异或非门)的真值表

xor	0	1	x	z	xnor	0	1	x	z
0	0	1	x	x	0	1	0	x	x
1	1	0	x	x	1	0	1	x	x
x	x	x	x	x	x	x	x	x	x
z	x	x	x	x	z	x	x	x	x

表 7-6 buf(缓冲器)和 not(非门)真值表

buf		not	
输入	输出	输入	输出
0	0	0	1
1	1	1	0
x	x	x	x
z	x	z	x

bufif1、bufif0、notif1、notif0 这 4 种三态门的真值表分别见表 7-7 和表 7-8。bufif1 是高电平使能三态缓冲器,bufif0 是低电平使能三态缓冲器、notif1 是高电平使能三态非门、notif0 是低电平使能三态非门。

表 7-7 bufif1(高电平使能三态缓冲器)和 bufif0(低电平使能三态缓冲器)的真值表

bufif1		enable(使能端)				bufif0		enable(使能端)			
		0	1	x	z			0	1	x	z
输入	0	z	0	0/z	0/z	输入	0	0	z	0/z	0/z
	1	z	1	1/z	1/z		1	1	z	1/z	1/z
	x	z	x	x	x		x	x	x	x	x
	z	z	x	x	x		z	x	z	x	x

表 7-8　notif1(高电平使能三态非门)和 notif0(低电平使能三态非门)的真值表

notif1		enable(使能端)				notif0		enable(使能端)			
		0	1	x	z			0	1	x	z
输入	0	z	1	1/z	1/z	输入	0	1	z	1/z	1/z
	1	z	0	0/z	0/z		1	0	z	0/z	0/z
	x	z	x	x	x		x	x	z	x	x
	z	z	x	x	x		z	x	z	x	x

由这两个真值表可以看出,这 4 种三态门元件的输出端都可以被驱动到高阻状态 z,但是此时必须在特定的控制输入状态下。

对于高电平使能三态缓冲器 bufif1,若使能端输入为 1,则输入数据被传送到数据输出端;若使能端输入为 0,则数据输出端处于高阻状态 z。

对于低电平使能三态缓冲器 bufif0,若使能端输入为 0,则输入数据被传送到数据输出端;若使能端输入为 1,则数据输出端处于高阻状态 z。

对于高电平使能三态非门 notif1,若使能端输入为 1,则输出端的逻辑状态是输入的"逻辑非";若使能端输入为 0,则数据输出端处于高阻状态 z。

对于低电平使能三态非门 notif0,若使能端输入为 0,则输出端的逻辑状态是输入的"逻辑非";若使能端输入为 1,则数据输出端处于高阻状态 z。

2) 门级元件的调用

调用门级元件的格式如下:

门级元件名<例化的门名字>(<端口列表>)

不同的门级元件端口列表有所不同。

(1) 多输入门的格式如下:

门级元件名 <例化的门名>(输出,输入 1,输入 2,…,输入 n);

例如:

```
and and_1(out,a,b,c);                //三输入与门,其名字为 and_1
and and_2(out,a,b);                  //二输入与门,其名字为 and_2
xor (Bar,Bud[0], Bud[1], Bud[2]),
    (Car,Cut[0],Cut[1]),
    (Sar,Sut[2],Sut[1], Sut[0], Sut[3]);
```

在端口列表中出现的第一个端口是输出端口,而且只能有一个输出端口,其后是多个输入端口。

(2) 多输出门的格式如下:

门级元件名 <例化的门名> (输出 1,输出 2,…,输出 n,输入);

对于 buf 和 not 两种元件的调用,需要注意的是:它们允许有多个输出,但只能有一个输入。例如:

```
not not_1(out1,out2,in);             //1 个输入 in,2 个输出 out1、out2
```

```
buf buf_1(out1,out2,out3,in);          //1 个输入 in,3 个输出 out1、out2、out3
```

（3）三态门的格式如下：

门级元件名 <例化的门名>（输出,输入,使能控制端）;

例如：

```
bufif1 A1(out,in,ctrla);              //高电平使能的三态门
bufif0A2(out,a,ctrlb);                //低电平使能的三态门
notif1 N1(out, in, crtlc);
notif1 N2(out, in, crtld);
```

（4）上拉电阻、下拉电阻的格式如下：

```
门级元件名 <例化的门名>（输入）;
pullup U1 (POWER);
pulldown U2 (GND);
```

注意：对于多个同名门级元件的例化,要求例化的门级元件名不能相同,虽然可以不写,但是建议写出元件名,因为在综合后可以知道哪条语句对应哪个门,方便查错。

2. 门级结构描述

图 7-1 是 1 位全加器门级原理图,它包含了 3 个二输入与门、1 个三输入或门和 2 个二输入的异或门。

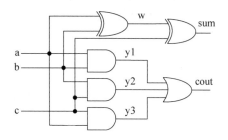

图 7-1　1 位全加器门级原理图

【**例 7-1**】 调用门级元件实现 1 位全加器

```
module full_add(a,b,c,sum,cout);
    input a,b,c;
    output sum,cout;
    wire w,y1,y2,y3;
    and and1(y1,a,b);                 //调用与门
    and and2(y2,b,c);
    and and3(y3,a,c);
    or or1(cout,y1,y2,y3);            //调用或门
    xor xor1(w,a,b);                  //调用异或门
    xor xor2(cout,w,c);
endmodule
```

例 7-1 中调用了 3 个与门,用了 3 条语句,也可以写成一条语句,如下所示：

```
and and1(y1,a,b),
    and2(y2,b,c),
    and3(y3,a,c);
```

对于异或门也可以写成 xor xorl(w,a,b),xor2(cout,w,c);。

3. 调用模块化结构描述

调用模块的格式如下：

调用模块名 调用后的模块名(端口列表);

端口列表可以采用位置对应关系,即按顺序写上实例的端口名。也可以采用信号名对应关系,即已编写的模块的端口按对应的原则逐一填写。例如,调用例 7-1 的 1 位全加器,可以采用以下两种形式：

```
full_add u1(a1,b1,c1,sum1,cout1);
full_add u2(.cout(cout1), .a(a1), .c(c1), .sum(sum1) , .b(b1));
```

这两种形式的语句都是用被调用的模块 full_add 构成新模块 u1 和 u2。第一种形式采用位置对应关系,即新模块输入端口 a1、b1 和 c1 的值分别赋给被调用的模块的输入端口 a、b 和 c,经过运算将被调用的块输出端口值返给 sum1 和 cout1,这种方式也称为位置关联方式。第二种形式采用信号名对应关系,端口名不按顺序排列,在".cout(cout1)"中,括号外是被调用的模块的端口,括号内是新模块的端口,这种方式也称为名称关联方式。

在调用模块语句中,有时会出现悬空端口,可以将端口表达式表示为空白来指定悬空端口,也可以采用两种方式：

```
full_add u1(a1,b1,   ,sum1,cout1);
```

端口连接表内第三项的端口是默认的,表示该项对应的模块端口是悬空的。

```
full_add u2(.cout(cout1), .a(a1), .c(), .sum(sum1), .b(b1));
```

端口连接表内第三项".c()"括号内的端口是默认的,表示该项对应的模块端口是悬空的。

用 1 位全加器构成 4 位全加器见例 7-2,已编写的模块是例 7-1 的 1 位全加器。

【例 7-2】 用 1 位全加器构成 4 位全加器

```
`include "full_add.v"
module full_add4(a,b,c,sum,cout);
    input[3:0] a,b;
    input c;
    output cout;
    output[3:0] sum;
    wire c1,c2,c3;
    full_add U0(a[0],b[0],c,sum[0],c1);   //位置关联方式
    full_add U1(a[1],b[1],c1,sum[1],c2);
    full_add U2(a[2],b[2],c2,sum[2],c3);
    full_add U3(a[3],b[3],c3,sum[3],cout);
endmodule
```

7.1.2　行为描述方式

行为描述方式就是对电路的功能进行抽象描述,其抽象程度高于结构描述方式。行为描述方式侧重电路的行为,不考虑功能模块是由哪些具体的门或开关组成的。行为描述方式的标志是过程语句(always 过程语句和 initial 过程语句)。

【例 7-3】　采用行为描述方式的 1 位全加器

```
module full_add_1(a,b,c,sum,cout);
  input a,b;
  input c;
  output sum;
  output cout;
  reg cout;
  reg sum;
  always@(a or b or c)                //行为描述方式
    begin
      sum = a ^ b ^ c;
      cout = (a&b)|(b&c)|(a&c);
    end
endmodule
```

例 7-3 的 always 过程语句中采用的是运算符表达式的形式,还可以采用例 7-4 的形式来描述 1 位全加器。

【例 7-4】　行为描述方式的 1 位全加器

```
module full_add_2(a,b,c,sum,cout);
  input a,b;
  input c;
  output sum;
  output cout;
  reg cout;
  reg sum;
  always@(a or b or c)                //行为描述方式
    begin
      {cout,sum} = a + b + c;          //将 cout 和 sum 进行拼接
    end
endmodule
```

7.1.3　数据流描述方式

数据流描述方式主要是使用持续赋值语句,即 assign 语句,多用于描述组合逻辑电路。例 7-5 是数据流描述方式的 1 位全加器。

【例 7-5】　数据流描述方式的 1 位全加器

```
module full_add_3(a,b,c,sum,cout);
  input[3:0] a,b;
  input c;
  output[3:0] sum;
```

```
    output cout;
    assign sum = a ^ b ^ c;                          //数据流描述方式
    assign cout = (a&b)|(b&c)|(a&c);
endmodule
```

7.1.4 混合描述方式

对于模块的设计,除了可以采用上述的 3 种描述方式以外,还可以采用结构描述方式、行为描述方式和数据流描述方式的混合设计,即在一个模块设计过程中,可以采用其中的两种或三种描述方式来完成设计。例 7-6 是采用三种描述方式设计的 1 位全加器。

【例 7-6】 混合描述方式的 1 位全加器

```
module full_add_1(a,b,c,sum,cout);
    input a,b;
    input c;
    output sum;
    output cout;
    reg cout;
    reg y1,y2,y3;
    wire w;
    xor xor_1(w,a,b);                          //结构描述方式
    assign sum = w ^ c;                        //数据流描述方式
    always@(a or b or c)                       //行为描述方式
      begin
        y1 =  a&b;
        y2 =  b&c;
        y3 =  a&c
        cout = y1|y2|y3;
      end
endmodule
```

7.2 进程

在 Verilog HDL 中,行为模型的本质是进程。进程是一个非常重要的概念,它能够完成设计实体中的某部分逻辑行为,实现某一功能。

一个进程可以看作一个独立的运行单元,它可能很简单,也可能很复杂,可以将数字系统的行为看作很多有机结合的进程的集合。描述进程的基本方式如下:

(1) always 过程块。

(2) initial 过程块。

(3) assign 赋值语句。

(4) 门级元件例化,如 xor xor_1(w,a,b);。

(5) 模块例化,如 full_add U0(a[0],b[0],c,sum[0],c1);。

进程具有以下一些重要的特点:

(1) 进程只有两种状态,即执行状态和等待状态。进程是否进入执行状态,取决于是否满足特定的条件,如敏感变量是否发生变化。一旦满足条件,进程即进入执行状态。当该进

程执行完毕或遇到停止语句后,即停止执行,自动返回起始语句,进入等待状态。

（2）进程一般由敏感信号的变化来启动。

（3）各个进程之间通过信号线进行通信。多个进程之所以能同步并发运行,一个很重要的原因就是可以利用进程之间的信号线进行通信和协调。

（4）一个进程中只允许描述对应于一个时钟信号的同步时序逻辑。

（5）进程之间是并发执行的。两个或更多个 always 过程语句、assign 持续赋值语句、门级元件例化、模块例化等操作都是同时执行的,而与其所处的位置无关。

7.3 Verilog HDL 层次设计

在 3.6 节已经介绍了应用图形方式进行层次化设计的方法,本节进一步说明层次设计的方法。层次也可以采用文本方式。本节主要介绍应用文本进行层次设计的方法。

1. 文本方式

【例 7-7】 六进制计数器

```verilog
module count6 (clk,clr,start,cout,daout);
input clk,clr,start;
output cout;
reg cout;
output[3:0] daout;
wire[3:0] daout;
reg[3:0] cnt;
assign daout = cnt;
always @(posedge clk or negedge clr)
  begin
      if(!clr)
        begin
          cnt <= 4'b0000;
          cout <= 1'b0;
        end
      else if(start == 1'b1)
        begin
        if(cnt == 4'b0101)
          begin
          cnt <= 4'b0000;
          cout <= 1'b1;
          end
        else
          begin
          cnt <= cnt + 1;
          cout <= 1'b0;
          end
        end
    end
  endmodule
```

【例 7-8】 六十进制顶层文件

```
module second_tp_inst(clr,clk,start,daout_H,daout_L,cout);
input clk,clr,start;
output[3:0] daout_H,daout_L;
output cout;
wire w;
count10 u1(clk,clr,start,w,daout_H);
count6 u2(w,clr,start,cout,daout_L);
endmodule
```

2. 图形方式

按照 3.6 节的步骤,在 Quartus Ⅱ 中建一个工程,将例 7-6 和例 7-7 的文件生成符号,在以图形文件为顶层的文件中插入生成的两个符号,按如图 7-2 所示连接两个符号,并添加输入、输出引脚。

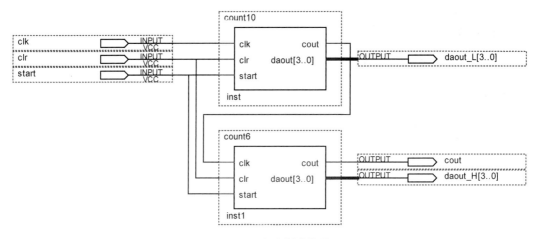

图 7-2   六十进制计数器

思考与练习

1. 结构描述、数据流描述和行为描述的特点是什么?
2. 分别用结构描述、数据流描述和行为描述 3 种方式设计 4 选 1 多路选择器。

## 第 8 章

组合逻辑电路设计

组合逻辑电路是数字系统中的重要组成部分,其中编码器、译码器、数据选择器、加法器和简单的运算电路是常用的组合逻辑电路。本章主要结合组合逻辑电路基础知识和第 5 章介绍的 Verilog HDL 程序编写基础知识来描述上述常用的组合逻辑电路。同时通过 Quartus II 软件工具对这些组合逻辑电路进行仿真验证。通过本章的介绍,读者可以更加深入地了解 Verilog HDL 各种语句在具体设计中的应用,从而掌握组合逻辑电路的工作原理和设计方法。

8.1 编码器和译码器

编码器和译码器在数字电路中应用得十分广泛。通常,数字电路中的编码器和译码器成对出现以实现数字系统中的编码转换。

8.1.1 编码器

编码器电路可以起到将输入数据变换为不同的输出数据的作用。编码器的数据输入位数要比编码后的输出位数大,因此,编码器起到了减少系统中数据通道数目的作用。编码器为每条输入线分配一个唯一的位组合。编码器是把输入信号编写成一个对应的二进制信号,即把 2^N 个输入信号转化为 N 位编码输出。编码器在实际的应用过程中可以划分为两类:普通编码器和优先编码器。普通编码器只能一个一个地输入,如果同时输入两个信号,编码器将不能识别。优先编码器的功能与普通编码器相同,但是当优先编码器的输入信号出现差错时,如果这种差错是输入了两个及两个以上的信号,它只对其中的高位优先识别。

表 8-1 是普通 8-3 编码器的功能表,其中输入端为 8 位数据 I,输出端为 3 位数据 Q。

表 8-1 普通 8-3 编码器的功能表

输				入				输	出	
I7	I6	I5	I4	I3	I2	I1	I0	Q2	Q1	Q0
0	0	0	0	0	0	0	1	1	1	1
0	0	0	0	0	0	1	0	1	1	0
0	0	0	0	0	1	0	0	1	0	1
0	0	0	0	1	0	0	0	1	0	0
0	0	0	1	0	0	0	0	0	1	1
0	0	1	0	0	0	0	0	0	1	0
0	1	0	0	0	0	0	0	0	0	1
1	0	0	0	0	0	0	0	0	0	0

例 8-1 是采用 Verilog HDL 程序描述普通 8-3 编码器,这是利用 case 语句实现的。

【例 8-1】 采用 Verilog HDL 程序描述普通 8-3 编码器

```
module code8_3(I,Q);
input[7:0] I;
output[2:0] Q;
reg[2:0] Q;
always@(I)
 begin
  case(I)
  8'b0000_0001:Q = 3'b111;
  8'b0000_0010:Q = 3'b110;
  8'b0000_0100:Q = 3'b101;
  8'b0000_1000:Q = 3'b100;
  8'b0001_0000:Q = 3'b011;
  8'b0010_0000:Q = 3'b010;
  8'b0100_0000:Q = 3'b001;
  8'b1000_0000:Q = 3'b000;
  default:     Q = 3'bxxx;
  endcase
 end
endmodule
```

注意: 本例中的常量采用的是二进制方式,还可以采用其他的进制。但是,Verilog HDL 支持描述任意项的情况,也就是 x 或 z 项,而十进制中不包含 x 或 z 项,所以对于任意项中出现的 x 或 z 项,不能用十进制表示。

普通 8-3 编码器的功能仿真波形如图 8-1 所示,输入和输出与其功能表完全一致。

I	00000001	00000010	00000100	00001000	00010000	00100000	01000000	10000000	00000000
Q	111	110	101	100	011	010	001	000	XXX

图 8-1 普通 8-3 编码器的功能仿真波形

下面以常用的 8-3 优先编码器 74LS148 为例,介绍采用 Verilog HDL 程序描述优先编码器的方法。优先编码器 74LS148 的逻辑符号如图 8-2 所示。

图 8-2 8-3 优先编码器 74LS148 的逻辑符号

8-3 优先编码器 74LS148 有 8 个输入——I0～I7 和 3 个二进制输出——Q0～Q2。s 是片选信号,当 s＝0 时,芯片 74LS148 被选中。它的逻辑功能是对 8 个输入信号进行带有优先级的编码操作,然后将编码操作的结果以 3 位二进制码的形式送到输出端口。表 8-2 是 8-3 优先编码器 74LS148 的功能表,从中可以看出输入信号 I7 的优先级最高。

表 8-2　8-3 优先编码器 74LS148 的功能表

输　入								输　出				
s	I0	I1	I2	I3	I4	I5	I6	I7	Q2	Q1	Q0	E0	GS
1	x	x	x	x	x	x	x	x	1	1	1	1	1
0	1	1	1	1	1	1	1	1	1	1	1	0	1
0	x	x	x	x	x	x	x	0	0	0	0	1	0
0	x	x	x	x	x	x	0	1	0	0	1	1	0
0	x	x	x	x	x	0	1	1	0	1	0	1	0
0	x	x	x	x	0	1	1	1	0	1	1	1	0
0	x	x	x	0	1	1	1	1	1	0	0	1	0
0	x	x	0	1	1	1	1	1	1	0	1	1	0
0	x	0	1	1	1	1	1	1	1	1	0	1	0
0	0	1	1	1	1	1	1	1	1	1	1	1	0

例 8-2 是采用 Verilog HDL 程序描述 8-3 优先编码器,它利用 if-else 语句的分支具有优先顺序的特点实现优先编码器的设计。

【例 8-2】 采用 Verilog HDL 程序描述 8-3 优先编码器

```
module code_8_3(s,I, Q,E0,GS);
input[7:0] I;
input s;
output[2:0] Q;
output E0,GS;
reg[2:0] Q;
reg E0,GS;
always@(s or I)
 begin
   if(s) begin Q = 3'd7; E0 = 1; GS = 1; end
   else
    begin
     if (~I[7])    begin Q  = 3'd0; E0 = 1; GS = 0; end
     else if (~I[6]) begin Q = 3'd1; E0 = 1; GS = 0; end
     else if (~I[5]) begin Q = 3'd2; E0 = 1; GS = 0; end
     else if (~I[4]) begin Q = 3'd3; E0 = 1; GS = 0; end
     else if (~I[3]) begin Q = 3'd4; E0 = 1; GS = 0; end
     else if (~I[2]) begin Q = 3'd5; E0 = 1; GS = 0; end
     else if (~I[1]) begin Q = 3'd6; E0 = 1; GS = 0; end
     else if (~I[0]) begin Q = 3'd7; E0 = 1; GS = 0; end
     else            begin Q = 3'd7; E0 = 0; GS = 1; end
    end
  end
endmodule
```

8-3 优先编码器 74LS148 的功能仿真波形如图 8-3 所示,输入和输出与其功能表完全一致。

注意:如果优先编码器的优先级别不是从 I7 到 I0,只需要将优先级别高的位放到前面首先考虑即可。如果设计中不需要片选信号 s、输出使能信号 E0 和优先编码工作状态标志信号 GS,只需要将程序中相应的信号名称去掉就可以。

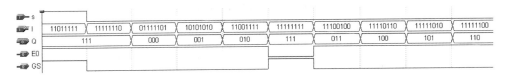

图 8-3　8-3 优先编码器 74LS148 的功能仿真波形

8.1.2　译码器

从电路功能上看,译码器和编码器没有实质的差别。与编码器功能相反,译码器是将二进制代码所表示的相应信号或对象"翻译"出来,即把输入的 N 位二进制信号转换成 2^N 个代表代码原意的状态信号并输出。

一般来说,译码器用来对输入的变量、码制和地址等进行译码操作,从而满足实际设计的需要。常见的译码器有二进制码译码器和显示译码器,下面分别介绍。

1. 二进制码译码器

n 为二进制码位数,也就是输入变量的位数。N 是输出量的数目,$N=2^n$。所以,二进制码译码器也称为 n 线-N 线译码器。例如,对于三位二进制码译码器可称为 3 线-8 线译码器,简称 3-8 译码器。下面以常用的 3-8 译码器 74LS138 为例,详细介绍采用 Verilog HDL 描述译码器的具体方法。它的逻辑符号如图 8-4 所示。

74LS138 译码器有 3 个二进制输入端 a、b、c 和 8 个译码输出端 Y0~Y7。除了输入端和输出端以外,3-8 译码器还有 3

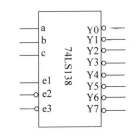

图 8-4　74LS138 的逻辑符号

个附加控制输入端 e1、e2 和 e3。当[e1 e2 e3]=100 时,译码器处于工作状态;当[e1 e2 e3]≠100 时,译码器被禁止,即 Y0~Y7 输出将均为高电平。3-8 译码器 74LS138 的功能表如表 8-3 所示。

表 8-3　3-8 译码器 74LS138 的功能表

输　入						输　出							
e1	e2	e3	c	b	a	Y0	Y1	Y2	Y3	Y4	Y5	Y6	Y7
x	1	x	x	x	x	1	1	1	1	1	1	1	1
x	x	1	x	x	x	1	1	1	1	1	1	1	1
0	x	x	x	x	x	1	1	1	1	1	1	1	1
1	0	0	0	0	0	0	1	1	1	1	1	1	1
1	0	0	0	0	1	1	0	1	1	1	1	1	1
1	0	0	0	1	0	1	1	0	1	1	1	1	1
1	0	0	0	1	1	1	1	1	0	1	1	1	1
1	0	0	1	0	0	1	1	1	1	0	1	1	1
1	0	0	1	0	1	1	1	1	1	1	0	1	1
1	0	0	1	1	0	1	1	1	1	1	1	0	1
1	0	0	1	1	1	1	1	1	1	1	1	1	0

例 8-3 是采用 Verilog HDL 程序描述 3-8 译码器，其中利用 if-else 语句来判断译码器是否处于工作状态，如果译码器处于工作状态，则将 c、b、a 用位拼接运算符拼接成 3 位的信号，在 case 语句中进行相应的译码过程。

【例 8-3】 采用 Verilog HDL 程序描述 3-8 译码器

```verilog
module decoder3_8(Y,a,b,c,e1,e2,e3);
output[7:0] Y;
input a,b,c;
input e1,e2,e3;
reg[7:0] Y;
always @(a or b or c or e1 or e2 or e3)
 begin
  if((e1 == 1)&(e2 == 0)&(e3 == 0))
   begin
    case({c,b,a})
      3'd0: Y = 8'b1111_1110;
      3'd1: Y = 8'b1111_1101;
      3'd2: Y = 8'b1111_1011;
      3'd3: Y = 8'b1111_0111;
      3'd4: Y = 8'b1110_1111;
      3'd5: Y = 8'b1101_1111;
      3'd6: Y = 8'b1011_1111;
      3'd7: Y = 8'b0111_1111;
      default:Y = 8'bX;
     endcase
    end
   else
    Y = 8'b1111_1111;
end
endmodule
```

3-8 译码器 74LS138 的功能仿真波形如图 8-5 所示，仿真波形与功能表一致。

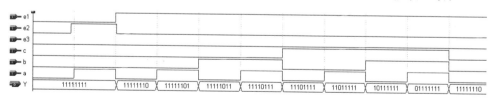

图 8-5　3-8 译码器 74LS138 的功能仿真波形

2. 显示译码器

在数字系统中，经常需要将表示测量结果、数值运算结果的二进制代码用人们习惯的十进制的形式直观地显示出来。显示译码器就是其输出信号可以和相应的显示器件配合，将译码器的状态直接显示出来的译码电路。显示译码器用来驱动显示器件，目前用于电子电路系统中的显示器件主要是由发光二极管组成的各种显示器件和液晶显示器件。目前应用最为广泛的显示译码器为七段数码管显示译码器。七段数码管显示译码器的 4 个输入信号 A0、A1、A2、A3 表示 0000～1111，即 0～9；它还有 a、b、c、d、e、f、g 共 7 个输出信号，用来作为发光二极管的驱动信号。这里采用共阴极数码管。逻辑值 1 用来表示点亮发光二极管，即字段亮；逻辑值 0 用来表示熄灭发光二极管，即字段灭。七段数码管显示译码器的功能表如表 8-4 所示。

表 8-4　七段显示数码管显示译码器的功能表

输　　入				输　　　　出							十六进制输出
A3	A2	A1	A0	a	b	c	d	e	f	g	
0	0	0	0	1	1	1	1	1	1	0	7E
0	0	0	1	0	1	1	0	0	0	0	30
0	0	1	0	1	1	0	1	1	0	1	6D
0	0	1	1	1	1	1	1	0	0	1	79
0	1	0	0	0	1	1	0	0	1	1	33
0	1	0	1	1	0	1	1	0	1	1	5B
0	1	1	0	1	0	1	1	1	1	1	5F
0	1	1	1	1	1	1	0	0	0	0	70
1	0	0	0	1	1	1	1	1	1	1	7F
1	0	0	1	1	1	1	1	0	1	1	7B

【例 8-4】 采用 Verilog HDL 程序描述七段数码管显示译码器

```
module decode4_7(A0,A1,A2,A3,a,b,c,d,e,f,g);
input A0,A1,A2,A3;
output a,b,c,d,e,f,g;
reg a,b,c,d,e,f,g;
always @(A0 or A1 or A2 or A3)            //数码管译码显示
 begin
  case({A3,A2,A1,A0})
   4'b0000: {a,b,c,d,e,f,g}<= 7'b1111110;  //7E - 0
   4'b0001: {a,b,c,d,e,f,g}<= 7'b0110000;  //30 - 1
   4'b0010: {a,b,c,d,e,f,g}<= 7'b1101101;  //6D - 2
   4'b0011: {a,b,c,d,e,f,g}<= 7'b1111001;  //79 - 3
   4'b0100: {a,b,c,d,e,f,g}<= 7'b0110011;  //33 - 4
   4'b0101: {a,b,c,d,e,f,g}<= 7'b1011011;  //5B - 5
   4'b0110: {a,b,c,d,e,f,g}<= 7'b1011111;  //5F - 6
   4'b0111: {a,b,c,d,e,f,g}<= 7'b1110000;  //70 - 7
   4'b1000: {a,b,c,d,e,f,g}<= 7'b1111111;  //7F - 8
   4'b1001: {a,b,c,d,e,f,g}<= 7'b1111011;  //7B - 9
   default: {a,b,c,d,e,f,g}<= 7'bx;
  endcase
 end
endmodule
```

对七段数码管显示译码器进行功能仿真，仿真波形如图 8-6 所示。

图 8-6　七段数码管显示译码器的功能仿真波形

注意：如果采用共阳极数码管，逻辑值 0 用来表示点亮发光二极管，即字段亮；逻辑值 1 用来表示熄灭发光二极管，即字段灭。只需要将上面程序中 a～g 中的 1 变成 0、0 变成 1

就可以实现。

8.2　数据选择器

数据选择器的输入信号的个数一般是 $2,4,8,\cdots$。其中 4 选 1 数据选择器是数字系统中应用最为广泛的一种数据选择器。它的逻辑符号如图 8-7 所示。其中，D0、D1、D2、D3 是4 个输入；S1、S0 的作用是选择控制信号，也就是选择哪一个输入变量传送到输出端；Y 是数据输出，即 D0～D3 中的某一个。由此可以确定选择器的功能表，如表 8-5 所示。

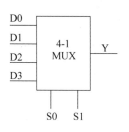

图 8-7　4 选 1 数据选择器的逻辑符号

表 8-5　**4 选 1 数据选择器的功能表**

输	入	输　出
S1	S0	Y
0	0	D0
0	1	D1
1	0	D2
1	1	D3

4 选 1 多路选择器的逻辑功能可以用不同的方式来描述，下面按照描述方式分别加以介绍。

1. 结构描述

结构描述主要是调用基本门实现程序设计。图 8-8 是用基本门实现的 4 选 1 数据选择器的原理图，该电路包含了 2 个非门、4 个与门和 1 个或门。例 8-5 是该 4 选 1 原理图的Verilog HDL 描述。

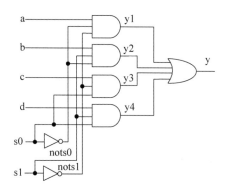

图 8-8　用基本门实现的 4 选 1 数据选择器原理图

【**例 8-5**】　用基本门实现的 4 选 1 数据选择器

```
module mux4_1a(a,b,c,d,s0,s1,y);
input a,b,c,d;
input s0,s1;
output y;
wire nots1,nots0,y1,y2,y3,y4;
not not1(nots1,s1),
    not2(nots0,s0);
```

```
and and1(y1,nots1,nots0,a),
    and2(y2,nots1,s0,b),
    and3(y3,s1,nots0,c),
    and4(y4,s1,s0,d);
or or1(y,y1,y2,y3,y4);
endmodule
```

2. 数据流描述

数据流描述主要使用持续赋值语句,即 assign 语句。

【例 8-6】 用 assign 语句描述的 4 选 1 数据选择器

```
module mux4_1b(a,b,c,d,s0,s1,y);
input a,b,c,d;
input s0,s1;
output y;
assign y = (~s1&~s0&a)|(~s1&s0&b)|(s1&~s0&c)|(s1&s0&d);
endmodule
```

数据流描述还可以采用条件表达式。

【例 8-7】 用条件表达式描述的 4 选 1 数据选择器

```
module mux4_1c(a,b,c,d,s0,s1,y);
input a,b,c,d;
input s0,s1;
output y;
assign y = s1?(s0?d:c):(s0?b:a);
endmodule
```

3. 行为描述

行为描述主要采用可综合的过程语句,即 always 过程语句。例 8-8 是用 if-else 语句描述的 4 选 1 数据选择器,例 8-9 是用 case 语句描述的 4 选 1 数据选择器。

【例 8-8】 用 if-else 语句描述的 4 选 1 数据选择器

```
module mux4_1d(a,b,c,d,s0,s1,y);
input a,b,c,d;
input s0,s1;
output y;
reg y;
always@(a or b or c or d or s0 or s1)
  begin
    if({s1,s0} == 2'b00)        y = a;
    else if({s1,s0} == 2'b01)   y = b;
    else if({s1,s0} == 2'b10)   y = c;
    else if({s1,s0} == 2'b11)   y = d;
    else                        y = 1'bx;
  end
endmodule
```

【例 8-9】 用 case 语句描述的 4 选 1 数据选择器

```
module mux4_1e(a,b,c,d,s0,s1,y);
```

```
input a,b,c,d;
input s0,s1;
output y;
reg y;
always@(a or b or c or d or s0 or s1)
 begin
  case({s1,s0})
   2'b00:   y = a;
   2'b01:   y = b;
   2'b10:   y = c;
   2'b11:   y = d;
   default: y = 1'bx;
  endcase
 end
endmodule
```

以上各种方式描述的 4 选 1 数据选择器的功能仿真波形均如图 8-9 所示,其仿真波形与功能表一致。

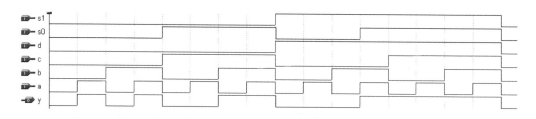

图 8-9　4 选 1 数据选择器的功能仿真波形

注意：数据选择器的控制端与输入端的关系为 $N \leqslant 2^n$，其中 N 为输入信号的个数，n 为控制信号的位数。例如 8 选 1 数据选择器，$N = 8$，n 可以取最小值 3。其他的情况依此类推。

8.3 加法器

加法运算是最基本的算术运算,在多数情况下,无论是简单的乘法、除法、减法还是复杂的 FFT(Fast Fourier Transformation,快速傅里叶变换)等运算,最终都可以分解为加法运算来实现。加法器有半加器和全加器之分,区别在于是否存在初始进位：半加器只有两个操作数,没有初始进位；而全加器除了有两个操作数之外,还包含初始进位,并且初始进位始终是一位的。对于多位的加法器,其实现的常用方法有级联加法器、并行加法器和超前进位加法器。这些加法器各有特点,下面将一一加以介绍。

8.3.1 半加器

半加器由两个二进制一位输入端 a 和 b、一位和输出端 sum 以及一位进位输出端 co 构成。其功能表如表 8-6 所示。

表 8-6　半加器功能表

二进制输入		和　输　出	进位输出
a	b	sum	co
0	0	0	0
0	1	1	0
1	0	1	0
1	1	0	1

输出 sum、co 与输入 a、b 的逻辑关系为

$$\text{sum} = a \oplus b = \bar{a}b + a\bar{b} = (a+b)(\bar{a}+\bar{b}) = (a+b)\,\overline{a\,b}$$
$$\text{co} = a\,b = \overline{\overline{a\,b}}$$

从半加器的逻辑关系可以看出，其包含一个异或门和一个与门，可以采用结构描述方式描述半加器，如例 8-10 所示。

【例 8-10】　采用结构描述方式描述半加器

```
module half_add(a,b,sum,cout);
input a,b;
output sum,cout;
and (cout,a,b);
xor (sum,a,b);
endmodule
```

对半加器进行功能仿真，仿真波形如图 8-10 所示。从波形图可以看出，其功能与功能表一致。

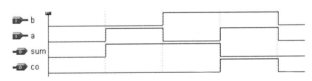

图 8-10　半加器的功能仿真波形

8.3.2　全加器

从全加器和半加器的区别看出，全加器比半加器多一个初始进位输入信号。所以可以列出全加器的功能表，从中可以得出输出 sum、co 与输入 a、b、ci 的逻辑关系为

$$\text{sum} = a \oplus b \oplus \text{ci}$$
$$\text{co} = ab + b\text{ci} + a\text{ci} = ab + (a \oplus b)\text{ci}$$

从全加器的逻辑关系可以看出，其包含两个异或门、两个与门和一个或门，可以采用结构描述方式描述全加器，还可以采用更为简单的行为描述方式描述全加器，如例 8-11 所示。

【例 8-11】　采用行为描述方式描述全加器

```
module full_add(a,b,ci,sum,co);
input a,b,ci;
output sum,co;
reg sum,co;
```

```
always@(a or b or ci)
 begin
  {co,sum} = a + b + ci;
 end
endmodule
```

该设计中采用位拼接运算符将进位输出信号 co 和输出和信号 sum 拼接起来变成两位的信号,这样就简化了设计,半加器也可以通过这种方式来设计。对全加器进行功能仿真,仿真波形如图 8-11 所示。从波形图可以看出,其功能与关系式得到的结果一致。

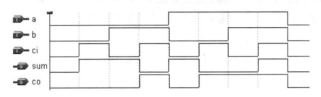

图 8-11   全加器的功能仿真波形

注意:该设计方法也称为并行加法器,它可以克服 8.3.3 节介绍的级联加法器的缺点,并具有运算速度快的特点。但是并行加法器耗用资源多,特别是当位宽比较大时,其耗用的资源将会较大。

8.3.3   级联加法器

多位加法器可以用 1 位加法器通过级联的方法实现,本级的进位输出作为下一级的进位输入。图 8-12 为 8 位级联加法器的结构示意图,它由 8 个 1 位全加器构成。

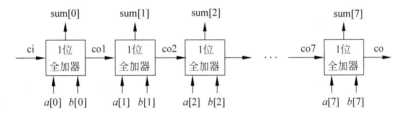

图 8-12   8 位级联加法器的结构

可以将前面所讲述的任一全加器作为子模块,通过调用 8 次子模块就可以构成 8 位级联加法器。

【**例 8-12**】   采用级联方式描述 8 位加法器

```
module add_jl(a,b,ci,sum,co);
input[7:0] a,b;
input ci;
output[7:0] sum;
output co;
full_add  U0(a[0],b[0],ci,sum[0],co1);
full_add  U1(a[1],b[1],co1,sum[1],co2);
full_add  U2(a[2],b[2],co2,sum[2],co3);
full_add  U3(a[3],b[3],co3,sum[3],co4);
full_add  U4(a[4],b[4],co4,sum[4],co5);
```

```
full_add  U5(a[5],b[5],co5,sum[5],co6);
full_add  U6(a[6],b[6],co6,sum[6],co7);
full_add  U7(a[7],b[7],co7,sum[7],co);
endmodule
```

8.3.4　超前进位加法器

级联加法器进位是逐级传递的,因此延时随着级数的增加而增加。为了加快加法器的运算过程,就必须减小进位延时,超前进位链能有效地减小进位的延时。

1 位全加器的输出 sum、co 与输入 a、b 的逻辑关系如下:

$$sum = a \oplus b \oplus ci$$
$$co = ab + ac + bc = ab + (a+b)ci$$

从上面的式子可以看出:如果 a 和 b 都为 1,则进位输出为 1;如果 a 和 b 有一个为 1,则进位输出等于 ci。令 $G=ab$,$P=a+b$,则有 $co=ab+(a+b)ci=G+Pci$

由此可以用 G 和 P 来写出 8 位超前进位链:

$$C_0 = ci$$
$$C_1 = G_0 + P_0 C_0 = G_0 + P_0 ci$$
$$C_2 = G_1 + P_1 C_1 = G_1 + P_1(G_0 + P_0 ci) = G_1 + P_1 G_0 + P_1 P_0 ci$$
$$C_3 = G_2 + P_2 C_2 = G_2 + P_2(G_1 + P_1 C_1) = G_2 + P_2 G_1 + P_2 P_1 G_0 + P_2 P_1 P_0 ci$$
$$\vdots$$
$$\begin{aligned} C_7 &= G_6 + P_6 C_6 = G_6 + P_6(G_5 + P_5 C_5) \\ &= G_6 + P_6 G_5 + P_6 P_5 G_4 + P_6 P_5 P_4 G_3 + P_6 P_5 P_4 P_3 G_2 + P_6 P_5 P_4 P_3 P_2 G_1 + \\ &\quad P_6 P_5 P_4 P_3 P_2 P_1 G_0 + P_6 P_5 P_4 P_3 P_2 P_1 P_0 ci \end{aligned}$$
$$\begin{aligned} co &= G_7 + P_7 C_7 = G_7 + P_7(G_6 + P_6 C_6) \\ &= G_7 + P_7 G_6 + P_7 P_6 G_5 + P_7 P_6 P_5 G_4 + P_7 P_6 P_5 P_4 G_3 + P_7 P_6 P_5 P_4 P_3 G_2 + \\ &\quad P_7 P_6 P_5 P_4 P_3 P_2 G_1 + P_7 P_6 P_5 P_4 P_3 P_2 P_1 G_0 + P_7 P_6 P_5 P_4 P_3 P_2 P_1 P_0 ci \end{aligned}$$

由进位链可以看出,各个进位彼此独立产生,不存在进位逐级传递的问题,因此减小了进位产生的延时。同理可推出 sum 的公式:

$$sum = a \oplus b \oplus ci = (ab) \oplus (a+b) \oplus ci = G \oplus P \oplus ci$$

【例 8-13】 采用行为描述方式描述全加器

```
module ahead_add(sum,co,a,b,ci);
input[7:0] a,b;
input ci;
output[7:0] sum;
output co;
reg[7:0] sum;
reg co;
reg[7:0] G,P,C;
always@(a or b or ci)
 begin
  G[0]<= a[0] & b[0];
  P[0]<= a[0] | b[0];
```

```
        C[0]<= ci;
        sum[0]<= G[0]^ P[0] ^ C[0];
        G[1]<= a[1] & b[1];
        P[1]<= a[1] | b[1];
        C[1]<= G[0] |(P[0] & C[0]);
        sum[1]<= G[1] ^ P[1] ^ C[1];
        G[2]<= a[2] & b[2];
        P[2]<= a[2] | b[2];
        C[2]<= G[1] |(P[1] & C[1]);
        sum[2]<= G[2] ^ P[2] ^ C[2];
        G[3]<= a[3]& b[3];
        P[3]<= a[3] | b[3];
        C[3]<= G[2] |(P[2] & C[2]);
        sum[3]<= G[3] ^ P[3] ^ C[3];
        G[4]<= a[4] & b[4];
        P[4]<= a[4] | b[4];
        C[4]<= G[3] |(P[3] & C[3]);
        sum[4]<= G[4] ^ P[4] ^ C[4];
        G[5]<= a[5] & b[5];
        P[5]<= a[5] | b[5];
        C[5]<= G[4] |(P[4] & C[4]);
        sum[5]<= G[5] ^ P[5] ^ C[5];
        G[6]<= a[6] & b[6];
        P[6]<= a[6] | b[6];
        C[6]<= G[5] |(P[5] & C[5]);
        sum[6]<= G[6] ^ P[6] ^ C[6];
        G[7]<= a[7] & b[7];
        P[7]<= a[7] | b[7];
        C[7]<= G[6] |(P[6] & C[6]);
        sum[7]<= G[7] ^ P[7] ^ C[7];
        co <= G[7] | (P[7] & C[7]);
    end
endmodule
```

8.4 乘法器

除了加法器外,乘法器也是使用非常广泛的功能单元,特别是在信号处理的应用上,如通信上的各种滤波器。

8.4.1 移位相加乘法器

移位相加乘法器的功能可以表示成一连串的移位加法,一般的微处理器就是这样执行乘法运算的,这样的乘法器比较耗费芯片面积。在电路设计中,在乘数已知的情况下,可以采用这种设计方法,但在一些特别需要高速执行,或者两个乘数均是未知的情况下,就必须采用特殊架构的乘法器,这个时候考虑的是执行的速度,而不是简单的芯片面积问题了。移位相加乘法器的工作原理如图 8-13 所示。

首先检查乘数的最低位,如果最低位是 1,就复制一份被乘数到累加器,接着向高位前

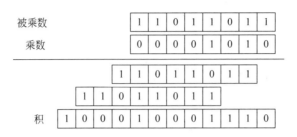

图 8-13　移位相加乘法器的工作原理

进一个位。如果这个高位是 1,就再复制一份被乘数,并向左移动,在将移位后的数传至累加器累加;如果这个高位是 0 就不做任何操作,只是向高位再进一位。

【例 8-14】　移位相加乘法器

```verilog
module mult(out,a,b);
input[8:1] a,b;
output[16:1] out;
reg[16:1] out;
integer i;
always@(a or b)
 begin
  out = 0;
  for(i = 1;i < = 8;i = i + 1)
   begin
    if(b[i]) out = out + (a <<(i - 1));
   end
 end
endmodule
```

移位相加乘法器的功能仿真波形如图 8-14 所示,可以看出,输出 out 的波形是输入 a 和 b 的相乘关系,验证了程序的正确性。如果进行更多位的乘法运算,只需将被乘数和乘数的位宽相应放大即可。

图 8-14　移位相加乘法器的功能仿真波形

8.4.2　并行乘法器

并行乘法器是纯组合逻辑的乘法器,完全可以由基本逻辑门实现。例如 1 位与 1 位相乘,只需要 1 个与门即可实现。对于多位的也可以通过其功能表得到相应的表达式,并化简为乘积项之和的形式,利用与门、或门来实现。Verilog HDL 有乘法运算符 ∗,因此,并行乘法器主要是通过运用乘法运算符来实现的。

【例 8-15】　4 位并行乘法器

```verilog
module mult(out,a,b);
   input[3:0] a,b;
```

```
  output[7:0] out;
  assign out = a * b;
endmodule
```

8.5 其他组合逻辑电路

除了基本的常用单元——编/译码器、加法器、乘法器以外,还有一些其他的组合逻辑单元,如基本门电路、三态门电路等,它们同样也是数字电路的基础。

8.5.1 基本门电路

在数字电路设计过程中,设计者会遇到多于两输入端口的情况。实际上,设计者只要掌握二输入门电路的 Verilog HDL 设计程序,就可以举一反三,写出多输入基本门电路的 Verilog HDL 设计程序。

二输入与非门电路十分简单,其逻辑表达式为

$$F = \overline{A \cdot B}$$

二输入与非门的逻辑符号如图 8-15 所示,与之对应的真值表如表 8-7 所示。

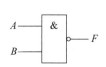

图 8-15 二输入与非门逻辑符号

表 8-7 二输入与非门真值表

输	入	输 出
a	b	F
0	0	1
0	1	1
1	0	1
1	1	0

采用 Verilog HDL 描述二输入与非门有多种方法,下面采用其中两种方法对其功能进行描述。

【例 8-16】 采用数据流描述方式描述二输入与非门

```
module nand_2(a, b, F);
input a, b;
output F;
assign F = ~(a&b);
endmodule
```

本例中的描述方法是数据流描述方式,它是根据二输入与非门逻辑表达式来实现的。这种描述方式与用传统的逻辑方程设计相类似。只要有了电路的输出逻辑表达式,就会轻而易举地把电路描述出来。

【例 8-17】 采用行为描述方式描述二输入与非门

```
module nand_2(a, b, F);
input a, b;
output F;
reg F;
```

```
always@(a or b)
 begin
   if((a==1)&(b==1)) F=0;
   else              F=1;
 end
endmodule
```

本例中的描述方法是根据二输入与非门真值表来实现的,只有两输入端 a、b 都是 1 时,输出才是 0；输入 a、b 只要有一个是 0,输出就是 1。这采用的是行为描述方式,只需要描述设计者所希望的电路功能或者电路行为即可,而不需要考虑该功能由哪些基本门构成以及它们之间的连接关系。

对上面的程序进行编译和仿真,二输入与非门的功能仿真波形如图 8-16 所示,输出实现了二输入与非门的功能。

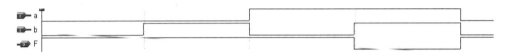

图 8-16　二输入与非门功能仿真波形

8.5.2　三态门电路

三态门在数字电路中是一种重要的器件,它大多数挂接在总线上,以实现不同数字部件之间的数据传输。

三态门是在普通门电路的基础上附加控制电路,从而使得门电路的输出端除了可以出现高电平、低电平外,还可以出现第三种状态,即高阻状态,或称禁止态。三态门的逻辑符号如图 8-17 所示。din 为数据输入端,dout 为数据输出端,en 为控制输入端。

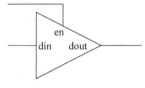

图 8-17　三态门的逻辑符号

表 8-8 是三态门的真值表。可以看出,当 en=1 时,dout≤din；当 en=0 时,dout≤z(高阻态)。

表 8-8　三态门的真值表

数 据 输 入	控制输入端	数 据 输 出
din	en	dout
x	0	z
0	1	0
1	1	1

【例 8-18】　采用行为描述方式描述三态门

```
module tri_gate(din,en,dout);
input din,en;
output dout;
reg dout;
always@(din or en)
```

```
 begin
  if(en) dout = din;
  else    dout = 1'bz;
 end
endmodule
```

【例 8-19】 采用数据流描述方式描述三态门

```
module tri_gate(din,en,dout);
input din,en;
output dout;
assign dout = en?din:1'bz;
endmodule
```

注意：对于多位的三态门电路，只需要将输入和输出位宽相应地改为需要的位宽即可。还需要注意的是，对于 z 状态不能是十进制的数字。

思考与练习

1. 用不同的 Verilog HDL 描述方式实现 8 选 1 数据选择器。
2. 用 Verilog HDL 语句设计一个二-十进制译码器电路。
3. 设计用两片 74LS138 构成 4-16 译码器的 Verilog HDL 程序。
4. 设计一个 BCD 转格雷码的 Verilog HDL 程序。
5. 利用移位相加法设计一个 16 位乘法器的 Verilog HDL 程序。

## 第 9 章

时序逻辑电路设计

在数字系统中,除了能够进行逻辑运算和算术运算的组合逻辑电路外,还需要具有记忆功能的时序逻辑电路。时序逻辑电路是数字系统中的重要组成部分,其中计数器、触发器、锁存器、寄存器、分频器等是常用的时序逻辑电路。本章主要结合时序逻辑电路基础知识和第 5 章介绍的 Verilog HDL 程序编写基础来描述上述常用的时序逻辑电路。同时通过 Quartus Ⅱ 开发工具对这些时序逻辑电路进行仿真验证。通过本章的介绍,读者可以更加深入地了解 Verilog HDL 各种语句在具体设计中的应用,从而掌握时序逻辑电路的工作原理和设计方法。

9.1 触发器

触发器是构成时序逻辑电路的基本单元。触发器是能够存储 1 位二进制码的逻辑电路,它有两个互补输出端,其输出状态不仅与输入有关,而且与原来的输出状态有关。触发器具有不同的逻辑功能,在电路结构和触发方式方面也有不同的种类。本节主要介绍 RS 触发器、JK 触发器、D 触发器和 T 触发器的 Verilog HDL 的描述方式。

9.1.1 RS 触发器

1. 基本 RS 触发器

基本 RS 触发器可以由两个与非门的输入、输出端交叉连接构成,其逻辑电路图和逻辑符号如图 9-1 所示,它有两个输入端 R(复位端)、S(置数端)和两个输出端 Q、QN。与之对应的功能表如表 9-1 所示,由功能表可知,当进行复位操作,使 $Q=0$ 时,应将 $R=0$,即 R 低电平有效;当进行置数操作,使 $Q=1$ 时,应将 $S=0$,即 S 低电平有效。

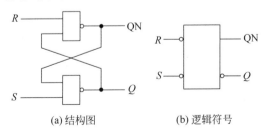

(a) 结构图　　　　　(b) 逻辑符号

图 9-1　两个与非门组成的基本 RS 触发器

表 9-1　两个与非门组成的基本 RS 触发器的功能表

R	S	Q
1	0	1
0	1	0
1	1	不变
0	0	不定

【例 9-1】　采用结构描述方式的基本 RS 触发器

```
module RSff1(R,S,Q,QN);
 input R,S;
 output Q,QN;
 nand U1(Q,S,QN),
      U2(QN,R,Q);
endmodule
```

本例是调用两个与非门电路来实现基本 RS 触发器的设计,也就是结构描述方式。还可以采用行为描述方式,例如例 9-2 采用 if 语句的嵌套形式来实现设计,例 9-3 采用 case 语句来实现设计。

【例 9-2】　采用行为描述方式的基本 RS 触发器(if 语句嵌套)

```
module RSff2(R,S,Q,QN);
 input R,S;
 output Q,QN;
 reg Q,QN;
 always@(R or S)                            //R、S 的各种组合
  if({R,S} == 2'b01)      begin Q <= 0;QN <= 1;          end
  else if({R,S} == 2'b10)  begin Q <= 1;QN <= 01;          end
  else if({R,S} == 2'b11)  begin Q <= Q;QN <= QN;          end
  else                    begin Q <= 1'bX;QN <= 1'bX;     end
endmodule
```

【例 9-3】　采用行为描述方式的基本 RS 触发器(case 语句)

```
module RSff3(R,S,Q,QN);
 input R,S;
 output Q,QN;
 reg Q,QN;
 always@(R or S)
   case({R,S})                              //基本 RS 触发器的真值表
     2'b00:    begin Q <= 1'bX;QN <= 1'bX;   end
     2'b01:    begin Q <= 0;QN <= 1;         end
     2'b10:    begin Q <= 1;QN <= 0;         end
     2'b11:    begin Q <= Q;QN <= QN;        end
     default:  begin Q <= 1'bX;QN <= 1'bX;   end
   endcase
endmodule
```

基本 RS 触发器的功能仿真波形如图 9-2 所示。可以看出,仿真结果与功能表一致。

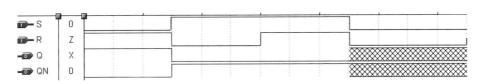

图 9-2　基本 RS 触发器的功能仿真波形

基本 RS 触发器除了可以用两个与非门实现外,还可以用两个或非门来实现,具体的结构见本章思考与练习第 1 题。

注意:对于用两个与非门构成的基本 RS 触发器,不允许工作在 $R=S=0$ 的状态,所以在设计过程中要避免出现这种情况。同理,对于用两个或非门实现的基本 RS 触发器,不允许工作在 $R=S=1$ 的状态,所以设计过程中也要避免出现这种情况。

2. 主从 RS 触发器

在触发器中,存在空翻现象,为了防止空翻,下面介绍主从 RS 触发器电路结构。以主从 RS 触发器 74LS71 为例,其功能表如表 9-2 所示,可以看出它具有置数、清零和保持(记忆)功能。例 9-4 是采用 case 语句来实现的主从 RS 触发器。

表 9-2　主从 RS 触发器 74LS71 功能表

输　　入					输　　出	
预置 S_D	清零 R_D	时钟 CP	1S	1R	Q	QN
L	H	X	X	X	H	L
H	L	X	X	X	L	H
H	H	↓	L	L	Q^n	QN^n
H	H	↓	H	L	H	L
H	H	↓	L	H	L	H
H	H	↓	H	H	不	定

说明:X 表示任意状态。

【例 9-4】　主从 RS 触发器

```verilog
module RSff3(SD,RD,CP,R,S,Q,QN);
 input SD,RD,CP,R,S;
 output Q,QN;
 reg Q,QN;
 always@(negedge CP or negedge SD or negedge RD)    //时钟 CP 下降沿有效
   if(SD == 0)    begin Q <= 1;QN <= 0;    end    //异步置数
   else if(RD == 0)begin Q <= 0;QN <= 1;    end    //异步清零
   else begin
     case({R,S})                                   //基本 RS 触发器的真值表
       2'b00:   begin Q <= Q;QN <= QN;    end
       2'b01:   begin Q <= 0;QN <= 1;    end
       2'b10:   begin Q <= 1;QN <= 0;    end
       2'b11:   begin Q <= 1'bX;QN <= 1'bX; end
       default:begin Q <= 1'bX;QN <= 1'bX; end
     endcase
   end
endmodule
```

9.1.2 JK 触发器

在触发器中,还有一种防止空翻的主从电路结构,典型的产品是主从 JK 触发器。主从 JK 触发器是在 RS 触发器的基础上稍加改动而产生的,它解决了主从 RS 触发器在 $R=S=1$ 的状态时输出是不定值状态的问题。例 9-5 是主从 JK 触发器的 Verilog HDL 程序。

【例 9-5】 主从 JK 触发器

```
module JKff2(R,S,CP,Q,QN);
 input J,K,CP;
 output Q,QN;
 reg Q,QN;
 always@(negedge CP)                                    //R、S 的各种组合
  if({J,K} == 2'b00)        begin Q <= Q;QN <= QN;        end
  else if({J,K} == 2'b01)   begin Q <= 0;QN <= 1;         end
  else if({J,K} == 2'b10)   begin Q <= 1;QN <= 0;         end
  else if({J,K} == 2'b11)   begin Q <= ~Q;QN <= ~QN;      end
  else                      begin Q <= 1'bX;QN <= 1'bX;   end
endmodule
```

也可以采用 case 语句来实现主从 JK 触发器,如下所示:

```
always@(J or K)
  case({J,K})                                            //JK 触发器的真值表
    2'b00:   begin Q <= Q;QN <= QN;        end
    2'b01:   begin Q <= 0;QN <= 1;         end
    2'b10:   begin Q <= 1;QN <= 0;         end
    2'b11:   begin Q <= ~Q;QN <= ~QN;      end
    default:begin Q <= 1'bX;QN <= 1'bX;    end
  endcase
```

9.1.3 D 触发器

在多种触发器中,D 触发器是最简单也是最常用的一种触发器,它是构成各种时序逻辑电路的基础。下面介绍几种常见的 D 触发器 Verilog HDL 描述。

1. 基本 D 触发器

通常,一个最简单的 D 触发器的逻辑符号如图 9-3 所示。它具有一个数据输入端口 d、一个时钟输入端口 clk 和一个输出端口 q。其工作原理为当时钟信号 clk 上升沿来到时,输入端口 d 的数据将会传递给输出端口 q;否则输出端口将保持原来的值。例 9-6 为基本 D 触发器的 Verilog HDL 的程序描述。

图 9-3 基本 D 触发器逻辑符号

【例 9-6】 基本 D 触发器

```
module dff(clk,d,q);
 input clk,d;
 output q;
 reg q;
```

```
always@(posedge clk)
  begin
    q <= d;
  end
endmodule
```

2. 带有置数、复位功能的 D 触发器

带有同步复位和置数功能 D 触发器的逻辑符号如图 9-4 所示,它在基本 D 触发器基础上加了一个复位端口 reset、一个置数端口 load。同步是指在时钟信号 clk 上升沿到来并且置数/复位控制端口的信号有效的时候,D 触发器才可以进行置数或者复位操作。

【例 9-7】 带有同步复位和置数功能的 D 触发器

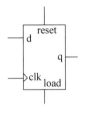

图 9-4 带有同步复位和置数功能 D 触发器的逻辑符号

```
module dff_rst_ld(clk,reset,load,d,q);
  input clk,d,reset,load;
  output q;
  reg q;
  always@(posedge clk)
    begin
      if(reset == 1)                              //同步复位功能
        q <= 0;
      else if(load == 1)                          //同步置数功能
        q <= 1;
      else
        q <= d;
    end
endmodule
```

带有同步复位和置数功能的 D 触发器的功能仿真波形如图 9-5 所示。从波形可以看出,只有上升沿到来并且复位和置数使能端有效时才能执行复位和置数功能。

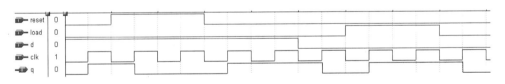

图 9-5 带有同步复位和置数功能的 D 触发器的功能仿真波形

带有异步复位和置数功能的 D 触发器的原理和同步方式有所不同,所谓异步是指只要置数/复位控制端口的信号有效,D 触发器就会立刻执行置数或者复位的操作,也就是与时钟信号无关。

【例 9-8】 带有异步复位和置数功能的 D 触发器

```
module dff_rst_ld1(clk,reset,load,d,q);
  input clk,d,reset,load;
  output q;
  reg q;
  always@(posedge clk or posedge reset or posedge load)
```

```
begin
  if(reset == 1)                              //异步复位功能
   q <= 0;
  else if(load == 1)                          //异步置数功能
   q <= 1;
  else
   q <= d;
end
endmodule
```

带有异步复位和置数功能的 D 触发器的功能仿真波形如图 9-6 所示。从波形图中可以看出，在复位和置数使能端无效的情况下，每来一个时钟上升沿，就把 d 的数据赋给 q；只要复位和置数端有效，无论时钟处于何种状态，都进行相应的复位和置数操作。

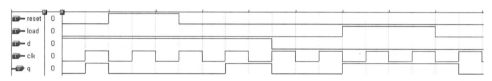

图 9-6 带有异步复位和置数功能的 D 触发器的功能仿真波形

3. 多位 D 触发器

【例 9-9】 带有异步复位和置数功能的 8 位 D 触发器

```
module dff_rst_ld2(clk,reset,load,d,data,q);
 input clk,reset,load;
 input[7:0] d,data;
 output[7:0] q;
 reg[7:0] q;
 always@(posedge clk or posedge reset or posedge load)
  begin
    if(reset == 1)                            //异步复位功能
     q <= 8'b0;
    else if(load == 1)                        //异步置数功能
     q <= data;
    else
     q <= d;
  end
endmodule
```

带有异步复位和置数功能的 8 位 D 触发器与例 9-8 功能类似，在例 9-8 中 d 是一位的，而本例中 d 是 8 位的，并且还多了一个 data 端口。它的作用是当置数端有效时，将 data 的数据传输给 q，而不传输 d 的数据。其仿真波形如图 9-7 所示。

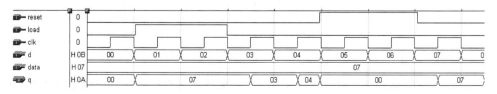

图 9-7 带有异步复位和置数功能的 8 位 D 触发器的功能仿真波形

9.1.4 T触发器

在数字电路中,如果将 JK 触发器的两个输入端口连接在一起作为触发器的输入,这样就可以构成 T 触发器。T 触发器的逻辑符号如图 9-8 所示。它有一个数据输入端口 t、一个时钟输入端口 clk 和一个输出端口 q。它的工作原理是:当 $t=0$ 时,T 触发器保持前一状态的值;当 $t=1$ 时,T 触发器在时钟信号上升沿的作用下对前一个状态进行翻转。

图 9-8 T 触发器的逻辑符号

【例 9-10】 T 触发器的实现

```verilog
module tff(clk,t,q);
 input clk,t;
 output q;
 reg q;
 always@(posedge clk)
  begin
   if(t==0)
    q<=q;
   else
    q<=~q;
  end
endmodule
```

T 触发器的功能仿真波形如图 9-9 所示。可以看出,仿真结果与工作原理一致。

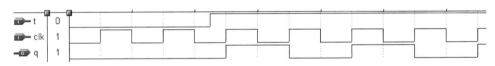

图 9-9 T 触发器的功能仿真波形

9.2 锁存器和寄存器

9.2.1 锁存器

锁存器的功能同触发器相似,但是也有本质区别,触发器是在有效时钟沿到来时才发生作用,而锁存器的电平是敏感的,只要时钟信号有效,锁存器就会起作用。例 9-11 描述了电平敏感的 1 位数据锁存器。

【例 9-11】 电平敏感的 1 位数据锁存器

```verilog
module latch1(clk,d,q);
 input clk,d;
 output q;
 assign q=clk?d:q;
endmodule
```

在例 9-12 中,采用的是 assign 持续赋值语句来描述带有置数和复位功能的电平敏感的 1 位数据锁存器。

【例 9-12】 带有置数和复位功能的电平敏感的 1 位数据锁存器

```
module latch2(clk,load,reset,d,q);
 input clk,load,reset,d;
 output q;
 assign q = reset?0:(load?1:(clk?d:q));
endmodule
```

带有置数和复位功能的电平敏感的 1 位数据锁存器的功能仿真波形如图 9-10 所示。从波形图可以看出,仿真结果与其工作原理相符合。

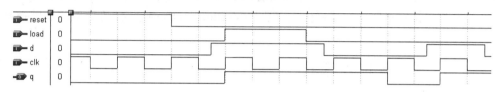

图 9-10 带有置数和复位功能的电平敏感的 1 位数据锁存器的功能仿真波形

9.2.2 寄存器

在数字电话中,寄存器就是一种在某一特定信号(通常是时钟信号)的控制下存储一组二进制数据的时序逻辑电路。寄存器一般由多个触发器连接起来,采用一个公共信号进行控制,同时各个触发器的数据端口仍然各自独立地接收数据。通常,寄存器可以分为两大类:普通寄存器和移位寄存器。本节将介绍寄存器的 Verilog HDL 描述。例 9-13 描述的是带有清零功能的 8 位数据寄存器。

【例 9-13】 带有清零功能的 8 位数据寄存器

```
module reg_8(out,in,clk,clr);
output[7:0] out;
input[7:0] in;
input clk,clr;
reg[7:0] out;
always @(posedge clk or posedge clr)
begin
if(clr)   out <= 0;
else      out <= in;
end
endmodule
```

带有清零功能的 8 位数据寄存器的功能仿真波形如图 9-11 所示。当 clr 有效时,不论时钟 clk 处于何种状态,输出都为 0;当 clr 无效时,时钟 clk 上升沿到来后,将 in 的数据寄存到 out 中。

图 9-11 带有清零功能的 8 位数据寄存器的功能仿真波形

9.3 移位寄存器

在数字系统中,常常要将寄存器中的数码按时钟的节拍向左或者向右移位,能实现这种移位功能的寄存器就是移位寄存器。移位寄存器是指除了具有存储二进制数据的功能之外,同时还具有移位功能的触发器组。它是数字装置中大量应用的一种逻辑部件,例如在计算机中,进行二进制数的乘法和除法都可以由移位操作结合加法操作来完成。按照移位寄存器的移位方向分类,可以分为左移移位寄存器、右移移位寄存器和双向移位寄存器等。本节将介绍左移移位寄存器和右移移位寄存器的 Verilog HDL 描述,目的是使读者掌握移位寄存器的设计方法。

9.3.1 左移移位寄存器

【例 9-14】 8 位左移移位寄存器

```verilog
module shiftleft_reg (clk,rst,l_in,s,q);
 input clk,rst,l_in,s;
 output[7:0] q;
 reg[7:0] q;
 always @(posedge clk)
  begin
    if(rst)
      q <= 8'b0;
    else if(s)
      q <= {q[6:0],l_in};
    else
      q <= q;
    end
endmodule
```

在本例中,8 位左移移位寄存器是通过将 l_in 放在 q[6:0] 的右边并置成一个 8 位向量,并将其锁存在 q[7:0] 来实现的。图 9-12 是 8 位左移移位寄存器的功能仿真波形,可以看出:随着输入 l_in 的变化,每当时钟上升沿到来,并且控制端 s=1 时,输出将输入的数据放在输出的最低位上,实现了左移的功能;当控制端 s=0 时,寄存器保持。

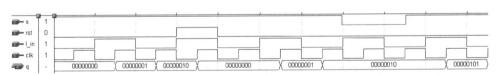

图 9-12 8 位左移移位寄存器的功能仿真波形

9.3.2 右移移位寄存器

【例 9-15】 8 位左移移位寄存器的 Verilog HDL 程序

```verilog
module shiftright_reg (clk,rst,r_in,s,q);
 input clk,rst,r_in,s;
```

```
output[7:0] q;
reg[7:0] q;
always @(posedge clk)
  begin
   if(rst)
      q<= 8'b0;
   else if(s)
      q<= {r_in,q[7:1]};
   else
      q<= q;
   end
endmodule
```

在本例中,8 位右移移位寄存器是通过将 l_in 放在 q[7:1]的左边并置成一个 8 位向量, 并将其锁存在 q[7:0]来实现的。图 9-13 是 8 位右移移位寄存器的功能仿真波形,可以看 出:随着输入 l_in 的变化,每当时钟上升沿到来,并且控制端 s=1 时,输出将输入的数据放 在输出的最高位上,实现了左移的功能;当控制端 s=0 时,寄存器保持。

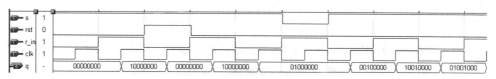

图 9-13　8 位右移移位寄存器的功能仿真波形

注意：当对某一模块的输出进行左移或右移移位时,可以移 1 位或多位。当移多位时, 可以用移位运算符和移位次数信号来实现,这时要在端口列表中增加一个输入端作为移位 次数信号。

9.4　分频器

分频器是一种应用十分广泛的基本时序逻辑电路,分频器通常是通过计数器来实现的。 常用的分频器主要分为两类：偶数分频器和奇数分频器。

9.4.1　偶数分频器

偶数器分频是指分频的次数为偶数,也就是分频系数 $K=2N$（$N=1,2,3,\cdots$）。要得到 占空比为 1:1 的方波波形比较容易,例如进行 $2N$ 次分频,只需在计数到 $N-1$（从 0 开始 计)时波形翻转即可。

例 9-16 是 1024Hz 转 1Hz 的 Verilog HDL 程序。该分频器也就是对 $M=1024$Hz 的基 准时钟进行 1024（$2N=2\times512$）次分频,当计数器计数到 $N-1=M/2-1$ 时,波形翻转即可 得到 1024Hz 转 1Hz 的功能。

【例 9-16】　1024Hz 转 1Hz 的 Verilog HDL 程序

```
module fpM_1(clkin,clkout);
 input clkin;                          //1024Hz
 output clkout;
```

```
    parameter L = 511;                              //L = N − 1 = M/2 − 1
    reg clkout;
    integer cnt;
    always@(posedge clkin)
     begin
      if(cnt == L)
        begin
         cnt <= 0;
         clkout <= ~clkout;                         //波形翻转
        end
      else
       cnt <= cnt + 1;
     end
endmodule
```

图 9-14 是 1024Hz 转 1Hz 的功能仿真波形 clkin 输入的是基准时钟 1024Hz,1s 中有 1024 个周期,相应分频得到 clkout 为 1 个周期,即 1Hz。图 9-15 是该波形的局部放大,可以看出,当计数器 cnt 计数到 511 后变成 0,并且输出 clkout 翻转。还可以看出,该分频器占空比是 1∶1。

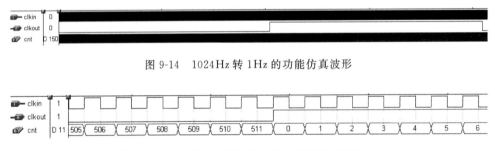

图 9-14　1024Hz 转 1Hz 的功能仿真波形

图 9-15　1024Hz 转 1Hz 的功能仿真波形局部放大

9.4.2　奇数分频器

奇数分频器是指分频的次数为奇数,也就是分频系数 $K = 2N + 1 (N = 1,2,3,\cdots)$。可以采用两个计数器,一个由输入时钟上升沿触发,另一个由输入时钟下降沿触发,两个分频器的输出信号正好有半个时钟周期的相位差,最后将两个计数器的输出相或,即得到占空比为 1∶1 的方波波形。例 9-17 是占空比为 1∶1 的 15 分频。

【**例 9-17**】　占空比为 1∶1 的 15 分频

```
module fp15(rst,clk,cout);
 input clk,rst;
 output cout;
 reg[3:0] m,n;
 reg cout1,cout2;
 assign cout = cout1|cout2;
 always@(posedge clk)
  begin
   if(rst) begin cout1 <= 0; m <= 0; end
   else
```

```
        begin
          if(m == 14)  m <= 0;
          else m <= m + 1;
          if(m == 4) cout1 <= ~cout1;
          else if(m == 11) cout1 = ~cout1;
        end
      end
    always@(negedge clk)
      begin
        if(rst) begin cout2 <= 0; n <= 0; end
        else
          begin
            if(n == 14) n <= 0;
            else n <= n + 1;
            if(n == 4) cout2 <= ~cout2;
            else if(n == 11) cout2 = ~cout2;
          end
      end
endmodule
```

图 9-16 为占空比为 1 : 1 的 15 分频的功能仿真波形。可以看出，两个分频器输出 cout1 和 cout2 进行或操作，得到的输出 cout 就是对时钟的 15 分频。

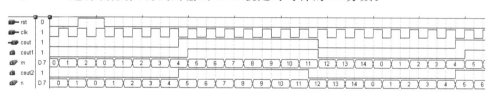

图 9-16　占空比为 1 : 1 的 15 分频的功能仿真波形

注意：对于其他奇数分频器。只需要在上面的例子中改变 m 和 n 的值就可以实现，读者可以自行编写程序。

9.5　计数器

在数字电路中，计数器是一个典型的时序电路，它的逻辑功能是记忆时钟脉冲的具体个数。它不仅可用于对时钟脉冲进行计数，而且还可用于时钟分频、信号定时、地址发生器和进行数字运算等。计数器电路的种类非常多。如果按照计数器中触发器是否同时翻转来分类，可以把计数器分成同步计数器和异步计数器两种。如果按照计数器中数字编码方式分类，可以分成二进制计数器、十进制计数器、循环码计数器等。本节将分别以同步计数器、异步计数器和加减计数器为例来讨论计数器的描述。

9.5.1　同步计数器

同步计数器是指在同一时钟信号的控制下，构成计数器的各个触发器的状态同时发生变化的计数器。这里以六十进制同步计数器为例。

【例 9-18】 六十进制同步计数器

```verilog
module count60_1(clk,rst,qh,ql,cout);
 input clk,rst;
 output[3:0] ql;
 output[2:0] qh;
 output cout;
 reg[3:0] ql;
 reg[2:0] qh;
 always@(posedge clk or posedge rst)
  begin
   if(rst) ql<=0;
   else if(ql==9)
    ql<=0;
   else
    ql<=ql+1;
  end
 always@(posedge clk or posedge rst)
  begin
   if(rst) qh<=0;
   else if(ql==9)
     if(qh==5)
       qh<=0;
     else
       qh<=qh+1;
  end
 assign cout = (qh==5 && ql==9)?1:0;
endmodule
```

该计数器采用两个 always 过程语句,共用一个时钟信号 clk,分别实现高位 qh(十位)和低位 ql(个位)的计数功能,高位 qh 为 0~5,低位 ql 为 0~9,因此 qh 和 ql 分别定义成 3 位和 4 位向量形式,cout 在计数到 59 时产生高电平状态。该计数器的功能仿真波形如图 9-17 所示。

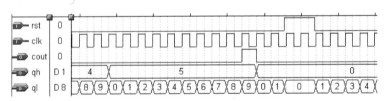

图 9-17 六十进制同步计数器的功能仿真波形

9.5.2 异步计数器

异步计数器是将低位计数器的输出作为高位计数器的时钟信号,这样一级一级串行连接起来便构成了一个异步计数器。这里以六十进制异步计数器为例给出 Verilog HDL 程序。

【例 9-19】 六十进制异步计数器

```verilog
module count60_2(clk,rst,qh,ql,cout);
 input clk,rst;
```

```
output[3:0] ql;
output[2:0] qh;
output cout;
reg[3:0] ql;
reg[2:0] qh;
reg cout1;
always@(posedge clk or posedge rst)
  begin
    if(rst) ql <= 0;
    else if(ql == 9)
      begin
        ql <= 0;
        cout1 <= 1;
      end
    else
      begin
        ql <= ql + 1;
        cout1 <= 0;
      end
  end
always@(posedge cout1 or posedge rst)
  begin
    if(rst) qh <= 0;
    else if(qh == 5)
      qh <= 0;
    else
      qh <= qh + 1;
  end
assign cout = (qh == 5 && ql == 9)?1:0;
endmodule
```

该计数器也采用 always 语句,第一个是低位(个位)计数器,它的进位输出 cout1 作为高位(十位)的时钟信号。其仿真波形与图 9-17 相同。

注意:异步计数器实际上采用的是级联方式,运行速度比同步计数器慢。

9.5.3 加减计数器

加减计数器可以实现加 1 或减 1 操作。例 9-20 是加减计数器的 Verilog HDL 程序。

【例 9-20】 加减计数器

```
module jj_count_4(d,clk,clr,ld,up_down,qout);
  input[3:0] d;
  input clk,clr,ld;
  input up_down;
  output[3:0] qout;
  reg[3:0] cnt;
  assign qout = cnt;
  always @(posedge clk)
    begin
      if (!clr)        cnt <= 8'h00;
```

```
    else if (ld)      cnt <= d;
    else if (up_down) cnt <= cnt + 1;
    else              cnt <= cnt − 1;
  end
endmodule
```

图 9-18 是加减计数器的功能仿真波形。当 up_down 为 1 时,实现的是加 1 计数器功能;当 up_down 为 0 时,实现的是减 1 计数器功能。

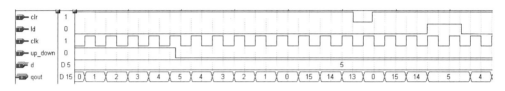

图 9-18　加减计数器的功能仿真波形

9.6　其他时序逻辑电路

9.6.1　同步器

当一个时序电路的输入由另一个时钟驱动的电路产生或来自一个外部异步电路时,需要用同步器将输入数据与需要的时钟同步。例 9-21 给出了同步器的 Verilog HDL 程序。

【例 9-21】　同步器的 Verilog HDL 程序

```
module Synchronizer(clk,data,syn);
  input clk;
  input data;
  output syn;
  reg syn;
  always @(posedge clk)
    if (data == 0)
      syn <= 0;
    else
      syn <= 1;
endmodule
```

在这个模块内部,always 过程块实现了同步过程。这个过程从电路检测到时钟 clk 上升沿开始,当 data=0 时,输出 syn 的值将在下一个周期内维持不变;如果时钟上升沿到来时,data=1,则输出 syn 的值将变成 1,并且至少保持一个时钟周期,直到 data=0 时,输出 syn 再等于 0。图 9-19 是同步器的功能仿真波形。

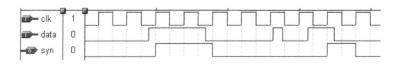

图 9-19　同步器的功能仿真波形

9.6.2 边沿检测电路

边沿检测电路就是检测信号跳变沿的电路,可分为上升沿检测电路、下降沿检测电路和双沿检测电路3种。此类电路在慢速时钟信号进入较高速时钟的情况下应用较多(如基于UART的通信)。

图9-20分别给出了3种边沿检测电路的原理。

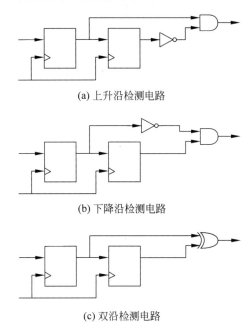

(a) 上升沿检测电路

(b) 下降沿检测电路

(c) 双沿检测电路

图9-20 边沿检测电路原理图

【例9-22】 边沿检测电路的 Verilog HDL 程序

```
module edge_detect(clk,rst,data,raising_edge_detect,
                   faling_edge_detect,double_edge_detect);
  input clk,rst;
  input data;
  output raising_edge_detect,faling_edge_detect,double_edge_detect;
  reg data1,data2;
  always @(posedge clk or posedge rst)
    if (rst == 1)
      begin
       data1 <= 0;
       data2 <= 0;
      end
    else
      begin
       data1 <= data;
       data2 <= data1;
      end
  assign raising_edge_detect = data1&~data2;
  assign faling_edge_detect = ~data1&data2;
```

```
    assign double_edge_detect = data1 ^ data2;
endmodule
```

图 9-21 是边沿检测电路的功能仿真波形。可以看出,仿真结果与工作原理相符合。

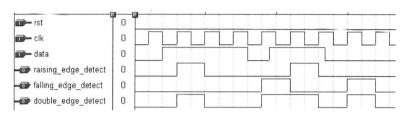

图 9-21   边沿检测电路的功能仿真波形

思考与练习

1. 图 9-22 是用两个或非门构成的基本 RS 触发器的逻辑图和逻辑符号,用 Verilog HDL 结构描述方式实现该设计。

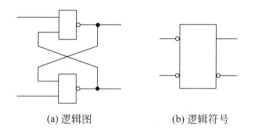

(a) 逻辑图   (b) 逻辑符号

图 9-22   用两个或非门构成的基本 RS 触发器

2. 用 Verilog HDL 分别设计带有异步复位、同步置数的 D 触发器和带有同步复位、异步置数的 D 触发器。

3. 设计一个含有预置数、左移、右移和保持功能的 8 位寄存器。

4. 设计占空比为 1∶1 的 2 分频器电路和 25 分频器电路。

5. 分别设计三十五进制同步计数器和六十七进制异步计数器。

第 10 章
CHAPTER 10

有限状态机的设计

有限状态机(Finite State Machine,FSM)及其设计技术是数字系统设计的重要组成部分,是时序电路设计中经常采用的一种设计方式,尤其适用于实现高效率、高可靠数字系统的控制模块,在一些需要控制高速器件的场合,用状态机进行设计是解决问题的一种很好的实现方案。

10.1 有限状态机概述

在数字电路中可以用状态图描述电路的状态转换过程,同样,在 Verilog HDL 中也可以通过有限状态机的方式来表示状态的转移过程。在 Verilog HDL 设计方式中,特别是在RTL级设计中,可以将设计分为数据部分(数据通道)和控制部分(控制单元)。数据部分通常都是功能单元,设计容易;而控制部分通常可以用有限状态机来实现。实践证明,在执行速度方面,状态机要优越于 CPU,因此有限状态机在数字系统设计中更为重要。

10.1.1 状态机的分类

状态机就是事物存在状态的一种综合描述。例如,全自动洗衣机的工作过程有洗涤、漂洗和脱水 3 种状态。在不同情况下,3 种状态可以互相转移。转移的条件可以是经过多长时间,例如经过 60min 从洗涤状态转换到漂洗状态;也可以是特殊情况,例如中途可以添加衣物,然后继续开始工作。所谓的状态机就是对这 3 种状态的综合描述,说明任意状态之间的转移条件。如果要考虑洗衣机的电机转速、水的温度以及洗涤的条件等因素,其状态机就要复杂得多了。

状态机由状态寄存器和组合逻辑电路构成,寄存器用于存储状态,组合逻辑电路用于状态译码和产生输出信号。可以将状态机归纳为 4 个要素,即现态、条件、动作和次态。

(1)现态:指当前所处的状态。

(2)条件:又称为事件。当一个条件被满足时,将会触发一个动作,或执行一次状态的迁移。

(3)动作:在条件满足后执行。动作执行完毕后,可以转移到新的状态,也可以仍旧保持原状态。动作不是必需的,当条件满足后,也可以不执行任何动作,直接转移到新的状态。

(4)次态:也就是下一个状态,是条件满足后要转移的新状态。次态是相对于现态而言的,次态一旦被激活,就转变成新的现态了。

状态机可以分为有限状态机和无限状态机,本书只对有限状态机进行阐述。

根据输出信号产生机理的不同,状态机可以分为摩尔(Moor)型和米里(Mealy)型。

摩尔型状态机的输出只是当前状态的函数,米里型状态机的输出则是当前状态和当前输入的函数。摩尔型和米里型状态机的结构图分别如图 10-1 和图 10-2 所示。

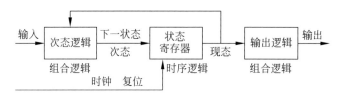

图 10-1　摩尔型状态机的结构图

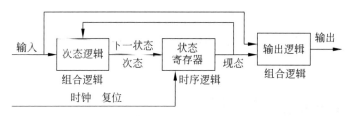

图 10-2　米里型状态机的结构图

米里型状态机的输出是在输入变化后立即变化的,不依赖时钟信号的同步;而摩尔型状态机在输入发生变化时,还必须等待时钟的到来,必须等状态发生变化时才导致输出的变化。因此,摩尔型比米里型状态机多等待一个时钟周期。

根据状态机的转移是否受时钟控制,又可分为同步状态机和异步状态机,在实际应用中,通常都将状态机设计成同步方式。同步状态机是在时钟信号的触发下完成各个状态之间的转移,并产生相应的输出。

10.1.2　有限状态机的状态转换图

状态转换图(State Transition Graph,STG)是一种有向图,图中带有标记的节点或顶点与时序状态机的状态一一对应。当系统处于弧线起点的状态时,用有向边或弧线表示在输入信号的作用下可能发生的状态转换。

米里型状态机的 STG 的顶点用状态进行标记,状态转换图的有向边有下面两种标记方法:

(1) 用能够导致状态向指定的下一状态转换的输入信号来标记。

(2) 在当前状态下,用由输入信号确定的输出信号来标记。

摩尔型状态机的 STG 与米里型状态机相类似,但它的输出用各状态的顶点来表示,而不是在弧线上表示。

米里型状态机和摩尔型状态机的 STG 如图 10-3 和图 10-4 所示。

10.1.3　有限状态机的设计流程

应用 Verilog HDL 设计有限状态机的流程如图 10-5 所示。

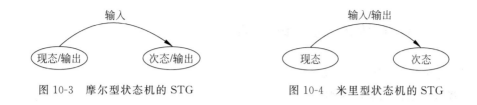

图 10-3 摩尔型状态机的 STG　　　　图 10-4 米里型状态机的 STG

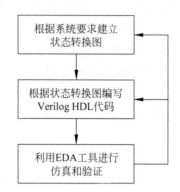

图 10-5 Verilog HDL 设计有限状态机的流程图

（1）选择状态机的类型。

根据具体的状态机设计要求，选择利用摩尔型状态机或米里型状态机进行设计。摩尔型状态机和米里型状态机的区别如下：

① 摩尔型状态机的输出值与当前状态有关，与当前输入无关。这是摩尔型状态机的特征。摩尔型状态机的输出在时钟信号的有效沿（上升沿或下降沿）后的有限个门延时之后达到稳定，并在一个周期内保持这个稳定值，当前输入对输出的影响要到下一个时钟周期才能体现出来。

② 米里型状态机的输出值不仅与当前状态有关，还与当前输入有关。输入值的变化能发生在时钟周期的任何时刻，并且映时反映在输出上，因此米里型状态机输出对输入的响应要比摩尔型状态机早一个时钟周期。

③ 在实现相同功能的情况下，米里型状态机所需要的状态数要比摩尔型状态机少。

（2）画出状态转换图。

同样一个状态机设计问题，可能有很多不同的状态转换图构造结果，这是设计者的设计经验不同的结果。在状态不是很多的情况下，状态转换图可以直观地给出设计中各个状态的转移关系以及转移条件。好的状态图可以清楚地将状态机的工作原理和方式表示出来，让人一目了然。在状态比较多的情况下，状态图显得比较零乱，这时利用状态转换表可以清楚地列出状态转换条件，克服状态图的不足。

（3）根据状态表或状态图，构建状态机的 Verilog HDL 模型。在这个过程中要注意对进程中敏感信号的选择，以及选择合适的 Verilog HDL 描述语句，一般用 case、if-else 等语句对状态机的转移进行描述。

（4）利用 EDA 工具进行仿真、验证。利用 Verilog HDL 完成状态机的设计，即使语法上没有错误，也不保证其能够按照设计要求正确工作，这时就需要仿真工具来完成验证工作。

10.2 有限状态机的设计要点

有限状态机的设计中,有以下几点需要注意。

1. 有限状态机的编码规则

在 Verilog HDL 设计过程中,有限状态机描述程序中必须包括以下几个方面:

(1) 时钟信号:用于为有限状态机状态转换提供时钟信号。

(2) 状态复位:用于有限状态机任意状态复位转移。

(3) 状态变量:用于定义有限状态机描述的状态。

(4) 状态转换指定:用于有限状态机状态转换逻辑关系。

(5) 输出指定:用于有限状态机两状态转换结果。

2. 起始状态的选择

起始状态是指电路复位后所处的状态,选择一个合理的起始状态将使整个数字系统简洁高效。对于有多余状态(无效状态)的控制模块,可以使模块自动回到起始状态,但是也不是一定要回到起始状态,有时会回到其他的有效状态。有的 EDA 工具会自动为基于状态机的设计选择一个最佳的起始状态。

3. 状态编码

状态变量的编码主要有顺序编码、格雷编码和一位热码编码等编码方式。

(1) 顺序编码。又称为二进制编码(Binary Encoding),就是用二进制数来表示所有状态,这种编码方式比较简单,并且使用的触发器数量较少,剩余的非法状态也最少,容错技术最简单。例如状态机需要 6 个状态,采用顺序编码,每个状态所对应的码字为 000、001、010、011、100、101。这个状态机只需要 3 个触发器,剩余的非法状态只有两个。这种编码方式的缺点就是在从一个状态转换到相邻状态时,有可能有多个位同时发生变化,容易产生毛刺,引起逻辑错误。

(2) 格雷编码(Gray Code Encoding)。这种编码方式能够很好地解决顺序编码产生毛刺的问题。对于 6 个状态,如果采用格雷编码方式,码字为 000、001、011、010、110、111,需要 3 个触发器就可以实现。在状态转换过程中,每次只有一位发生变化,这样就减少了瞬变的次数,也减少了产生毛刺的可能,并且格雷编码可以节省逻辑单元。

(3) 一位热码编码(One-Hot Encoding)。这种编码方式就是用 n 个触发器来实现具有 n 个状态的状态机。状态机中的每一个状态都由一个触发器的状态表示。6 个状态可用码字 000001、000010、000100、001000、010000、100000 来表示,需要 6 个触发器。

表 10-1 是用上述 3 种编码方式对 8 个状态进行编码的对比。

虽然一位热码编码方式需要的触发器数量多,但可以有效地节省和简化组合逻辑电路,提高状态转换速度。对于门逻辑缺乏而寄存器多的 FPGA 器件来说,采用一位热码编码是很好的解决方案。许多 EDA 综合工具都有将符号化状态机自动优化设置为一位热码编码方式的功能。

表 10-1 3 种编码方式的对比

状 态	顺 序 编 码	格 雷 编 码	一位热码编码
s0	000	000	00000001
s1	001	001	00000010
s2	010	011	00000100
s3	011	010	00001000
s4	100	110	00010000
s5	101	111	00100000
s6	110	101	01000000
s7	111	100	10000000

注意：基于 FPGA 设计的数字系统建议采用一位热码编码方式。采用一位热码编码会产生一些多余的状态(无效状态)，因此，如果用 case 语句来描述状态机，需要增加 default 分支语句，以便在无效状态下能自动回到起始状态或有效状态。

在 Verilog HDL 中，有两种定义状态编码的方式，分别用参数(parameter)和编译向导语句(`define)语句实现。例如要定义 6 个状态，码字为 000、001、011、010、110、111，可以采用如下的方式：

(1) 参数定义方式：

```
parameter s0 = 3'b000, s1 = 3'b001, s2 = 3'b011,
          s3 = 3'b010, s4 = 3'b110, s5 = 3'b111;          //定义
case(state)
  s0:…;                                                    //调用
  s1:…;
   ⋮
```

(2) 编译向导语句定义方式：

```
`define s0 3'b000                                          //定义,结尾不加分号
`define s0 3'b001
`define s0 3'b011
`define s0 3'b010
`define s0 3'b110
`define s0 3'b111
case(state)
  `s0:…;                                                   //调用,必须加"`"
  `s1:…;
   ⋮
```

注意：两种定义方式功能是相同的，但是用法略有不同，需要注意它们之间的差别。一般建议采用参数的定义方式。

4. 状态转换的描述

状态转换的方式可以采用条件语句——case 语句和 if-else 语句实现。如果采用 if-else 语句时不能列举出所有的可能状态，则最后需要一个单独的 else 语句作为结尾。同样，case 语句在最后也必须加上 default 分支语句，以避免锁存器的产生。用 case 语句表述要比用 if-else 语句更清楚一些，在实际应用中经常使用 case 语句来实现。

10.3　有限状态机设计实例

本节介绍摩尔型状态机和米里型状态机一些简单的设计实例以及有限状态机的描述方式,通过这些实例的学习,可以较好地掌握有限状态机的设计方法。

10.3.1　摩尔型状态机

1. 五进制计数器

五进制计数器就是从 0 开始计数到 4,一共有 5 个数,因此根据摩尔型状态机的特点,可以用 s0、s1、s2、s3、s4 这 5 个状态来代表这 5 个数。用摩尔型状态机实现的五进制计数器的 STG 如图 10-6 所示。

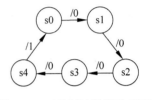

图 10-6　五进制计数器的 STG

【例 10-1】　五进制计数器的 Verilog HDL 程序

```
module count5_moor(clk,reset,out,cout);
  input clk,reset;                            //reset 为复位信号
  output cout;                                //进位输出
  output[2:0] out;
  reg[2:0] out;
  reg cout;
  reg[2:0] current;                           //当前状态
  parameter s0 = 3'b000, s1 = 3'b001, s2 = 3'b010,
            s3 = 3'b011, s4 = 3'b100;         //状态编码
  always@(posedge clk or negedge reset)
    begin
      if(!reset)                              //复位,低电平复位,必须与敏感信号列表中的 reset 电平一致
        begin
          out <= 0;
          current <= s0;
          cout <= 0;
        end
      else
        case(current)                         //状态转换
          s0:begin
                out <= 1;
                current <= s1;
                cout <= 0;
              end
          s1:begin
                out <= 2;
                current <= s2;
                cout <= 0;
              end
          s2:begin
                out <= 3;
                current <= s3;
                cout <= 0;
```

```
            end
        s3:begin
            out <= 4;
            current <= s4;
            cout <= 10;
            end
        s4:begin
            out <= 0;
            current <= s0;
            cout <= 0;
            end
        default:current = s0;
      endcase
    end
endmodule
```

例 10-1 是一个带有异步复位的五进制计数器,所谓异步复位是相对时钟而言的,在 always 语句中,敏感信号列表中含有时钟和复位信号,只要有一个敏感信号有效,就会执行 always 内的块语句,在块语句中首先考虑的是复位信号,在任何时刻,只要复位信号有效就可以进行复位功能。其仿真波形如图 10-7 所示。

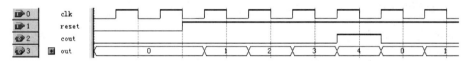

图 10-7 五进制计数器的仿真波形

可以看出,只要 reset 有效,计数器就一直处在复位状态,也就是输出 out＝0,cout＝0,并且处于起始状态 s0。当 reset 无效时,只要有时钟上升沿到来,计数器就会按照状态图的方式进行状态转换。

2. 110 序列检测器

110 序列检测器要求检测连续输入的 3 个数据是否为 110,当连续输入的数据是 110 序列时输出为 1,其他输入情况输出为 0。摩尔型状态机设计的 110 序列检测器的 STG 如图 10-8 所示。

根据 STG 可以设计出 110 序列检测器的 Verilog HDL 程序,如例 10-2 所示。

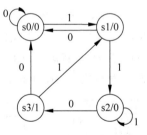

图 10-8 摩尔型状态机设计的
110 序列检测器的 STG

【例 10-2】 110 序列检测器(摩尔型)

```
module detector_110_moor(clk,reset,in,out,);
 input clk,reset;
 input in;                                    //串行输入的数据
 output out;                                  //标记是否检测到 110 序列,检测到
                                              //  为 1,否则为 0
 reg[1:0] current;                            //状态寄存器
 parameter s0 = 2'b00, s1 = 2'b01, s2 = 2'b10, s3 = 2'b11;  //定义状态,采用二进制的编码方式
 always@(posedge clk or posedge reset)
   begin
```

```
            if(reset)                               //异步复位,高电平有效
              current <= s0;
            else
              case(current)                         //状态转换
                s0:begin
                    if(in == 1'b1)    current <= s1;
                    else              current <= s0;
                  end
                s1:begin
                    if(in == 1'b1)    current <= s2;
                    else              current <= s0;
                  end
                s2:begin
                    if(in == 1'b1)    current <= s2;
                    else              current <= s3;
                  end
                s3:begin
                    it(in == 1'b1)    current <= s1;
                    else              current <= s0;,
                  end
                default:              current <= s0;
              endcase
          end
        always  @(current)
          begin
          if  (current == s3)
                out <= 1'b1;
            else  out <= 1'b0;
          end
      endmodule
```

例 10-2 是一个采用摩尔型有限状态机设计的带有高电平异步复位功能的 110 序列检测器。其中,状态编码采用 parameter 和二进制数的编码方式,always 语句实现一个上升沿触发且具有异步复位功能的时序块,其仿真波形如图 10-9 所示。如果 reset 有效,则将 current 置为 s0 状态,否则由 case 语句将下一个状态赋值给 current。状态机的下一个状态由 case 表达式(current 状态)和输入决定。

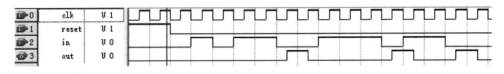

图 10-9　摩尔型状态机设计的 110 序列检测器的仿真波形

可以看出,该设计的仿真波形中的状态与 STG 一致,输出信号符合 110 序列检测器的功能。

10.3.2　米里型状态机

对于 10.3.1 节所设计的 110 序列检测器,如果采用米里型状态机实现,其 STG 如图 10-10 所示,其中,s0 代表输入的是 00,s1 代表输入的是 01,s2 代表输入的是 11。

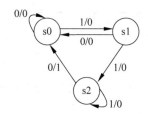

图 10-10 米里型状态机设计的 110 序列检测器的 STG

从 STG 图中可以看出,米里型 FSM 比 Moor 型的要少一个状态。根据 Mealy 型 STG 可以设计出 110 序列检测器的 Verilog HDL 程序,如例 10-3 所示。

【例 10-3】 110 序列检测器(米里型)

```
module   detector_110_dealy(clk,reset,in,out);
 input clk,reset;
 input in;                        //串行输入的数据
 output out;                      //标记是否检测到 110 序列,检测到为 1,否则为 0
 reg[1:0] current;                //状态寄存器
 parameter s0 = 2'b00, s1 = 2'b01, s2 = 2'b11; //定义状态,采用格雷码的编码方式
 always@(posedge clk or posedge reset)
  begin
    if(reset)                     //异步复位,高电平有效
      current <= s0;
    else
      case(current)               //状态转换
        s0:begin
              if(in == 1'b1)    current <= s1;
              else              begin current <= s0; out <= 0; end
           end
        s1:begin
              if(in == 1'b1)    current <= s2;
              else              begin current <= s0; out <= 0; end
           end
        s2:begin
              if(in == 1'b1)    current <= s2;
              else              begin current <= s0; out <= 1; end
           end
        default: current <= s0;
      endcase
    end
endmodule
```

例 10-2 是一个带有异步复位的 110 序列检测器,进位输出采用 assign 语句,如果当前状态为 s2,并且输入为 0,就会产生标志信号。其仿真波形如图 10-11 所示。

可以看出,只要 reset 有效,检测器就一直处在复位状态,即起始状态 s0,输出 out=0,说明没有检测到 110 序列。当 reset 无效时,只要有时钟上升沿到来,110 序列检测器就会按照状态图的方式进行状态转换,直到检测到 110 序列,才输出 1。

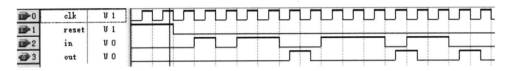

图 10-11   米里型状态机设计的 110 序列检测器的仿真波形

10.3.3   有限状态机的描述方式

描述有限状态机时关键是要描述清楚几个要素,即,如何进行状态转换,每个状态的输出是什么,状态转换的条件,等等。具体描述时方法各种各样,最常见的有单进程、双进程、三进程 3 种描述方式。

1. 单进程描述方式

整个状态机写到一个 always 进程语句里面,使用一个进程语句来描述有限状态机中的次态逻辑、状态寄存器和输出逻辑,单进程米里型状态机结构如图 10-12 所示。例 10-3 就是一个单进程描述的有限状态机。

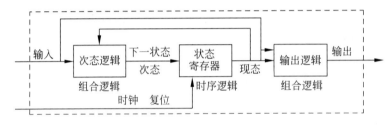

图 10-12   单进程米里型状态机结构

2. 双进程描述方式

用两个 always 进程语句来描述状态机。其中,一个 always 进程语句用来描述有限状态机中次态逻辑、状态寄存器和输出逻辑中的任何两个;另一个 always 进程语句则用来描述有限状态机剩余的功能。双进程米里型状态机结构如图 10-13(a) 和图 10-13(b) 所示。

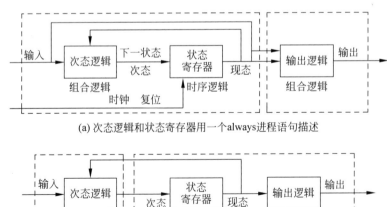

(a) 次态逻辑和状态寄存器用一个 always 进程语句描述

(b) 状态寄存器和输出逻辑用一个 always 进程语句描述

图 10-13   双进程米里型状态机结构

以 110 序列检测器为例,根据图 10-10 设计双进程 110 序列检测器的 Verilog HDL 程序,如例 10-4 所示。

【例 10-4】 110 序列检测器(双进程 1)

```
module detector_110_mealy(clk, reset, in, out);
  input clk, reset;
  input in;
  output out;
  reg out;
  reg[1:0] current;
  parameter s0 = 2'b00, s1 = 2'b01, s2 = 2'b11;
  always@(posedge clk or posedge reset)
    begin
      if(reset)
        current <= s0;
      else
        case(current)
          s0:begin
                if(in == 1'b1)    current <= s1;
                else              current <= s0;
              end
          s1:begin
                if(in == 1'b1)    current <= s2;
                else              current <= s0;
              end
          s2:begin
                if(in == 1'b1)    current <= s2;
                else              current <= s0;
              end
        endcase
    end
  always@(current or in )
    begin
      if ((current == s2)&(in == 1'b0))
          out <= 1'b1;
      else   out <= 1'b0;
    end
endmodule
```

例 10-4 是根据图 10-13(a)所示的双进程米里型状态机结构设计的,程序中用parameter 和二进制数的方式定义状态。第一个 always 语句实现的是一个寄存器,第二个 always 语句是一个纯粹的组合块。仿真波形如图 10-14 所示。

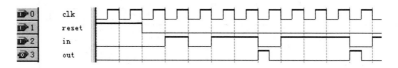

图 10-14 双进程的 110 序列检测器的仿真波形

【例 10-5】 110 序列检测器（双进程 2）

```
module detector_110_ mealy2(clk,reset,in,out,p_state);
 input clk,reset;
 input in;
 output out;
 reg out;
 reg[1:0] n_state, p_state;
 parameter s0 = 2'b00, s1 = 2'b01, s2 = 2'b11;
 always@(posedge clk)
   begin
     if(reset) p_state = s0;
     else     p_state = n_state;
   end
 always@(p_state or in)
   begin
     case(p_state)
       s0: if(in == 1'b1) n_state = s1;
            else begin n_state = s0;out = 1'b0;end
       s1: if(in == 1'b1) n_state = s2;
            else begin n_state = s0;out = 1'b0;end
       s2: if(in == 1'b1) n_state = s2;
            else begin n_state = s0;out = 1'b1;end
       default: n_state = s0;
     endcase
   end
endmodule
```

例 10-5 是根据图 10-13（b）所示的双进程米里型状态机结构设计的，程序中用 parameter 和二进制数的方式定义状态。第一个 always 进程语句用来描述有限状态机中的次态逻辑，第二个 always 语句用来描述状态寄存器和输出逻辑。其仿真波形如图 10-15 所示。可以看出，其结果与例 10-3 的 110 序列检测器的结果是一样的。

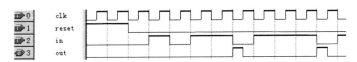

图 10-15　例 10-5 双进程的 110 序列检测器的仿真波形

3. 三进程描述方式

使用 3 个进程语句来描述有限状态机的功能，它们分别描述有限状态机中的次态逻辑、状态寄存器和输出逻辑（可以用组合电路输出，也可以用时序电路输出）。双进程米里型状态机结构如图 10-16 所示。

图 10-16　三进程米里型状态机结构

以 110 序列检测器为例,根据图 10-9 设计三进程 110 序列检测器的 Verilog HDL 程序,如例 10-6 所示。

【例 10-6】 110 序列检测器(三进程)

```
module detector_110_three_Mealy(clk, reset, in, out);
  input clk, reset;
  input in;
  output out;
  reg out;
  reg[1:0] n_state, p_state;
  parameter s0 = 2'b00, s1 = 2'b01, s2 = 2'b11;        //格雷编码方式
  always@(posedge clk )                                //寄存器
    begin
     if(reset) p_state = s0;
     else      p_state = n_state;
    end
  always@(p_state or in)                               //状态转换
    begin
     case(p_state)
       s0: if(in == 1'b1)  n_state = s1;
           else            n_state = s0;
       s1: if(in == 1'b1)  n_state = s2;
           else            n_state =  s0;
       s2: if(in == 1'b1)  n_state = s2;
           else            n_state = s0;
       default:            n_state = s0;
     endcase
    end
  always@(p_state or in)                               //输出
    begin
     case(p_state)
        s0: out = 1'b0;
        s1: out = 1'b0;
        s2: if(in == 1'b0)  out = 1'b1;
            else            out = 1'b0;
        default:            out = 1'b0;
     endcase
    end
endmodule
```

例 10-6 采用了 3 个 always 语句。第一个 always 语句实现的是寄存器,用于反馈状态;第二个 always 语句实现的是组合电路,用于存储状态;第三个 always 语句用于实现输出。从这个例子中可以更直观地看出米里型有限状态机的输出与输入和状态之间的关系。三进程的米里型 110 序列检测器的仿真结果与图 10-14 一致。

思考与练习

1. 简要叙述有限状态机的设计流程。
2. 简要叙述摩尔型有限状态机与米里型有限状态机的区别。
3. 利用状态机设计十三进制计数器。
4. 利用状态机设计十进制减法计数器。
5. 利用有限状态机设计能自启动的 3 位环形计数器。
6. 利用 3 种描述方式设计 1111 序列检测器。

## 第 11 章

数字系统设计实例

11.1 数字跑表的设计

数字跑表是体育比赛中常用的计时器。它通过按键来控制计时的起点和终点。数字跑表的主要技术指标是计时精度和计时范围。本设计要求：计时精度为 10ms，计时范围为 0～59min 59.99s。

图 11-1 是该数字跑表的结构示意图。数字跑表设置了 3 个输入信号，分别是时钟输入信号 clk、异步复位信号 reset、启动/暂停信号 pause。复位信号高电平有效，可对数字跑表异步复位；当启动/暂停信号 pause 为低电平时，数字跑表开始计时，为高电平时暂停，变低后在原来的数值基础上继续计时。控制信号功能如表 11-1 所示。

图 11-1 数字跑表结构示意图

表 11-1 控制信号功能

控 制 信 号	取 值	功 能
复位信号 reset	0	计时
	1	异步复位
启动/暂停信号 pause	0	计时
	1	暂停

为了在数码管上显示输出信号，百分秒、秒和分信号采用 BCD 码计数方式。根据设计要求，用 Verilog HDL 设计的数字跑表程序如例 11-1 所示。

【例 11-1】 数字跑表

```
module paobiao(clk,reset,pause,msh,msl,sh,sl,minh,minl);
  input clk,reset;                  //clk 为时钟信号,reset 为异步复位信号,高电平有效
  input pause;                      //启动/暂停信号
  output[3:0] msh,msl,sh,sl,minh,minl; //百分秒、秒、分的高位和低位
  reg[3:0] msh,msl,sh,sl,minh,minl;
  reg cout1,cout2;                  //cout1 为百分秒向秒的进位,cout2 为秒向分的进位
//百分秒计时进程,每计满 100,cout1 向秒产生一个进位
  always @(posedge clk or posedge reset)
```

```verilog
    begin
      if(reset)                          //异步复位
        begin
          {msh,msl}<= 8'h00;
          cout1 <= 0;
        end
      else if(!pause)                    //pause 高电平暂停计时,低电平正常计时
        begin
          if(msl == 9)
            begin
              msl <= 0;
              if(msh == 9)
                begin
                  msh <= 0;
                  cout1 <= 1;
                end
              else
                  msh <= msh + 1;
            end
          else
            begin
              msl <= msl + 1;
              cout1 <= 0;
            end
        end
    end
//秒计时进程,每计满 60,cout2 向分产生一个进位
always @ (posedge cout1 or posedge reset)
    begin
      if(reset)                          //异步复位
        begin
          {sh, sl}<= 8'h00;
          cout2 <= 0;
        end
      else if(sl == 9)
        begin
          sl <= 0;
          if(sh == 5)
            begin
              sh <= 0;
              cout2 <= 1;
            end
          else
              sh <= sh + 1;
        end
      else
        begin
          sl <= sl + 1;
          cout2 <= 0;
        end
    end
```

```
//分计时进程,每计满 60,自动从 0 开始计数
always @(posedge cout2 or posedge reset)
  begin
    if(reset)                         //异步复位
      begin
        {minh,minl}<= 8'h00;
      end
    else if(minl == 9)
      begin
       minl <= 0;
        if(minh == 5)
          minh <= 0;
        else
          minh <= minh + 1;
      end
    else
        minl <= minl + 1;
  end
endmodule
```

用 Quartus II 软件对数字跑表程序进行编译和仿真。图 11-2 是其计时范围的仿真波形,可以看出,其最大计时为 59min59.99s,然后重新从 0 开始计时。图 11-3 是其带有暂停功能的仿真波形,可以看出,在 25min58.91s 时,启动/暂停信号 pause 为高电平时,计时暂停,保持其时间不变;当转为低电平时,在原数值的基础上继续计时。从两个仿真波形可以看出,该设计与设计要求相符合。

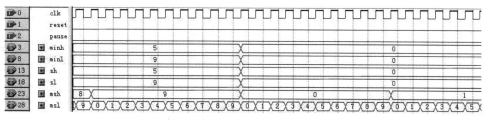

图 11-2 数字跑表的仿真波形

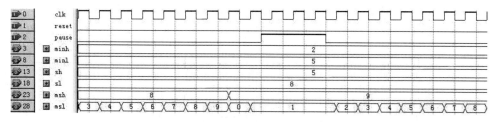

图 11-3 数字跑表暂停功能的仿真波形

注意:如果计时范围变大,只需要加入小时计时进程,相应增加小时输出的高位端和低位端;如果计时精度变高,只需要对该程序中百分秒的计数器进行修改即可。例如,本例计时精度为 10ms,如果变成 1ms,只需将百分秒的进程变成千分秒,即从 0 计到 999。

如果想在数码管上显示时间信息,可以在该模块的输出连接上选择模块和 BCD 码转 7 段码模块即可,本例没有设计这两个模块。

11.2 交通灯控制器的设计

设计一个十字路口交通灯控制器,其示意图如图 11-4 所示。设计要求如下:

(1) 在十字路口的两个方向上各设一组红、绿、黄、左拐交通灯。A 方向为主干道,车流量比较大;B 方向为支路,车流量比较小。每个方向的 4 种灯依次按顺序点亮,并不断循环:A 方向为绿灯、黄灯、左拐灯、黄灯、红灯、黄灯,B 方向为红灯、黄灯、绿灯、黄灯、左拐灯、黄灯。黄灯的作用是在红灯、绿灯和左拐灯转换之间进行缓冲,以提醒行人该方向马上要禁止通行。

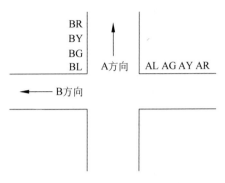

图 11-4 十字路口交通灯示意图

(2) 每个方向设置一组数码管,以倒计时的方式显示每种交通灯的剩余时间。本设计中,A 方向绿灯、黄灯、左拐灯和红灯的持续时间分别为 55s、5s、20s 和 40s,B 方向绿灯、黄灯、左拐灯和红灯的持续时间分别为 25s、5s、10s 和 80s。

(3) 当各条路上任意时刻出现特殊情况时,各方向上均是红灯,倒计时停止。当特殊情况结束后,控制器恢复正常,继续运行。

根据设计要求,两个方向交通灯亮灭顺序以及持续时间如图 11-5 所示。两个方向交通灯的状态转换如表 11-2 所示。

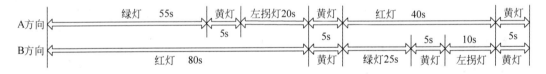

图 11-5 两个方向交通灯亮灭顺序以及持续时间

表 11-2 交通灯控制器状态转换

A 方向				B 方向			
绿灯	黄灯	左拐灯	红灯	绿灯	黄灯	左拐灯	红灯
1	0	0	0	0	0	0	1
0	1	0	0	0	0	0	1
0	0	1	0	0	0	0	1
0	1	0	0	0	1	0	0
0	0	0	1	1	0	0	0
0	0	0	1	0	1	0	0
0	0	0	1	0	0	1	0
0	1	0	0	0	1	0	0

用 Verilog HDL 设计的交通灯控制器程序如例 11-2 所示。

【例 11-2】 交通灯控制器

```verilog
module traffic_ctrl(clk,en,hold,lampa,lampb,acount,bcount);
 input clk,en;
 input hold;                                   //紧急事件控制端
 output[3:0] lampa,lampb;                      //控制灯的亮灭
 output[7:0] acount,bcount;                    //A 和 B 方向的时间显示
 reg[3:0] lampa,lampb;
 reg[7:0] agreen,ayellow,aleft,ared,bgreen,byellow,bleft,bred;
 reg[2:0] counta,countb;
 reg tempa,tempb;
 reg[7:0] numa,numb;
 always@(en)
   begin
    if(!en)                                    //设置各种灯的计数器的预置数
      begin
        ared<=8'h40; ayellow<=8'h5; agreen<=8'h55; aleft<=8'h20;
        bred<=8'h80; byellow<=8'h5; bgreen<=8'h25; bleft<=8'h10;
      end
   end
 always@(posedge clk or posedge hold)          //A 方向各种灯的状态转换
   begin
    if(hold) lampa<=1;                          //特殊情况,A 方向显示红灯
    else if(en)
      begin
        if(!tempa)
          begin
            tempa<=1;
            case(counta)
              0:begin numa<=agreen;    lampa<=8;counta<=1;end
              1:begin numa<=ayellow;   lampa<=4;counta<=2;end
              2:begin numa<=aleft;     lampa<=2;counta<=3;end
              3:begin numa<=ayellow;   lampa<=4;counta<=4;end
              4:begin numa<=ared;      lampa<=1;counta<=5;end
              5:begin numa<=ayellow;   lampa<=4;counta<=0;end
              default:                 lampa<=1;
            endcase
          end
        else
          begin                                //A 方向倒计时
            if(numa>1)
              if(numa[3:0]==0)
                begin
                  numa[3:0]<=4'b1001;
                  numa[7:4]<=numa[7:4]-1;
                end
              else
                numa[3:0]<=numa[3:0]-1;
            if(numa==2) tempa<=0;
          end
      end
    end
```

```verilog
          else
            begin
              lampa <= 1;counta <= 0;tempa <= 0;
            end
          end
        always@(posedge clk or posedge hold)          //B方向各种灯的状态转换
          begin
            if(hold) lampb <= 1;                      //特殊情况,B方向显示红灯
            else if(en)
              begin
                if(!tempb)
                  begin
                    tempb <= 1;
                    case(countb)
                      0:begin numb <= bred;     lampb <= 1;countb <= 1;end
                      1:begin numb <= byellow;  lampb <= 4;countb <= 2;end
                      2:begin numb <= bgreen;   lampb <= 8;countb <= 3;end
                      3:begin numb <= byellow;  lampb <= 4;countb <= 4;end
                      4:begin numb <= bleft;    lampb <= 2;countb <- 5;end
                      5:begin numb <= ayellow;  lampb <= 4;countb <= 0;end
                      default:                  lampb <= 1;
                    endcase
                  end
                else
                  begin                               //B方向倒计时
                    if(numb > 1)
                      if(numb[3:0] == 0)
                        begin
                          numb[3:0] <= 4'b1001;
                          numb[7:4] <= numb[7:4] - 1;
                        end
                      else
                        numb[3:0] <= numb[3:0] - 1;
                    if(numb == 2) tempb <= 0;
                  end
              end
            else
              begin
                lampb <= 1;countb <= 0;tempb <= 0;
              end
          end
        assign acount = numa;
        assign bcount = numb;
      endmodule
```

用 Quartus Ⅱ 软件对交通灯控制器程序进行编译和仿真。图 11-6 是交通灯控制器状态转换的仿真波形,可以看出,A 方向交通灯的亮灭顺序是绿灯、黄灯、左拐灯、黄灯、红灯、黄灯,B 方向交通灯的亮灭顺序是红灯、黄灯、绿灯、黄灯、左拐灯、黄灯,与设计要求相符。

图 11-7 是交通灯倒计时的仿真波形(局部放大)。图中 lampa=4 代表 A 方向黄灯状态,持续时间为 5s;lampa=2 代表 A 方向左拐灯状态,持续时间为 20s;同时,lampb=1 代

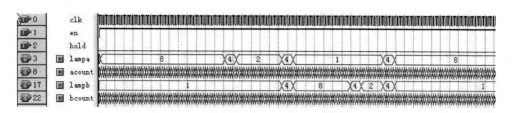

图 11-6 交通灯控制器状态转换的仿真波形

表 B 方向红灯状态,持续时间为 80s;其他交通灯状态及持续时间可以通过仿真得到。可以看出每种交通灯的倒计时持续时间与设计要求相符。

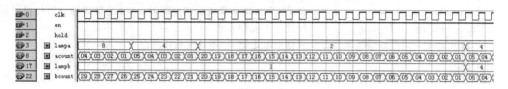

图 11-7 交通灯倒计时仿真波形(局部放大)

图 11-8 是特殊情况的仿真波形,在突发事件发生时,只需将 hold 变成 1 状态,就可以使 A 方向和 B 方向的交通灯变成红灯,即 lampa=1 和 lampb=1,并且时间停止,当特殊情况结束时,经过状态转换,交通灯又回到起始状态,继续工作。可以看出,在 A 方向红灯状态,B 方向左拐灯状态,并且倒计时时间均为 07 时发生特殊情况,当特殊情况结束后,交通灯都进入到黄灯状态,然后 A 方向转换到绿灯状态,B 方向转换到红灯状态,说明设计与设计要求相符。

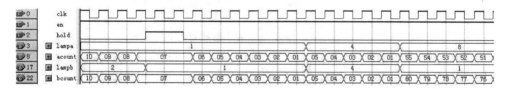

图 11-8 特殊情况的仿真波形

注意:本设计是一个十字路口的交通灯控制器,其中 A 方向为主干道,B 方向为支路,如果设计的十字路口车流量比较小,可以不设左拐灯,只需将左拐灯相应的状态去掉,将其他状态衔接上即可;如果道路比较复杂,路口不是十字形,岔路较多时,增加状态和设置信号灯的持续时间就可以实现。

11.3 自动售货机的设计

设计一个简易自动售货机,设计要求如下:
(1) 设定物品的价格为 2.5 元,可使用两种硬币,即 5 角和 1 元。
(2) 具有自动找零功能。
(3) 用数码管显示投入的币值。
(4) 具有提示取物功能。

根据设计要求,可得出自动售货机的结构示意图,如图 11-9 所示。自动售货机设有两个投币孔,分别接收 5 角和 1 元两种硬币,硬币由传感器识别并产生信号。有两个输出口,分别为取物口和找零口,还有两个显示灯,提示用户取走物品和零钱,也可以采用声音进行提示。还设有两个数码管,用于显示币值。

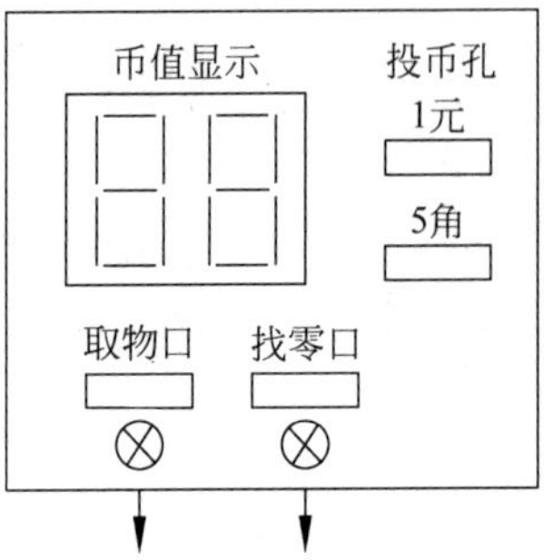

图 11-9　自动售货机的结构

【例 11-3】　自动售货机

```verilog
module vendor(clk, clk1, reset, one_rmb, half_rmb, call, half_
out, out, state, sel, display);
  input clk, clk1, reset;           //clk 为自动售货机的基准时钟,clk1 为数码管显示扫描时钟
  input one_rmb, half_rmb;          //代表 1 元和 5 角
  output call, half_out, out;       //提示取走物品、零钱和输出物品
  output[2:0] state;                //各种投币情况
  output[6:0] display;              //数码管的 7 段数据
  output sel;                       //选择数码管
  reg call, half_out, out;
  reg[2:0] state;
  reg sel;
  reg[6:0] display;
  reg[4:0] sum;                     //统计投币的总价钱
  reg[3:0] display0, display1;      //总价钱的高、低两个 BCD 数据
  reg[3:0] d;                       //将总价钱分为两个 BCD 码的寄存器
  parameter idle = 0,               //idle: 空闲状态
          half = 1,                 //half: 投入硬币总钱数为 5 角状态
          one = 2,                  //one: 投入硬币总钱数为 1 元状态
          one_half = 3,             //one_half: 投入硬币总钱数为 1.5 元状态
          two = 4;                  //two: 投入硬币总钱数为 2 元状态
  always @(posedge clk)
    begin
      if(reset)
        begin
         state = idle; out = 0;
          half_out = 0; call = 0;
        end
      case(state)
        idle:
          if(half_rmb)
            state = half;
          else if(one_rmb)
            state = one;
        half:
          if(half_rmb)
            state = one;
          else if(one_rmb)
            state = one_half;
        one:
          if(half_rmb)
            state = one_half;
```

```
           else if(one_rmb)
              state = two;
        one_half:
           if(half_rmb)
              state = two;
        else if(one_rmb)
              begin
                 out = 1;           //售出物品
                 call = 1;          //提示取物
                 state = idle;
              end
        two:
           if(half_rmb)
              begin
                 out = 1;
                 call = 1;
                 state = idle;
              end
           else if(one_rmb)
              begin
                 state = idle;
                 out = 1;           //售出物品
                 call = 1;          //提示取物
                 half_out = 1;      //找零
              end
        endcase
     end
always@(posedge clk)
     begin
        if(half_rmb)               //统计投币总钱数
           sum = sum + 5;
        else if(one_rmb)
           sum = sum + 10;
        else
           sum = sum;
        if(sum >= 30)              //将总钱数转换成两个 BCD 码
           begin
              display0 = 0;
              display1 = 3;
           end
        else if(sum >= 20)
           begin
              display0 = sum - 20;
              display1 = 2;
           end
        else if(sum >= 10)
           begin
              display0 <= sum - 10;
              display1 <= 1;
           end
        else
```

```
        begin
          display0 = sum;
          display1 = 0;
        end
    end
  always@(posedge clk1)
    begin
      if(sel < 1)                    //扫描数码管,即选择数码管
        sel = sel + 1;
      else
        sel = 0;
      case(sel)                      //将显示数据传给相应的数码管
        0:d = display1;
        1:d = display0;
        default:d = 4'bx;
      endcase
    end
  always@(d)                         //译码
    begin
      case(d)
        0:display = 7'b1111110;   //7E
        1:display = 7'b0110000;   //30
        2:display = 7'b1101101;   //6D
        3:display = 7'b1111001;   //79
        4:display = 7'b0110011;   //33
        5:display = 7'b1011011;   //5B
        6:display = 7'b1011111;   //5F
        7:display = 7'b1110000;   //70
        8:display = 7'b1111111;   //7F
        9:display = 7'b1111011;   //7B
        default:display = 7'bx;
      endcase
    end
endmodule
```

用 Quartus Ⅱ 软件对自动售货程序进行编译和仿真。图 11-10 是自动售货机的状态转换的仿真波形,其中分 4 种投币情况,分别为:5 角、5 角、1 元、5 角,5 角、1 元、1 元,1 元、1 元、1 元,5 角、5 角、1 元、1 元。前两种情况正好是物品的单价,可以输出物品(out=1),有取物品提示(call=1),没有找零输出(half_out=0);后两种情况投入的总钱数大于物品的单价,可以输出物品(out=1),有取物品提示(call=1),并且有找零输出(half_out=1)。4 种投币情况的状态转换过程符合实际应用要求。

本设计设置两个数码管,第一个代表十位,第二个代表个位。如果要显示一元,将在两个数码管上分别显示 1 和 0;如果显示 5 角,将在两个数码管上分别显示 0 和 5。图 11-11 是自动售货机显示总钱数的仿真波形。在投币是 5 角、5 角、1 元、5 角的情况时,在投入第一个 5 角时,数码管上显示 05,对应图 11-11 中 7E 和 5B;在投入第二个 5 角时,显示为 10,对应图 11-11 中的 30 和 7E;以此类推,最后在数码管上能够显示投币总钱数为 25,对应图 11-11 中的 6D 和 5B,代表投入机器的总钱数为 2.5 元(本设计没有设置小数点位)。投币为其他情况时与此类似。

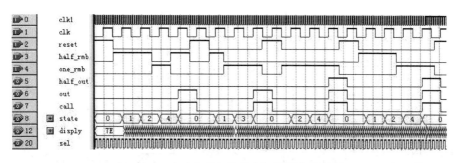

图 11-10 自动售货机的状态转换的仿真波形

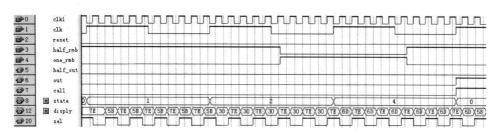

图 11-11 自动售货机显示总钱数的仿真波形

注意：本设计只考虑了一种物品的销售，如果有多个物品，要在设计中设置每种物品的单价以及用户选择物品的种类。

11.4 ADC0809 采样控制模块的设计

1. ADC0809 转换器

ADC0809 是由美国国家半导体公司（NSC）生产的 8 位逐次逼近型 A/D 转换器，芯片内采用 CMOS 工艺。该器件具有与微处理器兼容的控制逻辑，可以直接与 8051、8085 等微处理器接口。它的转换时间 $\leqslant 100\mu s$，转换误差为 $\pm 1LSB$，8 个单端模拟输入通道，输入模拟电压范围为 $0\sim 5V$，单一 5V 电源供电，输出采用并行三态输出锁存器，电平与 TTL 电平兼容。图 11-12 是 ADC0809 的内部结构，其引脚排列如图 11-13 所示。

ADC0809 各引脚的功能如下：

（1）IN0～IN7：8 路模拟信号输入通道。

（2）START：启动信号输入端，此输入信号的上升沿使内部寄存器清零，下降沿使 A/D 转换器开始转换。

（3）EOC：A/D 转换结束信号，它在 A/D 转换开始时由高电平变为低电平，转换结束后由低电平变为高电平。此信号的上升沿表示 A/D 转换完毕，常用作中断申请信号。

（4）OE：输出允许信号，高电平有效，用来打开三态输出锁存器，将数据送到数据总线。

（5）D0～D7：8 位二进制数字量输出。其中，D7 为最高位，D0 为最低位。

（6）ADDA、ADDB、ADDC：3 位通道地址输入端，为 3 位二进制码。输入 000～111，分别选中 IN0～IN7。3 位地址经过锁存和译码后，决定选择哪一路模拟电压进行 A/D 转换，其对应关系如表 11-3 所示。

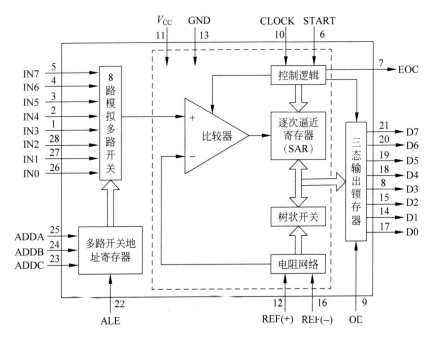

图 11-12　ADC0809 的内部结构

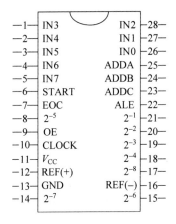

图 11-13　ADC0809 的引脚排列

表 11-3　模拟输入信号的选择

地　　址			被选通的模拟信号
ADDC	ADDB	ADDA	
0	0	0	IN0
0	0	1	IN1
0	1	0	IN2
0	1	1	IN3
1	0	0	IN4
1	0	1	IN5
1	1	0	IN6
1	1	1	IN7

（7）ALE：地址锁存允许输入端（高电平有效），当 ALE 为高电平时，允许 ADDA、ADDB、ADDC 所示的通道被选中（该信号的上升沿使多路开关的地址码 ADDA、ADDB、ADDC 锁存到地址寄存器中）。

（8）CLOCK：外部时钟信号输入端，改变外接 RC 元件，可改变时钟频率，从而决定 A/D 转换的速度。A/D 转换器的转换时间 T_C 等于 64 个时钟周期，CLOCK 的频率范围为 $10 \sim 1280\text{kHz}$。当时钟频率为 640kHz 时，T_C 为 $100\mu s$。

（9）REF（+）和 REF（−）：基准电压输入端，它们决定了输入模拟电压的最大值和最小值。

（10）GND：地线。

2. ADC0809 控制模块设计

本设计是采用 FPGA 对 ADC0809 的采样进行控制，FPGA 与 ADC0809 接口电路原理图如图 11-14 所示。

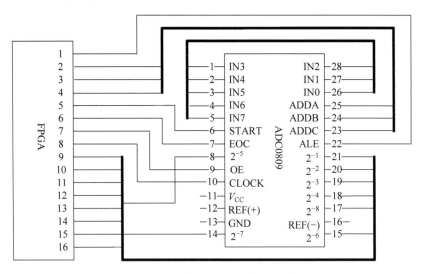

图 11-14 FPGA 与 ADC0809 接口电路原理图

A/D 的工作过程：首先输入 3 位地址信号，等待地址信号稳定后，在 ALE 脉冲的上升沿将其锁存，从而选通要进行 A/D 转换的那一路模拟信号；然后发出 A/D 转换的启动信号 START，在 START 的上升沿，将逐次比较寄存器清零，转换结束标志 EOC 变成低电平，在 START 的下降沿开始转换；转换过程在时钟脉冲 CLOCK 的控制下进行；转换结束后，转换结束标志 EOC 跳到高电平；最后在 OE 端输入高电平，输出转换结果。至此 ADC0809 的一次转换结束。

注意：如果正在进行转换的过程中，接到新的转换启动信号 START，则因为逐次逼近寄存器被清零，正在进行的转换过程被终止，并重新开始新的转换。若将 START 和 EOC 短接，则可实现连续转换，但第一次转换须用外部脉冲启动。

图 11-15 是 ADC0809 的工作时序图，FPGA 可以根据时序用状态机来描述采样控制过程，其状态转换关系如图 11-16 所示。

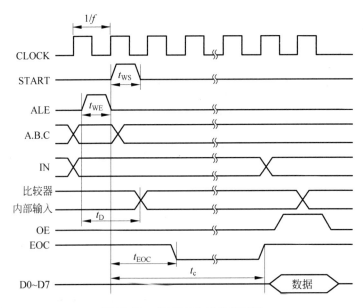

图 11-15　ADC0809 工作时序图

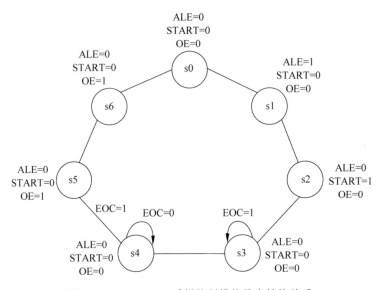

图 11-16　ADC0809 采样控制模块状态转换关系

【例 11-4】　ADC0809 采样控制模块

```
module adc_0809_ctrl(clk,eoc,din,sel_in,ale,start,oe,clk1,sel_out,out);
 input clk,eoc;
 input[7:0] din;                           //ADC0809 输出的采样数据
 input[2:0] sel_in;                        //模拟选通信号
 output ale,start,oe,clk1;                 //ADC0809 的控制信号
 output[3:0] sel_out;                      //ADC0809 的模拟选通信号
 output[7:0] out;                          //送给 8 个并排数码管信号
 reg ale,start,oe,clk1;
 parameter s0 = 0,s1 = 1,s2 = 2,s3 = 3,s4 = 4,s5 = 5,s6 = 6;   //定义状态
```

```
reg[3:0] current,next;
reg[7:0] reg1;                              //中间数据寄存器
reg[7:0] count;
always@(current or eoc)                     //状态转换
  begin
   case(current)
     s0:
       begin
         next <= s1;
         ale <= 0;
         start <= 0;
         oe <= 0;
       end
     s1:
       begin
         next <= s2;
         ale <= 1;
         start <= 0;
         oe <= 0;
       end
     s2:
       begin
         next <= s3;
         ale <= 0;
         start <= 1;
         oe <= 0;
       end
     s3:
       begin
         ale <= 0;
         start <= 0;
         oe <= 0;
         if(eoc == 1)                        //检测 EOC 的下降沿
           next <= s3;
         else
           next <= s4;
       end
     s4:
       begin
         ale <= 0;
         start <= 0;
         oe <= 0;
         if(eoc == 0)                        //检测 EOC 的上升沿
           next <= s4;
         else
           next <= s5;
       end
     s5:
       begin
         next <= s6;
         ale <= 0;
```

```
            start < = 0;
            oe < = 1;
          end
      s6:
        begin
          next < = s0;
          ale < = 0;
          start < = 0;
          oe < = 1;
          reg1 < = din;
        end
      default:
        begin
          next < = s0;
          ale < = 0;
          start < = 0;
          oe < = 0;
        end
    endcase
  end
always@(posedge clk)
  begin
    current < = next;
  end
always@(posedge clk)                    //对系统时钟进行分频,得到 ADC0809 的转换工作时钟
  begin
    if(count == 127)
      begin
        count < = 0;
        clk1 < = 1;
      end
    else
      begin
        count < = count + 1;
        clk1 < = 0;
      end
  end
assign out = reg1;
assign sel_out = sel_in;
endmodule
```

11.5 可控脉冲发生器的设计

11.5.1 顺序脉冲发生器

顺序脉冲发生器能输出一组在时间上有一定先后顺序的脉冲信号。

【例 11-5】 顺序脉冲发生器

```
module pulse(clk,reset,out1,out2,out3);
```

```
  input clk, reset;
  output out1, out2, out3;
  reg[2:0] reg1, reg2;
  always@(posedge clk)
    begin
      if(reset)
        begin
          reg1 <= 1;
          reg2 <= 0;
        end
      else
        begin
          reg2 <= reg1;
          reg1 <= {reg1[1:0], reg1[2]};
        end
    end
  assign out1 = reg2[0];
  assign out2 = reg2[1];
  assign out3 = reg2[2];
endmodule
```

图 11-17 是顺序脉冲发生器的仿真波形, 可以看出, 输出的 3 个变量的脉冲是有先后顺序的, 这与顺序脉冲发生器的定义是一致的。

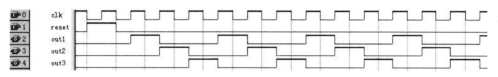

图 11-17 顺序脉冲发生器的仿真波形

11.5.2 并行脉冲控制模块

并行脉冲控制模块的功能是: 把并行输入的 8 路脉冲序列以脉冲序列的第一个脉冲为准, 按照输入的先后顺序排队, 输出各路脉冲序列对应的输入次序号, 并且当几路脉冲同时到达时, 输出的次序号应相同。

【例 11-6】 并行脉冲控制模块

```
module pulse1(reset, in1, in2, in3, in4, in5, in6, in7, in8,
              out1, out2, out3, out4, out5, out6, out7, out8);
  input reset;
  input in1, in2, in3, in4, in5, in6, in7, in8;
  output[3:0] out1, out2, out3, out4, out5, out6, out7, out8;
  reg[3:0] out1, out2, out3, out4, out5, out6, out7, out8;
  reg[3:0] flag1, flag2, flag3, flag4, flag5, flag6, flag7, flag8;        //各路标志信号
  wire[3:0] temp;
  assign temp = flag1 + flag2 + flag3 + flag4 + flag5 + flag6 + flag7 + flag8 + 1;
                                                  //计算下一个即将到达的脉冲次序号
  always@(posedge in1 or posedge reset)
                //检测第一路脉冲输入,如果第一路有上升沿,说明本路有脉冲到达
```

```
      begin
        if (reset)
          begin
            out1 = 0;
            flag1 = 0;
          end
        else
          if (flag1 == 0)                                      //第一次到达
            begin
              out1 = temp;                                     //将次序号赋给 out1
              flag1 = 1;
                //将标志置 1,下次再检测到该信号,说明该信号已不是第一个脉冲
            end
      end
  always@(posedge in2 or posedge reset)
      begin
        if (reset)
          begin
            out2 = 0;
            flag2 = 0;
          end
        else
          if (flag2 == 0)
            begin
              out2 = temp;
              flag2 = 1;
            end
      end
  always@(posedge in3 or posedge reset)
      begin
        if (reset)
          begin
            out3 = 0;
            flag3 = 0;
          end
        else
          if (flag3 == 0)
          begin
            out3 = temp;
            flag3 = 1;
          end
      end
  always@(posedge in4 or posedge reset)
      begin
        if (reset)
          begin
            out4 = 0;
            flag4 = 0;
          end
        else
          if (flag4 == 0)
```

```verilog
        begin
          out4 = temp;
          flag4 = 1;
        end
    end
always@(posedge in1 or posedge reset)
  begin
    if (reset)
      begin
        out5 < = 0;
        flag5 < = 0;
      end
    else
        if (flag5 == 0)
          begin
            out5 = temp;
            flag5 = 1;
          end
    end
always@(posedge in6 or posedge reset)
  begin
    if (reset)
      begin
        out6 = 0;
        flag6 = 0;
      end
    else
        if (flag6 == 0)
          begin
            out6 = temp;
            flag6 = 1;
          end
    end
always@(posedge in7 or posedge reset)
  begin
    if (reset)
      begin
        out7 = 0;
        flag7 = 0;
      end
    else
        if (flag7 == 0)
          begin
            out7 = temp;
            flag7 = 1;
          end
    end
always@(posedge in8 or posedge reset)
  begin
    if (reset)
      begin
```

```
        out8 = 0;
        flag8 = 0;
    end
  else
    if (flag8 == 0)
      begin
        out8 = temp;
        flag8 = 1;
      end
  end
endmodule
```

程序中的 in 为输入的 8 路脉冲序列；reset 为复位信号，当为 1 时，将 out 和 flag 清零，也重新判断脉冲输入次序；out 为输出量，输出各路脉冲序列的输入次序号；flag 为中间量，标志各路脉冲序列是否已经到达，未到达为 0，已到达为 1；temp 为中间量，为下一个将要到达的脉冲序列次序号。

程序中定义了 8 个 always 进程，每一个 always 进程检测一路脉冲输入。当某一路有脉冲到达时，通过上升沿触发先判断此路是否已有脉冲到达。如果没有，即标志位 flag＝0，说明此次为第一次到达，则将次序号 temp 赋给 out，同时将标志位 flag 置为 1；如果已有脉冲输入，即标志位 flag＝1，则忽略此脉冲，不执行任何操作。这样就能避免一路的多个脉冲输入对输入次序的判断造成影响，并且如果有多路同时输入，可互不影响地输出同一个次序号。Temp 信号将所有的 8 路脉冲的标志位 flag 相加，并在此基础上加 1，获得下一路即将到达的脉冲次序号。以此循环，可得到正确的 8 路脉冲的输入次序。

图 11-18 是并行脉冲控制模块的仿真波形，可以看出，当 reset＝1 时，将各路输出清零；当 reset＝0 时，首先判断哪一路信号先到达，图中第 3 路信号先到达，所以将 temp 赋给 out3，即第三路的输出端 out3＝1；然后第四路到达，因此第四路的输出端 out4＝2；以此类推。同时第二路和第五路同时到达，并且都是第一次到达，所以第二路与第五路的输出次序号是相同的，都是 4；同理，第七路和第八路也是相同的，为 7。第二个 reset＝1 是对输出进行清零，重新判断脉冲输入次序。重新产生新的输入次序，可以看出，当第二路的第二次脉冲和第七路的第一次脉冲同时到达时，第二路的第二次脉冲被忽略了，第二路输出的次序号还是第一次脉冲到达时输出的次序号。

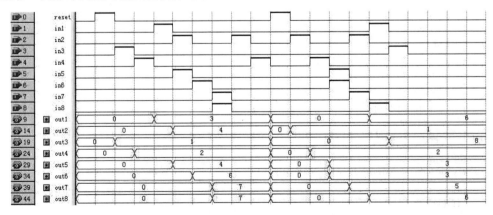

图 11-18 并行脉冲控制模块的仿真波形

思考与练习

1. 设计一个卡式电话计费系统,要求如下:

(1) 当卡插入时能读出卡中余额。

(2) 通话过程中,根据不同情况设定不同的费用,从卡中能扣除通话费用,市话 0.2 元/分钟、长途 0.5 元/分钟,紧急电话不收费。

(3) 当卡中余额不足时提前报警,报警信号持续一定时间则自动切断通话。

(4) 设定 20:00 至次日 7:00 之间费用半价。

(5) 计时和计费均用十进制形式显示。

2. 设计一个简易十字路口交通灯控制系统,要求如下:

(1) 街道不分主次,各种灯的持续时间相同,红灯持续时间为 30s、绿灯为 30s、黄灯为 5s。

(2) 时间以十进制形式显示。

3. 设计一个 16×16 FIFO(先入先出)电路。

## 第 12 章

基于 FPGA 数字系统设计实例

12.1 基于 FPGA 的多功能数字钟的设计

12.1.1 系统设计要求

多功能数字钟的设计要求如下：

(1) 能够正常显示时间信息，包括时、分、秒。

(2) 能够设置与调整时间。

(3) 具有闹钟显示与设置功能。

(4) 具有秒表功能。

(5) 利用数码管显示。

12.1.2 系统设计方案

根据系统要求，多功能数字钟主要完成基本的时间显示功能、时间设置功能、闹钟功能以及秒表功能，各种功能需要进行转换，因此需要设定外部功能键。系统的操作与显示如图 12-1 所示。

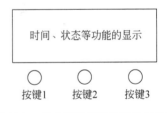

图 12-1 多功能数字钟的操作与显示

1. 时间与状态等功能的显示

采用数码管显示时间，在按键的配合下，实现时间的设置以及在设置过程中的闪烁显示、闹钟设置与查看、秒表功能的显示。

2. 按键

不同的按键实现不同的功能。

1) 按键 1

按键 1 用于切换以下 4 种功能模式：

- 功能 1：时间正常显示功能模式。
- 功能 2：时间设置功能模式。
- 功能 3：秒表功能模式。
- 功能 4：闹钟查看与设置功能模式。

2）按键2

按键2主要实现时间设置、闹钟设置、秒表中的位置选择，与按键1配合使用，具体功能如下：

- 在功能2模式时，用作时、分、秒的移位，按一下，就会实现"时-分-秒"的依次移位，便于在特定位置进行设置。
- 在功能4模式时，用作时、分、秒的移位，按一下，就会实现"时-分-秒"的依次移位，便于在特定位置进行设置。

3）按键3

按键3主要用于闹钟设置、秒表和时间设置中的调整按键。

- 在功能2模式时，用作时、分、秒的数字调整，按一下，将会使当前按键2选择的位置的数字加1。
- 在功能4模式时，用作时、分、秒的数字调整，按一下，将会使当前按键2选择的位置的数字加1。

针对上述功能的描述，提出该系统的设计方案如图12-2所示。

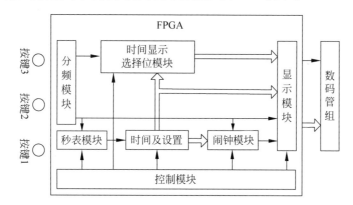

图12-2 多功能数字钟的设计方案

注意：按键按下时会产生抖动，该系统中没有对按键进行消抖设计，如果需要，只需在FPGA中增加消抖模块即可。如果要在该系统中增加日期和星期等功能，只需要增加这两种功能模块，然后在数码管上显示即可。

12.1.3 各部分功能模块的设计

从图12-2中可以看出，该系统包含7个模块，分别为分频模块、控制模块、时间及设置模块、秒表模块、闹钟模块、时间显示选择位模块和显示模块。

1. 分频模块

分频模块主要完成对基准时钟进行分频，得到动态扫描模块、计时模块、秒表模块和设置时间、时间和日期闪烁所需的时钟信号，分别为1kHz、200Hz、100Hz和1Hz。基准时钟采用10MHz，对其进行10 000、50 000分频可得到1kHz和200Hz的时钟信号，再对200Hz进行二分频得到100Hz的时钟信号，最后对100Hz进行100分频得到1Hz的时钟信号，程序如例12-1所示。

【例 12-1】 分频模块程序

```verilog
//clk: 系统基准时钟
//clk1k: 动态扫描时钟信号
//clk200: 闪烁时钟信号
//clk100: 秒表时钟信号
//clk1: 秒时钟信号
module div(clk,clk1k,clk200,clk100,clk1);
  input clk;                  //10MHz
  output clk1k,clk200,clk100,clk1;
  reg clk1k,clk200,clk100,clk1;
  integer count0,count1,count2;
  always@(posedge clk)    //1kHz
    begin
        if(count0 < 4999)
          begin
            count0 <= count0 + 1;
          end
        else
          begin
            count0 <= 0;
            clk1k <= ~clk1k;
          end
    end
  always@(posedge clk)    //200Hz
    begin
        if(count1 < 24999)
          begin
            count1 <= count1 + 1;
          end
        else
          begin
            count1 <= 0;
            clk200 <= ~clk200;
          end
    end
  always@(posedge clk200) //100Hz
    begin
        clk100 <= ~clk100;
    end
  always@(posedge clk100) //1Hz
    begin
        if(count2 < 49)
          begin
            count2 <= count2 + 1;
          end
        else
          begin
            count2 <= 0;
            clk1 <= ~clk1;
          end
    end
endmodule
```

利用 Quartus Ⅱ软件进行仿真的波形如图 12-3 所示。其中,基准时钟为 clk(10MHz),输出为 clk1(1Hz)、clk100(100Hz)、clk200(200Hz),count1 和 count2 为产生 200Hz 和 1Hz 的计数器。

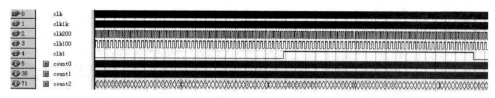

图 12-3　10MHz 分频为 1kHz、200Hz、100Hz、1Hz 的仿真波形

图 12-4 至图 12-7 分别为产生 1kHz、200Hz、100Hz 和 1Hz 的仿真波形。图 12-4 为 10MHz 分频为 1kHz 的仿真波形,count0 为计数器,当计数到 4999 时,计数器恢复为 0,重新开始计数,而 clk1k 翻转一次,再计数到 4999,然后再翻转,以此类推,就可以实现对基准时钟的 10 000 分频。

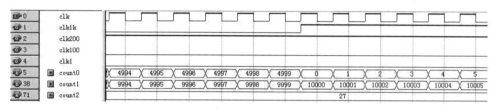

图 12-4　10MHz 分频为 1kHz 的仿真波形(图 12-3 局部放大)

图 12-5 为 10MHz 分频为 200Hz 的仿真波形,count1 为计数器,当计数到 49 999 时,计数器恢复为 0,重新开始计数,而 clk200 翻转一次,再计数到 49 999,然后再翻转,以此类推,就可以实现对基准时钟的 50 000 分频。

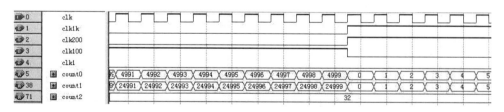

图 12-5　10MHz 分频为 200Hz 的仿真波形(图 12-3 局部放大)

以输出的 200Hz 为基准时钟,对其进行二分频可以得到 100Hz 的时钟信号,当 clk200 时钟上升沿到来后,clk100 翻转一次,就可以实现对基准时钟的二分频。仿真波形如图 12-6 所示。

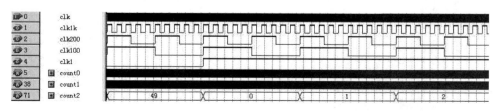

图 12-6　200Hz 分频为 100Hz 的仿真波形(图 12-3 局部放大)

图 12-7 是 100Hz 分频为 1Hz 的仿真波形,以输出的 100Hz 为基准时钟,对其进行 100 分频,得到 1Hz 的时钟信号,count2 是计数器,当计数到 49 时,计数器恢复为 0,输出 clk1 翻转一次,然后计数器重新计数,再次计数到 49 时,输出 clk1 再发生翻转,以此类推。

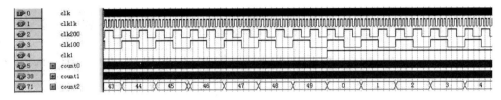

图 12-7　100Hz 分频为 1Hz 的仿真波形(图 12-3 局部放大)

2. 控制模块

控制模块主要是对各个功能模块的整体控制,包括对时间显示与设置、秒表和闹钟显示及调整等的控制,各种功能的转换是通过按键 key1 实现的,当按键 key1 按下一次时,转到下一个功能,再按下一次,再转到下一个功能,依此类推。其程序如例 12-2 所示。

【例 12-2】 控制模块程序

```
//key1: 功能选择按键,有 4 种功能
//time_en: 时间正常工作使能
//time_set_en: 时间设置使能
//stopwatch_en: 秒表使能
//alarm_clock_en: 闹钟显示及调整使能
module control(key1,time_en,time_set_en,stopwatch_en,alarm_clock_en);
 input key1;
 output time_en,time_set_en,stopwatch_en,alarm_clock_en;
 reg time_en,time_set_en,stopwatch_en,alarm_clock_en;
 reg[2:0] fun;
 always@(posedge key1)
   begin
     if(fun<3)             //各种功能号的产生
       fun<=fun+1;
     else
       fun<=0;
     case(fun)             //根据各种功能号产生相应的控制信号,高电平有效
       3'b000:
         begin
           time_en<=1;
           time_set_en<=0;
           stopwatch_en<=0;
           alarm_clock_en<=0;
         end
       3'b001:
         begin
           time_en<=0;
           time_set_en<=1;
           stopwatch_en<=0;
           alarm_clock_en<=0;
         end
```

```
  3'b010:
    begin
      time_en <= 0;
      time_set_en <= 0;
      stopwatch_en <= 1;
      alarm_clock_en <= 0;
    end
  3'b011:
    begin
      time_en <= 0;
      time_set_en <= 0;
      stopwatch_en <= 0;
      alarm_clock_en <= 1;
    end
  default:
    begin
      time_en <= 0;
      time_set_en <= 0;
      stopwatch_en <= 0;
      alarm_clock_en <= 0;
    end
  endcase
end
endmodule
```

图 12-8 是控制模块的仿真波形,与设计的功能相符合,当 key1 按下一次就使下一个功能的使能端处于高电平状态(有效状态),以此类推。

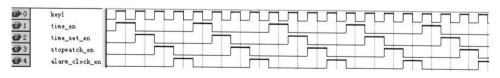

图 12-8　控制模块的仿真波形

3. 时间及设置模块

时间及设置模块主要实现时间的正常运行、显示以及实现时间的设置。

1) 时间模块

时间模块主要实现小时、分和秒的计时和显示功能,秒和分为 0~59 的六十进制计数器,小时为 0~23 的二十四进制计数器,其程序如例 12-3 所示。

【例 12-3】 时间模块程序

```
//clk: 秒功能的时钟信号,为 1Hz 的脉冲信号
//time_en: 时间正常工作的使能信号
//time_set_en: 时间设置使能信号
//hourh_set,hourl_set,minh_set,minl_set,sech_set,secl_set: 设置后的小时、分和秒
//hourh,hourl: 小时的高位和低位
//minh,minl: 分的高位和低位
//sech,secl: 秒的高位和低位
//cout: 进位输出,即计满 24h 向天产生的进位输出信号
```

```
module time_count(clk,time_en,time_set_en,hourh_set,hourl_set,minh_set,minl_set,
                  sech_set,secl_set,hourh,hourl,minh,minl,sech,secl,cout);
    input clk;
    input time_en,time_set_en;
    input[3:0] hourh_set,hourl_set,minh_set,minl_set,sech_set,secl_set;
    output[3:0] hourh,hourl,minh,minl,sech,secl;
    output cout;
    reg[3:0] hourh,hourl,minh,minl,sech,secl;
    reg cout;
    reg c1,c2;                              //c1和c2分别为秒向分钟和分钟向小时的进位
    always@(posedge clk or posedge time_set_en)
      begin
        if(time_set_en)                     //秒的设置
          begin
            sech <= sech_set;
            secl <= secl_set;
          end
        else if(time_en)
          begin
            if(secl == 9)                   //秒的计时
              begin
                secl <= 0;
                if(sech == 5)
                  begin
                    sech <= 0;
                    c1 <= 1;
                  end
                else
                  begin
                    sech <= sech + 1;
                  end
              end
            else
              begin
                secl <= secl + 1;
                c1 <= 0;
              end
          end
      end
    always@(posedge c1 or posedge time_set_en)
      begin
        if(time_set_en)                     //分钟的设置
          begin
            minh <= minh_set;
            minl <= minl_set;
          end
        else if(minl == 9)                  //分钟的计时
          begin
            minl <= 0;
            if(minh == 5)
              begin
```

```
              minh <= 0;
               c2 <= 1;
              end
            else
              begin
                minh <= minh + 1;
              end
          end
        else
          begin
            minl <= minl + 1;
            c2 <= 0;
          end
      end
  always@(posedge c2 or posedge time_set_en)
    begin
      if(time_set_en)                    //小时的设置
        begin
          hourh <= hourh_set;
          hourl <= hourl_set;
        end
      else if((hourh == 2)&&(hourl == 3))  //小时的计时
        begin
          hourh <= 0;
          hourl <= 0;
          cout <= 1;
        end
      else if(hourl == 9)
        begin
          hourl <= 0;
          if(hourh == 2)
            hourh <= 0;
          else
            hourh <= hourh + 1;
        end
      else
        begin
          hourl <= hourl + 1;
          cout <= 0;
        end
    end
endmodule
```

图 12-9 至图 12-12 是时间模块的仿真波形。可以看出,其功能符合秒、分和小时的计数原理。

2）时间设置模块

时间设置模块对当前时间的时、分和秒进行调整以及设置过程中数字闪烁的控制,其程序如例 12-4 所示。

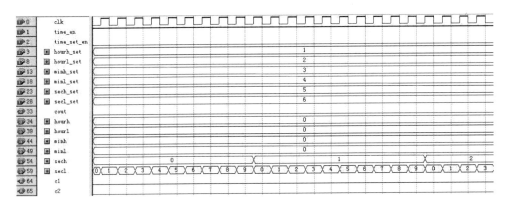

图 12-9　时间模块的仿真波形（秒功能）

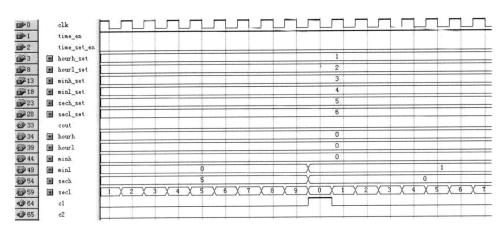

图 12-10　时间模块的仿真波形（分钟功能）

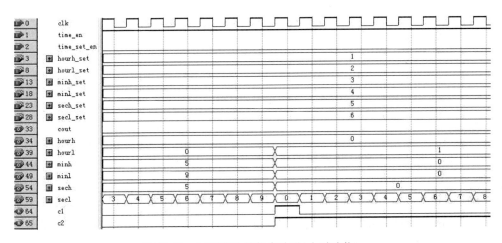

图 12-11　时间模块的仿真波形（小时功能）

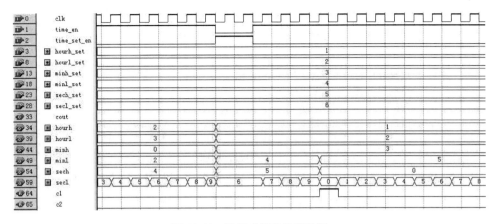

图 12-12　设置时间的仿真波形

【例 12-4】　时间设置模块程序

```
//key2:在某种功能的条件下,各种设置位的选择信号
//key3:在设置位有效的条件下,对设置位进行加1操作
//time_set_en:时间设置使能信号
//hourh,hourl,minh,minl,sech,secl:当前时、分和秒
//hourh_set,hourl_set,minh_set,minl_set,sech_set,secl_set:设置后的时、分和秒
//time_display:设置中的闪烁显示控制
module time_set(key2,key3,time_set_en,hourh,hourl,minh,minl,sech,secl,
                hourh_set,hourl_set,minh_set,minl_set,sech_set,secl_set,time_display);
 input key2,key3;
 input time_set_en;
 input[3:0] hourh,hourl,minh,minl,sech,secl;
 output[3:0] hourh_set,hourl_set,minh_set,minl_set,sech_set,secl_set;
 output[2:0] time_display;
 reg[3:0] hourh_set,hourl_set,minh_set,minl_set,sech_set,secl_set;
 reg[2:0] time_display;
 always@(posedge key2)
   begin
     if(time_set_en)
       begin
         if(time_display<5)              //时、分、秒在设置过程中的闪烁控制
            time_display<=time_display+1;
         else
            time_display<=0;
       end
   end
 always@(posedge key3)
   begin
     case(time_display)
       3'b000:                           //设置小时高位
         begin
           if(hourh_set<2)
             hourh_set<=hourh_set+1;
           else
```

```
                    hourh_set <= 0;
                 end
             3'b001:                              //设置小时低位
               begin
                 if(hourl_set < 9)
                   hourl_set <= hourl_set + 1;
                 else
                   hourl_set <= 0;
               end
             3'b010:                              //设置分高位
               begin
                 if(minh_set < 5)
                   minh_set <= minh_set + 1;
                 else
                   minh_set <= 0;
               end
             3'b011:                              //设置分低位
               begin
                 if(minl_set < 9)
                   minl_set <= minl_set + 1;
                 else
                   minl_set <= 0;
               end
             3'b100:                              //设置秒高位
               begin
                 if(sech_set < 5)
                   sech_set <= sech_set + 1;
                 else
                   sech_set <= 0;
               end
             3'b101:                              //设置秒低位
               begin
                 if(secl_set < 9)
                   secl_set <= secl_set + 1;
                 else
                   secl_set <= 0;
               end
             default:
               begin
                 hourh_set <= hourh;
                 hourl_set <= hourl;
                 minh_set <= minh;
                 minl_set <= minl;
                 sech_set <= sech;
                 secl_set <= secl;
               end
           endcase
       end
   endmodule
```

利用 Quartus Ⅱ 软件进行仿真的波形图如图 12-13 和图 12-14 所示。图 12-13 是手动设置时、分、秒的选择仿真波形,可以看出,当 time_set_en 高电平有效时,对当前时间进行调整。每按一下 key2,位选择信号 time_display 就转换一次状态。当 time_display=0 时,对小时高位进行调整;当 time_display=1 时,对小时低位进行调整。以此类推,直到对时、分、秒的高位和低位都调整完毕为止。图 12-14 为对时、分、秒的某一位进行调整的仿真波形。当 time_display=0 时,对小时高位进行调整是通过按 key3 实现的,每按一次 key3,就会在小时高位上加 1;对其他位进行调整的方式与对小时高位调整的方式类似。

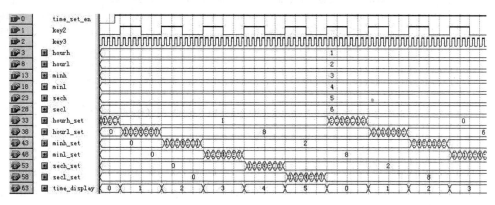

图 12-13　手动设置时、分、秒的选择仿真波形

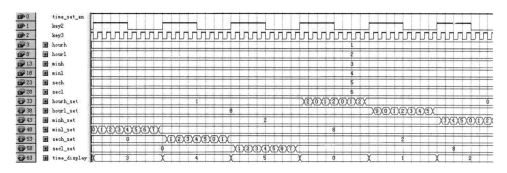

图 12-14　对时、分、秒的某一位进行调整的仿真波形

3）时间及时间设置的顶层模块

时间及时间设置的顶层模块由上述两个模块构成,其程序如例 12-5 所示。

【例 12-5】　时间及时间设置的顶层模块程序

```
//clk:时间计数的时钟信号
//key2:在某种功能的条件下,各种设置位的选择信号
//key3:在设置位有效的条件下,对设置位进行加 1 操作
//time_en:时间正常工作使能
//time_set_en:时间设置使能
//hourh,hourl,minh,minl,sech,secl:当前或设置后的时、分和秒
//day_clk:计满 24h 会产生一个信号,作为天数的时钟信号
//time_display:时间设置时的同步信号,对位进行闪烁显示控制
module time_and_set(clk,key2,key3,time_en,time_set_en,hourh,hourl,minh,minl,
                    sech,secl,day_clk,time_display);
  input clk;
  input key2,key3;
```

```
input time_en,time_set_en;
output[3:0] hourh,hourl,minh,minl,sech,secl;
output day_clk;
output[2:0] time_display;
wire[3:0] hh,hl,mh,ml,sh,sl;
wire[3:0] hh_set,hl_set,mh_set,ml_set,sh_set,sl_set;
//时间正常显示
time_count U1(.clk(clk),.time_en(time_en),.time_set_en(time_set_en),
            .hourh_set(hh_set),.hourl_set(hl_set),.minh_set(mh_set), .minl_set(ml_set),
            .sech_set(sh_set),.secl_set(sl_set), .hourh(hourh), .hourl(hourl),.minh(minh),
            .minl(minl),.sech(sech),.secl(secl),.cout(day_clk));
//时间设置
time_set U2(.key2(key2),.key3(key3),.time_set_en(time_set_en),.hourh(hourh),
            .hourl(hourl),.minh(minh),.minl(minl),.sech(sech),.secl(secl),
            .hourh_set(hh_set),.hourl_set(hl_set),.minh_set(mh_set),.minl_set(ml_set),
            .sech_set(sh_set),.secl_set(sl_set),.time_display(time_display));
endmodule
```

利用 Quartus Ⅱ 软件进行仿真的波形如图 12-15 所示。当 time_en＝1 时，时间正常显示，时、分、秒正常计数；当 time_set_en＝1 时，对当前时间进行设置调整，通过按键 key2 和 key3 配合，实现时、分、秒的高位和低位的调整。

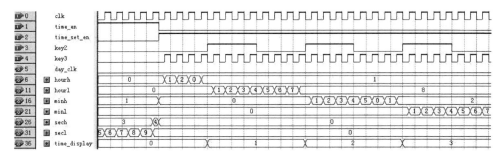

图 12-15　时间及时间设置的顶层模块的仿真波形

4. 时间动态扫描位选模块

时间动态扫描位选模块主要是实现分时显示时间数据，通过一个高频的时钟信号对数据进行分时传送，即将时、分、秒的高位和低位共 6 个数据传送给数码管显示，并且每个数码管对应时、分、秒的高位或低位。正常显示时间信息时，为了能够同时看到时、分、秒，要求扫描的时间间隔应使人眼不能分辨是分时显示的数据，所以高频采用的是 1kHz 的时钟信号；在设置时间时，要求时、分、秒是闪烁显示的，所以采用的时钟信号频率是 200Hz。时间动态扫描位选模块的程序如例 12-6 所示。

【例 12-6】　时间动态扫描位选模块的程序

```
//clk1k:对时、分、秒的数据进行分时传送的时钟信号
//clk200:用于闪烁的时钟信号
//time_en:时间正常工作使能
//time_set_en:时间设置使能
//time_display:时间设置时的同步信号,对位进行闪烁显示控制
//time_display_sel:动态扫描位选输出信号
```

```
module time_display_sel(clk1k,clk200,time_en,time_set_en,time_display,
                        time_display_sel);
 input clk1k,clk200;
 input time_en,time_set_en;
 input[2:0] time_display;
 output[5:0] time_display_sel;
 reg[5:0] time_display_sel;
 reg clk;
 reg[2:0] sel;
 reg[2:0] time_sel;
 always@(posedge clk1k)              //对时、分、秒的高位和低位数据进行动态扫描,分时传送
    begin
      if(time_sel<5) time_sel<=time_sel+1;
      else time_sel<=0;
    end
 always@(time_en or time_set_en or clk1k or clk200)  //扫描时钟的选择
    begin
      if(time_en)                   //正常显示时间信息时,选择1kHz的扫描时钟信号
        begin
          clk<=clk1k;
          sel<=time_sel;
        end
      else                          //设置调整时间信息时,选择200Hz的扫描时钟信号
        begin
          clk<=clk200;
          sel<=time_display;
        end
    end
 always@(posedge clk)               //对时、分、秒的高位和低位数据进行动态位选择
    begin
      case(sel)
        3'b000:time_display_sel<=6'b100000;
        3'b001:time_display_sel<=6'b010000;
        3'b010:time_display_sel<=6'b001000;
        3'b011:time_display_sel<=6'b000100;
        3'b100:time_display_sel<=6'b000010;
        3'b101:time_display_sel<=6'b000001;
        default:time_display_sel<=6'b000000;
      endcase
    end
endmodule
```

利用 Quartus Ⅱ 软件进行仿真的波形如图 12-16 和图 12-17 所示。图 12-16 是正常显示时间信息的仿真波形,这时动态扫描时钟信号频率是 1kHz,可以将当前时间信息在相应的数码管上显示出来。

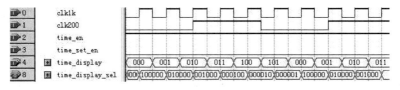

图 12-16　时间动态扫描位选模块的仿真波形(正常数据)

图 12-17 是设置时间显示的仿真波形,这时动态扫描时钟信号频率是 200Hz,可以将设置完成的时间信息在相应的数码管上显示出来,在设置过程中,各位会闪烁显示。

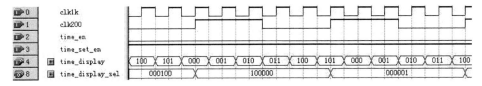

图 12-17　时间动态扫描位选模块的仿真波形(设置数据)

5. 秒表模块

实际的秒表需要显示分、秒和百分秒,所以这里就需要有实现百分秒功能的时钟信号 clk100;秒和分的功能直接应用正常时间工作模式下的时间计数功能即可。在秒表模块中,只设计了百分秒的功能,当计满 100 时就会产生一个高电平信号 out,将这个 out 信号作为秒的时钟信号,就可以在数字钟系统中实现秒表的功能。在实际设计过程中,对 out 信号和 1Hz 的 clk1 信号进行选择就可以实现正常时间显示功能和秒表功能。其程序如例 12-7 所示。

【例 12-7】　秒表模块程序

```
//clk100:秒表时钟信号
//stopwatch_en:秒表使能信号
//clk1:秒时钟信号
//s100h,s100l:百分秒的高位和低位
//out:计满 100 后产生的进位信号
module stopwatch(stopwatch_en,clk100,clk1,s100h,s100l,out);
 input stopwatch_en;
 input clk100,clk1;
 output[3:0] s100h,s100l;
 output out;
 reg[3:0] s100h,s100l;
 reg out;
 reg clk;
 always@(posedge clk100)   //百分秒的计数
   begin
     if(s100l == 9)
       begin
        s100l <= 0;
        if(s100h == 9)                //99
          begin
            s100h <= 0;
            clk <= 1;
          end
        else
          begin
            s100h <= s100h + 1;
          end
     end
   else
```

```
      begin
        s100l <= s100l + 1;
        clk = 0;
      end
  end
  always@(stopwatch_en or clk or clk1)
    begin
      case(stopwatch_en)
        0:out <= clk1;              //正常时间显示模式
        1:out <= clk;              //秒表功能
        default:out <= 0;
      endcase
    end
endmodule
```

利用 Quartus Ⅱ 软件进行仿真的波形如图 12-18 和图 12-19 所示。图 12-18 中，stopwatch_en＝0，数字钟处于正常时间显示工作模式，此时秒表模块正常计数，但是输出的时钟信号选择的是 clk1，即是 1Hz 的时钟信号。图 12-19 中，stopwatch_en＝1，数字钟处于秒表功能，输出的时钟信号选择的是百分秒的计数进位输出信号，然后传给时间计数的秒和分功能，在显示中会显示出分、秒和百分秒的信息。

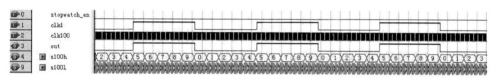

图 12-18　秒表模块的仿真波形(stopwatch_en＝0)

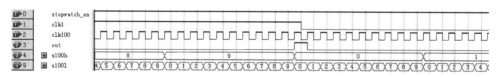

图 12-19　秒表模块的仿真波形(stopwatch_en＝1)

6. 闹钟模块

闹钟模块主要完成闹钟时间的设置以及闹钟时间到后的提示。闹钟设置时间与当前时间相等时会产生一个提示信号 alarm，可以将这个信号接到蜂鸣器上，用于声音提示。其程序如例 12-8 所示。

【例 12-8】　闹钟模块程序

```
//alarm_clock_en:闹钟的使能信号
//alarm:闹钟时间到的提示信号
//alarm_clock_display_sel:闹钟显示的同步信号
module alarm_clock(clk200,key2,key3,alarm_clock_en,hourh,hourl,minh,minl,sech,secl,
                  alarm,alarm_clock_display_sel);
  input clk200,alarm_clock_en;
  input key2,key3;
  input[3:0] hourh,hourl,minh,minl,sech,secl;
  output alarm;
```

```
    output[5:0] alarm_clock_display_sel;
    reg alarm;
    reg[5:0] alarm_clock_display_sel;
    reg[3:0] hourh_set,hourl_set,minh_set,minl_set,sech_set,secl_set; //设定闹钟时间信号
    reg[2:0] alarm_clock_display;
    always@(hourh or hourl or minh or minl or sech or secl or
            hourh_set or hourl_set or minh_set or minl_set or sech_set or secl_set)
       begin
          if((hourh_set == hourh)&&(hourl_set == hourl)&&(minh_set == minh)&&
            (minl_set == minl)&&(sech_set == sech)&&(secl_set == secl))
            alarm <= 1;                     //当前时间与设定的闹钟时间相等
          else
              alarm <= 0;
       end
    always@(posedge key2)                   //对时、分、秒的高位和低位进行选择
       begin
          if(alarm_clock_en)
            begin
              if(alarm_clock_display < 5)
                alarm_clock_display <= alarm_clock_display + 1;
              else
                  alarm_clock_display <= 0;
            end
       end
    always@(posedge key3)                   //对时、分、秒的高位和低位进行调整
       begin
          case(alarm_clock_display)
            3'b000:                         //调整小时高位
              begin
                if(hourh_set < 2)
                  hourh_set <= hourh_set + 1;
                else
                  hourh_set <= 0;
              end
            3'b001:                         //调整小时低位
              begin
                if(hourl_set < 9)
                  hourl_set <= hourl_set + 1;
                else
                  hourl_set <= 0;
              end
            3'b010:                         //调整分高位
              begin
                if(minh_set < 5)
                  minh_set <= minh_set + 1;
                else
                  minh_set <= 0;
              end
            3'b011:                         //调整分低位
              begin
                if(minl_set < 9)
```

```
              minl_set <= minl_set + 1;
          else
              minl_set <= 0;
          end
      3'b100 :                        //调整秒高位
        begin
          if(sech_set < 5)
              sech_set <= sech_set + 1;
          else
              sech_set <= 0;
        end
      3'b101 :                        //调整秒低位
        begin
          if(secl_set < 9)
              secl_set <= secl_set + 1;
          else
              secl_set <= 0;
        end
      default :
        begin
          hourh_set <= hourh;
          hourl_set <= hourl;
          minh_set <= minh;
          minl_set <= minl;
          sech_set <= sech;
          secl_set <= secl;
        end
      endcase
  end
always@(posedge clk200)              //对时、分、秒的高位和低位数据进行动态位选择
  begin
    case(alarm_clock_display)
    3'b000:alarm_clock_display_sel <= 6'b100000;
    3'b001:alarm_clock_display_sel <= 6'b010000;
    3'b010:alarm_clock_display_sel <= 6'b001000;
    3'b011:alarm_clock_display_sel <= 6'b000100;
    3'b100:alarm_clock_display_sel <= 6'b000010;
    3'b101:alarm_clock_display_sel <= 6'b000001;
    default:alarm_clock_display_sel <= 6'b000000;
    endcase
  end
endmodule
```

利用 Quartus Ⅱ 软件进行仿真的波形如图 12-20 所示。图中设定的闹钟时间为 12:22:22,当前时间如果与闹钟时间相同,就会在 alarm 上产生一个高电平。

7. 显示模块

显示模块的主要功能是用数码管显示正常时间、秒表以及时间设置、闹钟设置的时间信息。其程序如例 12-9 所示。

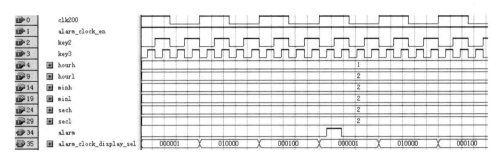

图 12-20　闹钟模块的仿真波形

【**例 12-9**】　显示模块程序

```verilog
//display_data:译码后的数据,送给数码管显示
//display_sel:数码管的动态扫描位选择信号
module display(time_en,time_set_en,stopwatch_en,alarm_clock_en,
               time_display_sel,alarm_clcok_display_sel,hourh,hourl,
               minh,minl,sech,secl,s100h,s100l,display_sel,display_data);
 input time_en,time_set_en,stopwatch_en,alarm_clock_en;
 input[5:0] time_display_sel;
 input[5:0] alarm_clcok_display_sel;
 input[3:0] hourh,hourl,minh,minl,sech,secl,s100h,s100l;
 output[5:0] display_sel;
 output[6:0] display_data;
 reg[5:0] display_sel;
 reg[6:0] display_data;
 reg[3:0] data;
 always@(time_en or time_set_en or stopwatch_en or alarm_clock_en or
         time_display_sel or alarm_clcok_display_sel or hourh or hourl
         or minh or minl or sech or secl or s100h or s100l or display_sel)
   begin
     if((time_en == 1) || (time_set_en == 1))   //正常时间和设定时间显示
       begin
         display_sel <= time_display_sel;
         case(time_display_sel)
           6'b100000:data <= hourh;
           6'b010000:data <= hourl;
           6'b001000:data <= minh;
           6'b000100:data <= minl;
           6'b000010:data <= sech;
           6'b000001:data <= secl;
           default:data <= 4'b0;
         endcase
       end
     else if(stopwatch_en == 1)        //秒表的时间显示
       begin
         display_sel <= time_display_sel;
         case(time_display_sel)
           6'b100000:data <= minh;
           6'b010000:data <= minl;
           6'b001000:data <= sech;
           6'b000100:data <= secl;
           6'b000010:data <= s100h;
```

```
            6'b000001:data <= s100l;
            default:data <= 4'b0;
          endcase
        end
      else if(alarm_clock_en)              //闹钟的时间显示
        begin
          display_sel <= alarm_clcok_display_sel;
          case(time_display_sel)
            6'b100000:data <= hourh;
            6'b010000:data <= hourl;
            6'b001000:data <= minh;
            6'b000100:data <= minl;
            6'b000010:data <= sech;
            6'b000001:data <= secl;
            default:data <= 4'b0;
          endcase
        end
      case(data)                           //BCD-7 段码译码
        4'b0000:display_data <= 7'b1111110;
        4'b0001:display_data <= 7'b0110000;
        4'b0010:display_data <= 7'b1101101;
        4'b0011:display_data <= 7'b1111001;
        4'b0100:display_data <= 7'b0110011;
        4'b0101:display_data <= 7'b1011011;
        4'b0110:display_data <= 7'b1011111;
        4'b0111:display_data <= 7'b1110000;
        4'b1000:display_data <= 7'b1111111;
        4'b1001:display_data <= 7'b1111011;
        default:display_data <= 7'b0;
      endcase
    end
endmodule
```

利用 Quartus Ⅱ软件进行仿真的波形如图 12-21 至图 12-24 所示。图 12-21 是正常显示时间信息的仿真波形,当前时间如果是 12:34:56,将会给 6 个数码管发送 30、6D、79、33、5B、5F 的数据。

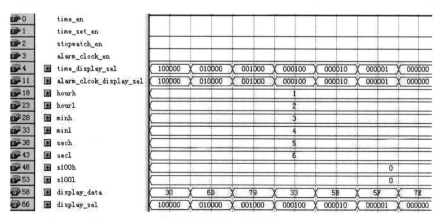

图 12-21 显示模块的仿真波形(time_en＝1)

图 12-22 是设置时间信息的仿真波形,假设当前数字钟的时间是 12:34:56,如果将该时间设置为 20:13:45,将会给 6 个数码管发送 6D、7E、30、79、33、5B 的数据。

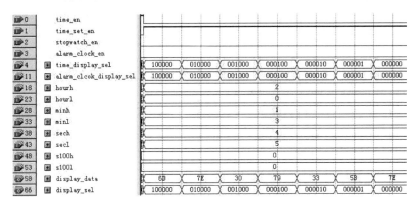

图 12-22　显示模块的仿真波形(time_set_en=1)

图 12-23 是秒表时间信息的仿真波形,如果秒表计数时间是 34 分 56 秒 78 百分秒,将会给 6 个数码管发送 79、33、5B、5F、70、7F 的数据。

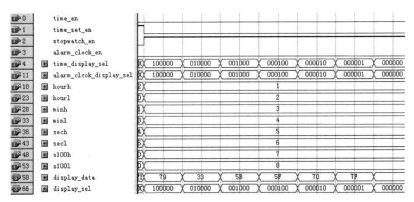

图 12-23　显示模块的仿真波形(stopwatch_en=1)

图 12-24 是闹钟时间信息的仿真波形,如果闹钟时间设定为 01:23:45,将会给 6 个数码管发送 7E、30、6D、79、33、5B 的数据。

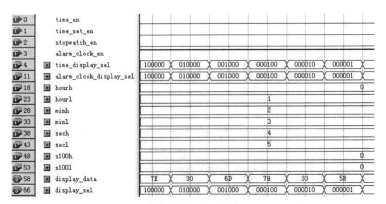

图 12-24　显示模块的仿真波形(alarm_clock_en=1)

8. 多功能数字钟的顶层设计

多功能数字钟的顶层设计可以采用两种方式实现：文本方式和原理图方式。如果采用文本方式，就是用 Verilog HDL 进行设计，通过将上述的 7 个功能模块进行例化来实现顶层设计；如果采用原理图方式，则需将上述各个功能模块生成符号，通过连接各个功能模块的符号实现顶层设计。其文本方式和原理图方式如例 12-10 和图 12-25 所示。

【例 12-10】 多功能数字钟的顶层设计程序（文本方式）

```verilog
module clock(clk,key1,key2,key3,alarm,display_data,display_sel,day_clk);
 input clk;
 input key1,key2,key3;
 output alarm;
 output day_clk;
 output[6:0] display_data;
 output[5:0] display_sel;
 wire t_en,t_s_en,sw_en,ac_en;
 wire clk1k_1,clk200_1,clk100_1,clk1_1,clkmux_1;
 wire[3:0] hh,hl,mh,ml,sh,sl,s100h_1,s100l_1;
 wire[2:0] t_d;
 wire[5:0] a_d_s,t_d_s;
 div U1(.clk(clk),.clk1k(clk1k_1),.clk200(clk200_1),.clk100(clk100_1),.clk1(clk1_1));
 control U2(.key1(key1),.time_en(t_en),.time_set_en(t_s_en),.stopwatch_en(sw_en),
          .alarm_clock_en(ac_en));
 stopwatch U3(.stopwatch_en(sw_en),.clk100(clk100_1),.clk1(clk1_1),.s100h(s100h_1),
          .s100l(s100l_1),.out(clkmux_1));
 time_and_set U4(.clk(clkmux_1),.key2(key2),.key3(key3),.time_en(t_en),
              .time_set_en(t_s_en),.hourh(hh),.hourl(hl),.minh(mh),.minl(ml),
              .sech(sh),.secl(sl),.day_clk(day_clk),.time_display(t_d));
 time_display_sel U5(.clk1k(clk1k_1),.clk200(clk200_1),.time_en(t_en),
                 .time_set_en(t_s_en),.time_display(t_d),.time_display_sel(t_d_s));
 alarm_clock U6(.clk200(clk200_1),.key2(key2),.key3(key3),.alarm_clock_en(ac_en),
             .hourh(hh),.hourl(hl),.minh(mh),.minl(ml),.sech(sh),.secl(sl),
             .alarm(alarm),.alarm_clock_display_sel(a_d_s));
 display U7(.time_en(t_en),.time_set_en(t_s_en),.stopwatch_en(sw_en),
          .alarm_clock_en(ac_en),.time_display_sel(t_d_s),
          .alarm_clcok_display_sel(a_d_s),.hourh(hh),.hourl(hl),.minh(mh),.minl(ml),
          .sech(sh),.secl(sl),.s100h(s100h_1),.s100l(s100l_1),.display_sel(display_sel),
          .display_data(display_data));
endmodule
```

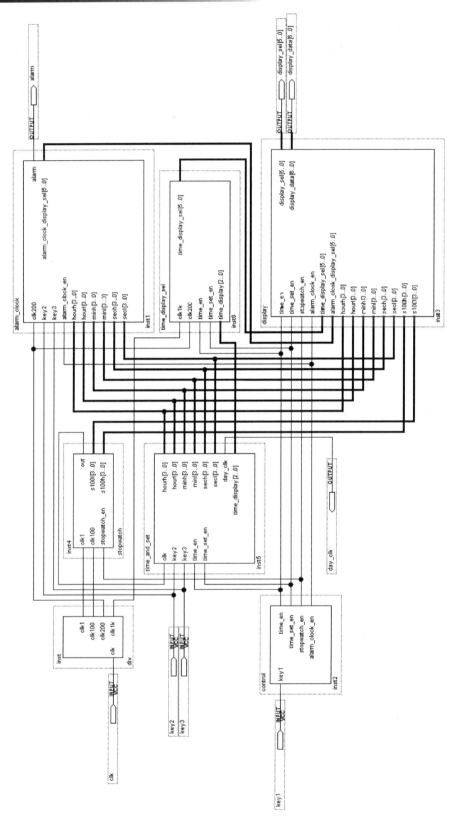

图 12-25 多功能数字钟的顶层电路图

12.2 基于 FPGA 的信号发生器的设计

12.2.1 系统设计要求

信号发生器的设计要求如下:

(1) 输出三角波、正弦波和方波。

(2) 输出三角波、正弦波和方波的组合波形。

(3) 输出波形频率可调。

12.2.2 系统设计方案

根据系统要求,信号发生器产生三角波、正弦波和方波以及这 3 种波的不同组合,由外围按键控制不同波的输出,针对输出波形的频率可调性,可以采用为不同的波形提供不同的时钟频率来实现。因此,该系统的设计方案如图 12-26 所示。

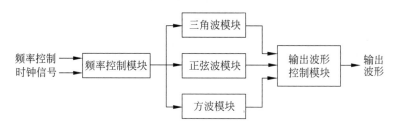

图 12-26 信号发生器的设计方案

注意:本系统没有设计键盘和消抖模块,读者可以自己设计键盘和消抖模块,将其接到信号发生器输出端口处即可完成整体的设计。

12.2.3 各部分功能模块的设计

从设计方案可以看出,该系统包含 5 个功能模块:三角波模块、正弦波模块、方波模块、频率控制模块和输出波形控制模块。

1. 三角波模块

三角波模块采用 64 个时钟周期作为一个波形的数据周期,即三角波的一个周期的波形采样为 64 个点存储在波形模块中。其程序如例 12-11 所示。

【例 12-11】 三角波程序

```verilog
//clk:时钟信号
//reset:复位信号
//triangle_out:三角波输出
module triangle(clk,reset,triangle_out);
 input clk,reset;
 output[7:0] triangle_out;
 reg[7:0] triangle_out;
 reg[7:0] num;                    //计数器
 reg reg_1;                       //加减控制
 always@(posedge clk or posedge reset)
```

```
    begin
      if(reset)
        num < = 0;
      else if(reg_1 == 0)
        begin
          if(num == 8'b11111000)
            begin
              num < = 255;
              reg_1 < = 1;
            end
          else
            num < = num + 8;
        end
      else if(num == 8'b00000111)
          begin
            num < = 0;
            reg_1 < = 0;
          end
      else
        begin
          num < = num − 8;
        end
    end
  always@(num)
    begin
      triangle_out < = num;
    end
endmodule
```

利用 Quartus Ⅱ软件进行仿真的波形如图 12-27 和图 12-28 所示。仿真的数据是整个三角波产生的局部信息,采集 64 个点,首先是加 8 运算,然后是减 8 运算,通过循环采集这 64 个点,就可以实现三角波信号。可以看出,仿真的结果与程序设计的功能一致。

图 12-27　三角波的仿真波形(上升部分)

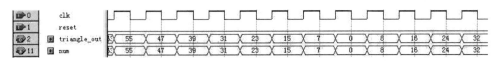

图 12-28　三角波的仿真波形(下降部分)

2. 正弦波模块

正弦波模块也采用 64 个时钟周期作为一个波形的数据周期,即正弦波的一个周期的波形采样为 64 个点存储在波形模块中。其程序如例 12-12 所示。

【例 12-12】 正弦波程序

```verilog
//clk:时钟信号
//reset:复位信号
//sin_out:正弦波输出
module sin(clk,reset,sin_out);
 input clk,reset;
 output[7:0] sin_out;
 reg[7:0] sin_out;
 reg[6:0] num;
 always@(posedge clk or posedge reset)
   begin
     if(reset)
       sin_out <= 0;
     else if(num == 63)              //采集 64 个点
       num <= 0;
     else
       num <= num + 1;
     case(num)                       //每个采样点对应的数据
       0:sin_out <= 255;
       1:sin_out <= 254;
       2:sin_out <= 252;
       3:sin_out <= 249;
       4:sin_out <= 245;
       5:sin_out <= 239;
       6:sin_out <= 233;
       7:sin_out <= 225;
       8:sin_out <= 217;
       9:sin_out <= 207;
       10:sin_out <= 197;
       11:sin_out <= 186;
       12:sin_out <= 174;
       13:sin_out <= 162;
       14:sin_out <= 150;
       15:sin_out <= 137;
       16:sin_out <= 124;
       17:sin_out <= 112;
       18:sin_out <= 99;
       19:sin_out <= 87;
       20:sin_out <= 75;
       21:sin_out <= 64;
       22:sin_out <= 53;
       23:sin_out <= 43;
       24:sin_out <= 34;
       25:sin_out <= 26;
       26:sin_out <= 19;
       27:sin_out <= 13;
       28:sin_out <= 8;
       29:sin_out <= 4;
       30:sin_out <= 1;
       31:sin_out <= 0;
```

```
            32:sin_out <= 0;
            33:sin_out <= 1;
            34:sin_out <= 4;
            35:sin_out <= 8;
            36:sin_out <= 13;
            37:sin_out <= 19;
            38:sin_out <= 26;
            39:sin_out <= 34;
            40:sin_out <= 43;
            41:sin_out <= 53;
            42:sin_out <= 64;
            43:sin_out <= 75;
            44:sin_out <= 87;
            45:sin_out <= 99;
            46:sin_out <= 112;
            47:sin_out <= 124;
            48:sin_out <= 137;
            49:sin_out <= 150;
            50:sin_out <= 162;
            51:sin_out <= 174;
            52:sin_out <= 186;
            53:sin_out <= 197;
            54:sin_out <= 207;
            55:sin_out <= 217;
            56:sin_out <= 225;
            57:sin_out <= 233;
            58:sin_out <= 239;
            59:sin_out <= 245;
            60:sin_out <= 249;
            61:sin_out <= 252;
            62:sin_out <= 254;
            63:sin_out <= 255;
            default:sin_out <= 8'bx;
        endcase
    end
endmodule
```

利用 Quartus Ⅱ 软件进行仿真的波形如图 12-29 和图 12-30 所示。仿真的数据是整个正弦波产生的局部信息,采集 64 个点,通过循环采集数据的过程就实现了正弦波信号。可以看出,仿真的结果与程序设计的功能一致。

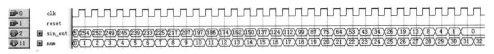

图 12-29　正弦波的仿真波形(上升部分)

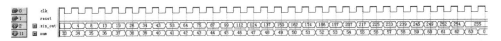

图 12-30　正弦波的仿真波形(下降部分)

3. 方波模块

方波模块也同样采用 64 个时钟周期作为一个波形的数据周期,即方波的一个周期的波形采样为 64 个点存储在波形模块中,该系统中,方波信号的占空比是 50%,即 32 个点处于低电平状态,32 个点处于高电平状态。其程序如例 12-13 所示。

【例 12-13】 方波程序

```verilog
//clk:时钟信号
//reset:复位信号
//square _out:方波输出
module square(clk,reset,square_out);
 input clk,reset;
 output[7:0] square_out;
 reg[7:0] square_out;
 reg[5:0] num;
 reg reg_2;
 always@(posedge clk or posedge reset)
   begin
     if(reset)
        reg_2 <= 0;
     else if(num < 31)                //分频
       num <= num + 1;
     else
       begin
         num <= 0;
         reg_2 <= ~reg_2;
       end
     case(reg_2)
       1:square_out <= 255;
       0:square_out <= 0;
     endcase
   end
endmodule
```

利用 Quartus Ⅱ 软件进行仿真的波形如图 12-31 和图 12-32 所示。仿真的数据是整个正弦波产生的局部信息,采集 64 个点,其中,图 12-31 是处于低电平状态的波形,图 12-32 是处于高电平状态的波形,每种状态占用 32 个点,通过循环采集数据的过程就实现了方波信号。可以看出,仿真的结果与程序设计的功能一致。

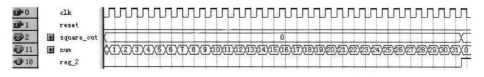

图 12-31　方波的仿真波形(上升部分)

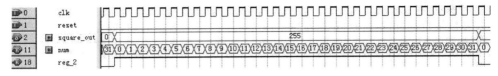

图 12-32　方波的仿真波形（下降部分）

4. 频率控制模块

频率控制模块实现的功能是：对基准时钟频率进行分频，然后将产生的时钟信号输入 3 种基本波形模块作为驱动时钟，这样就改变了 3 种波形的时钟频率，实现了输出波形的频率变化，即频率可调。其程序如例 12-14 所示。

【例 12-14】　频率控制模块程序

```
//clk:系统时钟信号
//reset:复位信号
//p:频率调节信号,p=(系统时钟频率/产生频率)/2
module div_ctrl(clk,reset,p,clk_out);
 input clk,reset;
 input[10:0] p;
 output clk_out;
 reg clk_out;
 reg temp;
 reg[10:0] count;
 always@(posedge clk or posedge reset)
   begin
     if(reset) clk_out <= 0;
     else if(temp == 0)
       begin
         count <= p - 1;
         temp <= 1;
       end
     else if(count == 1)
       begin
         temp <= 0;
         clk_out <= ~clk_out;
       end
     else
       begin
         count <= count - 1;
       end
   end
endmodule
```

利用 Quartus Ⅱ 软件进行仿真的波形如图 12-33 所示。其中只仿真了 p=10 的情况，可以看出，当 p=10 时，是对基准时钟进行 20 分频。

5. 输出波形控制模块

上面设计的三角波、正弦波和方波都是标准波形信号，可以通过按键选择输出的波形，还可以输出这 3 种波形的叠加波形。其程序如例 12-15 所示。

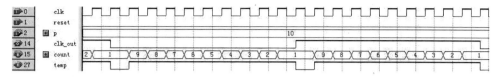

图 12-33　频率控制模块的仿真波形

【例 12-15】　控制模块程序

```
//triangle_ctrl:三角波控制信号
//sin_ctrl:正弦波控制信号
//square_ctrl:方波控制信号
//triangle:三角波
//sin:正弦波
//square:方波
//wave_out:输出波形
module control(triangle_ctrl,sin_ctrl,square_ctrl,triangle,sin,square,wave_out);
 input triangle_ctrl,sin_ctrl,square_ctrl;
 input[7:0] triangle,sin,square;
 output[7:0] wave_out;
 reg[7:0] wave_out;
 reg[2:0] sel;
 reg[9:0] a,b,c,d,e;
 always@(triangle_ctrl or sin_ctrl or square_ctrl or triangle or sin or square)
   begin
     sel = {triangle_ctrl,sin_ctrl,square_ctrl};        //控制信号
     case(sel)
       3'b100:wave_out = triangle;
       3'b010:wave_out = sin;
       3'b001:wave_out = square;
       3'b011:                                  //三角波和正弦波的线性组合
         begin
           a = triangle + sin;
           wave_out = a[8:1];
         end
       3'b101:                                  //三角波和方波的线性组合
         begin
           a = triangle + square;
           wave_out = a[8:1];
         end
       3'b110:                                  //方波和正弦波的线性组合
         begin
           a = square + sin;
           wave_out = a[8:1];
         end
       3'b111:                                  //三角波、方波和正弦波的线性组合
```

```
        begin
          a = triangle + square;
          b = a + sin;
          c = b[9:2];
          d = a[9:4];
          e = a[9:6];
          a = c + d;
          b = a + e;
          wave_out = b[7:0];
        end
      default : wave_out = 8'bx;
    endcase
  end
endmodule
```

6. 信号发生器的顶层设计

多功能数字钟的顶层设计可以采用两种方式实现：文本方式和原理图方式。如果采用文本方式，就是用 Verilog HDL 进行设计，将上述的 5 个功能模块进行例化来实现顶层设计；如果采用原理图方式，则需将上述各个功能模块生成符号，通过连接各个功能模块的符号实现顶层设计。其文本方式和原理图方式如例 12-16 和图 12-34 所示。

【例 12-16】 信号发生器的顶层设计程序

```
module signal_generator(clk,reset,k,triangle,sin,square,wave);
  input clk,reset;
  input[10:0] k;
  input triangle,sin,square;
  output[7:0] wave;
  wire[7:0] triangle_1,sin_1,square_1;
  wire clk_1;
  div_ctrl U1(.clk(clk),.reset(reset),.p(k),.clk_out(clk_1));
  control U2(.triangle_ctrl(triangle),.sin_ctrl(sin),.square_ctrl(square), .triangle(triangle_1),
            .sin(sin_1),.square(square_1),.wave_out(wave));
  triangle U3(.clk(clk_1),.reset(reset),.triangle_out(triangle_1));
  sin U4(.clk(clk_1),.reset(reset),.sin_out(sin_1));
  square U5(.clk(clk_1),.reset(reset),.square_out(square_1));
endmodule
```

将三角波、正弦波和方波的选择信号拼接成 3 位二进制信号 sel。当 sel＝100 时，选择输出三角波波形；当 sel＝010 时，选择输出正弦波波形；当 sel＝001 时，选择输出方波波形。这三种波形与前面的仿真是一致的。当 sel＝011 时，选择输出三角波和正弦波的线性组合；当 sel＝101 时，选择输出三角波和方波的线性组合；当 sel＝110 时，选择输出方波和正弦波的线性组合；当 sel＝111 时，选择输出三角波、方波和正弦波的线性组合。利用 Quartus Ⅱ软件进行仿真的波形如图 12-35 至图 12-42 所示。

注意：图 12-35 至图 12-42 中，每两个图为每一种波形的一个周期。

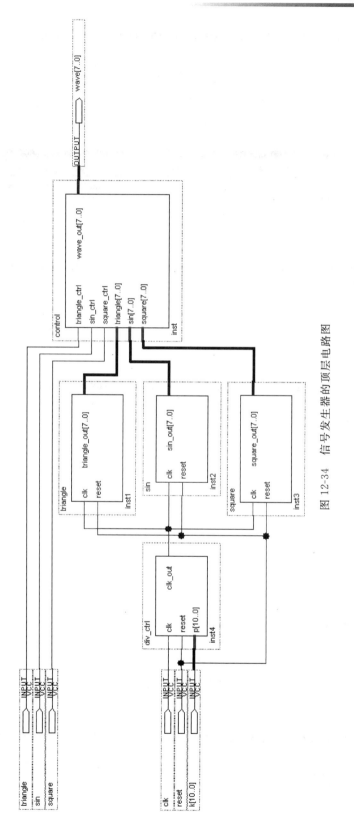

图 12-34 信号发生器的顶层电路图

图 12-35　信号发生器的顶层设计的仿真波形（sel＝011，上半周期）

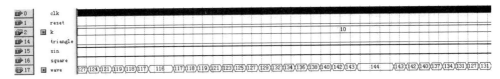

图 12-36　信号发生器的顶层设计的仿真波形（sel＝011，下半周期）

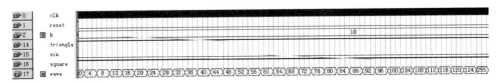

图 12-37　信号发生器的顶层设计的仿真波形（sel＝101，上半周期）

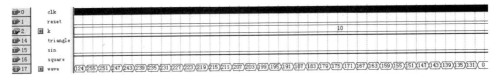

图 12-38　信号发生器的顶层设计的仿真波形（sel＝101，下半周期）

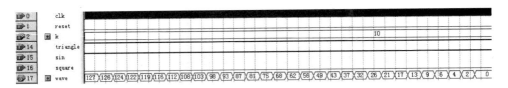

图 12-39　信号发生器的顶层设计的仿真波形（sel＝110，上半周期）

图 12-40　信号发生器的顶层设计的仿真波形（sel＝110，下半周期）

图 12-41　信号发生器的顶层设计的仿真波形（sel＝111，上半周期）

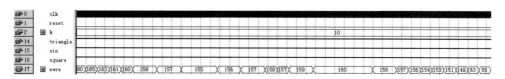

图 12-42 信号发生器的顶层设计的仿真波形(sel＝111,下半周期)

12.3 基于 FPGA 的密码锁的设计

12.3.1 系统设计要求

密码锁的设计要求如下:

(1) 密码输入:密码显示在相应的数码管上,输入的密码由右向左移动,本系统设置的密码为 4 位。

(2) 密码清除:具有密码清除功能和倒退功能。

(3) 设置密码:按下设置键,将输入的 4 位数值作为密码,并将密码锁上锁。

(4) 密码更改:将输入的值作为新密码。

(5) 验证密码:按下输入密码按键,系统将输入的值与密码进行核对,如果正确,密码锁开启,否则将处于上锁状态。

12.3.2 系统设计方案

根据系统要求,密码锁主要包括键盘输入电路、密码锁状态转换电路和密码显示电路 3 个部分,系统的设计方案如图 12-43 所示。该系统采用 4×4 的外接键盘用于密码的数据输入和功能控制,按键 0～9 为数字按键,A～F 为功能按键,按键按下时为低电平;上锁指示灯亮表示该系统已经处于上锁状态,同时锁控制信号为低电平;开锁指示灯亮表示该系统已经处于解锁状态,同时锁控制信号为高电平。

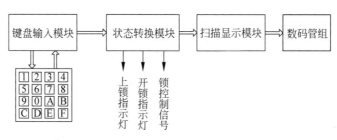

图 12-43 密码锁的设计方案

注意:为了保证系统密码的保密性,在应用中,可以将显示部分省略,这样在输入密码时就看不到密码的具体数值。

12.3.3 各部分功能模块的设计

1. 键盘输入模块

键盘输入模块包括扫描时钟产生模块、键盘扫描模块、键盘消抖模块和键盘译码模块。

1）扫描时钟产生模块

扫描时钟产生模块主要产生用于键盘扫描的时钟信号,同时产生用于键盘消抖的时钟信号以及用于扫描数码管的扫描时钟信号。扫描时钟产生模块程序如例 12-17 所示,系统的基准时钟频率为 40MHz,产生键盘扫描的时钟信号频率为 40kHz,键盘消抖的时钟信号频率为 1.25 MHz,扫描数码管的扫描时钟信号频率为 1kHz。键盘扫描的时钟信号和键盘消抖的时钟信号均是由基准时钟信号分频产生的。扫描数码管的扫描时钟信号由键盘扫描的时钟信号分频产生。

【例 12-17】 扫描时钟产生模块程序

```verilog
//clk:系统基准时钟信号
//reset:系统复位信号
//clk_scan:键盘扫描的时钟信号
//clk_eli_buff:键盘消抖的时钟信号
//clk1k:扫描数码管的扫描时钟信号
module clock_scan(clk,reset,clk_scan,clk_eli_buff,clk1k);
 input clk;                          //40MHz
 input reset;
 output clk_scan;                    //40kHz
 output clk_eli_buff;                //1.25MHz
 output clk1k;                       //1kHz
 reg clk_scan,clk_eli_buff,clk1k;
 reg[8:0] count1;
 reg[3:0] count2;
 reg[4:0] count3;
 always@(posedge clk or posedge reset)
   begin
     if(reset)
       begin
         count1 <= 0;
         clk_scan <= 0;
       end
     else if(count1 == 499)          //键盘扫描的时钟信号的产生
       begin
         clk_scan <= ~clk_scan;
         count1 <= 0;
       end
     else
       count1 <= count1 + 1;
   end
 always@(posedge clk or posedge reset)
   begin
     if(reset)
       begin
         count2 <= 0;
         clk_eli_buff <= 0;
       end
     else if(count2 == 15)           //键盘消抖的时钟信号的产生
       begin
         clk_eli_buff <= ~clk_eli_buff;
```

```
                    count2 <= 0;
                end
            else
                count2 <= count2 + 1;
        end
    always@(posedge clk_scan or posedge reset)
        begin
            if(reset)
                begin
                    count3 <= 0;
                    clk1k <= 0;
                end
            else if(count3 == 19)          //扫描数码管的扫描时钟信号的产生
                begin
                    clk1k <= ~clk1k;
                    count3 <= 0;
                end
            else
                count3 <= count3 + 1;
        end
endmodule
```

利用 Quartus Ⅱ 软件进行仿真的波形如图 12-44 所示。

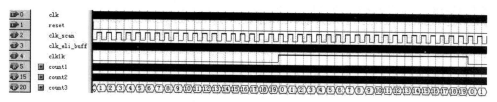

图 12-44　扫描时钟产生模块的仿真波形

图 12-45 是图 12-44 的局部放大,得到的是键盘扫描时钟信号产生的仿真波形,对基准时钟信号进行 1000 分频,每次计数器 count1 从 0 累计到 499 后,键盘扫描时钟信号翻转一次,以此类推。

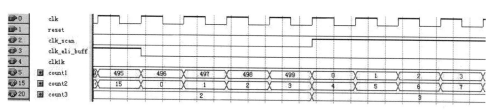

图 12-45　键盘扫描时钟信号产生的仿真波形

图 12-46 是图 12-44 的局部放大,得到的是键盘消抖时钟信号产生的仿真波形,对基准时钟信号进行 32 分频,每次计数器 count2 从 0 累计到 15 后,键盘扫描时钟信号翻转一次,以此类推。

图 12-47 是图 12-44 的局部放大,得到的是扫描数码管的扫描时钟信号产生的仿真波形,对基准时钟信号进行 40 分频,每次计数器 count3 从 0 累计到 19 后,键盘扫描时钟信号翻转一次,以此类推。

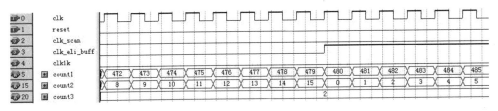

图 12-46　键盘消抖时钟信号产生的仿真波形

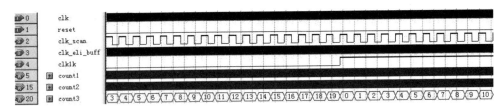

图 12-47　扫描数码管的扫描时钟信号产生的仿真波形

2）键盘扫描模块

键盘扫描模块主要是对外接 4×4 键盘的行进行循环扫描,产生的行扫描循环信号为 1110、1101、1011、0111。其中,1110 对 4×4 键盘的第一行进行扫描,1101 对 4×4 键盘的第二行进行扫描,以此类推。键盘扫描模块程序如例 12-18 所示。

【例 12-18】　键盘扫描模块程序

```verilog
//clk_scan:键盘扫描的时钟信号
//reset:系统复位信号
//key_hang:行扫描信号
module keyscan(clk_scan,reset,key_hang);
 input clk_scan,reset;
 output[3:0] key_hang;
 reg[3:0] key_hang;
 reg[3:0] state;
 parameter s0 = 4'b1110,              //定义参数
           s1 = 4'b1101,
           s2 = 4'b1011,
           s3 = 4'b0111;
 always@(posedge clk_scan or posedge reset)
   begin
     if(reset)
         key_hang <= 4'b1111;         //复位后产生无效的行扫描信号
     else
       case(key_hang)                 //循环扫描
         s0:key_hang <= s1;
         s1:key_hang <= s2;
         s2:key_hang <= s3;
         s3:key_hang <= s0;
         default:key_hang <= s0;
       endcase
   end
endmodule
```

利用 Quartus Ⅱ 软件进行仿真的波形如图 12-48 所示。当键盘扫描的时钟信号上升沿到来时,就会产生新的行扫描信号,每次只对一行进行扫描。

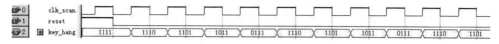

图 12-48　键盘扫描模块的仿真波形

注意:本系统采用的是 4×4 键盘,所以行扫描需要的位宽是 4 位。如果是其他规格的键盘,只需要将行扫描位宽(key_hang 的位宽)设置为相应的行数即可。

3) 键盘消抖模块

机械按键在按键操作时,由于机械触点的弹性及电压突跳等原因,在触点闭合或开启的瞬间会出现电压抖动。为了保证按键识别的准确性,在按键电压信号抖动的情况下不能进行状态输入,为此必须进行消抖处理。按键消抖主要在于提取稳定的低电平状态(按键按下时为低电平),滤除前沿和后沿抖动的毛刺。对于一个按键信号,可以用一个脉冲对它进行取样,如果连续 3 次取样为低电平,则可以认为信号已经处于稳定状态,这时输出一个低电平的按键信号。继续取样的过程中,如果不能满足连续 3 次取样为低电平,则认为稳定状态结束,这时输出变为高电平。

1 位按键消抖的状态转换图如图 12-49 所示。reset 为复位信号,当其有效时,电路进入复位状态 s0,这时取样没有检测到低电平输入信号,在输入信号取样的过程中,每检测到一个低电平信号,就发生一次状态转换,直到连续检测到 3 个连续的低电平信号时,即进入 s3 状态,这时输出一个低电平(按键信号稳定);如果未检测到 3 个连续的低电平信号,则一旦检测到高电平信号,就进入 s0 状态,重新检测。

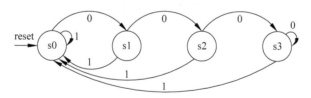

图 12-49　1 位按键消抖的状态转换图

1 位按键消抖模块程序如例 12-19 所示。

【例 12-19】 1 位按键消抖程序

```
module elimination_buffeting(clk_eli_buff,reset,din,dout);
 input clk_eli_buff,reset;
 input din;
 output dout;
 reg dout;
 parameter s0 = 2'b00,s1 = 2'b01,s2 = 2'b11,s3 = 2'b10;
 reg[1:0] p_state,n_state;
 always@(posedge clk_eli_buff or posedge reset)
    begin
       if(reset)
         p_state <= s0;
       else
```

```
            p_state <= n_state;
        end
    always@(p_state or din)
      begin
        case(p_state)
          s0:                           //没有检测到低电平
            begin
              dout <= 1;
              if(din)
                n_state <= s0;
              else
                n_state <= s1;
            end
          s1:                           //检测到一个低电平
            begin
              dout <= 1;
              if(din)
                n_state <= s0;
              else
                n_state <= s2;
            end
          s2:                           //检测到两个低电平
            begin
              dout <= 1;
              if(din)
                n_state <= s0;
              else
                n_state <= s3;
            end
          s3:                           //检测到三个低电平
            begin
              dout <= 0;                //产生稳定的低电平信号
              if(din)
                n_state <= s0;
              else
                n_state <= s3;
            end
          default:n_state <= s0;
        endcase
      end
    endmodule
```

利用 Quartus Ⅱ 软件进行仿真的波形如图 12-50 所示。当输入为高电平时,输出为高电平,没有检测到按键输入;当输入不是连续 3 个低电平时,输出为高电平,有按键输入,但它是不稳定的输入信号;只有输入是连续 3 个低电平时,输出才为低电平,说明有稳定的信号输入。

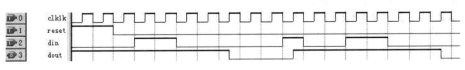

图 12-50　1 位按键消抖的仿真波形

上面只描述了1位按键消抖的设计,实际系统应用中有很多情况是多按键,这时可以将1位按键消抖进行例化,变成多位的按键消抖。例12-20是4×4键盘消抖模块程序。

【例12-20】 4×4键盘消抖模块程序

```verilog
module elimination_buffeting_4_4(clk_eli_buff,reset,din,dout);
 input clk_eli_buff,reset;
 input[3:0] din;
 output[3:0] dout;
 elimination_buffeting U1(clk_eli_buff,reset,din[0],dout[0]);
 elimination_buffeting U2(clk_eli_buff,reset,din[1],dout[1]);
 elimination_buffeting U3(clk_eli_buff,reset,din[2],dout[2]);
 elimination_buffeting U4(clk_eli_buff,reset,din[3],dout[3]);
endmodule
```

4)键盘译码模块

键盘译码模块的作用是产生与外接键盘上的按键对应的数据,然后用于后面的具体操作。当没有按键按下时,列信号输入端检测到的是1111。当有按键按下时,例如按键1按下,如果行扫描信号为1110,得到的列信号为1110。将行扫描信号和列信号拼接在一起,可以得到相应的键值。例如,将行扫描信号1110与列信号1110拼接在一起,即11101110,可以译成数字1。同理可以得到其他按键的键值。键盘译码模块程序如例12-21所示。

【例12-21】 键盘译码模块程序

```verilog
//clk_scan:键盘扫描的时钟信号
//key_hang:行扫描信号
//key_lie:列信号
//key_value:键值
module keyboard_decoder(clk_scan,key_hang,key_lie,key_value);
 input clk_scan;
 input[3:0] key_hang,key_lie;
 output[3:0] key_value;
 reg[3:0] key_value;
 always@(posedge clk_scan)
   begin
     case({key_hang,key_lie})              //行扫描信号与列信号拼接
       8'b1110_1110:key_value<=1;
       8'b1110_1101:key_value<=2;
       8'b1110_1011:key_value<=3;
       8'b1110_0111:key_value<=4;
       8'b1101_1110:key_value<=5;
       8'b1101_1101:key_value<=6;
       8'b1101_1011:key_value<=7;
       8'b1101_0111:key_value<=8;
       8'b1011_1110:key_value<=9;
       8'b1011_1101:key_value<=0;
       8'b1011_1011:key_value<=10;
       8'b1011_0111:key_value<=11;
       8'b0111_1110:key_value<=12;
       8'b0111_1101:key_value<=13;
       8'b0111_1011:key_value<=14;
```

```
        8'b0111_0111:key_value<=15;
        default:key_value<=4'bx;
      endcase
    end
endmodule
```

利用 Quartus Ⅱ 软件进行仿真的波形如图 12-51 所示。当某一个按键按下时,对应的列为低电平,将得到与键盘按下的键对应的数据。图 12-51 中得到了 4×4 键盘上 16 个按键的所有键值。

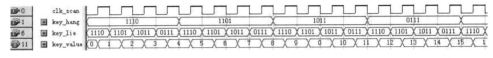

图 12-51　键盘译码模块的仿真波形

2. 状态转换模块

状态转换模块是整个密码锁电路的核心部分,主要完成对数字按键输入和功能按键的响应控制。如果按下数字键,将从数码管的最右端开始显示;此后,每输入一个数字,数码管上的数字必须左移一次,以便显示新的数字。输入的数字不能超过 4 位,否则超过 4 位的部分将被忽略,不予显示。如果按下的是功能键,将具有密码设置、密码输入、密码清除和倒退的功能。键盘上的数字键为 0~9,功能键为 A~F,本系统只有 4 种功能,所以只用到了键盘上的 4 个功能键 A~D。

状态转换模块程序如例 12-22 所示。

【例 12-22】 状态转换模块程序

```
//clk:时钟信号
//key_value:键值
//lampa:上锁指示灯
//lampb:开锁指示灯
//lock:锁控制信号
//data_bcd:设置或输入的密码值
module state_convert(clk,key_value,lampa,lampb,lock,data_bcd);
 input clk;
 input[3:0] key_value;
 output lampa,lampb;
 output lock;
 output[15:0] data_bcd;
 reg mimaset_in,mima_in;              //设置密码和输入密码信号
 reg lampa,lampb;
 reg[15:0] reg_1;                     //密码寄存器
 reg[15:0] acc;                       //键盘输入值寄存器
 reg[2:0] count;                      //密码个数计数器
 reg press;                           //按键是否按下判断信号
 always@(posedge clk)
   begin
     if(key_value==10)                //键盘上的功能按键A,用于设置密码
       begin
         mimaset_in<=1;
```

```
                mima_in < = 0;
            end
         else if(key_value == 11)              //键盘上的功能按键 B,用于输入密码
            begin
               mimaset_in < = 0;
               mima_in < = 1;
            end
      end
always@(key_value)                             //判断按键是否按下
    if((key_value < 10) || (key_value == 12) || (key_value == 13))
       press < = ~&key_value;
    else
       press < = 0;
always@(posedge press)
   begin
      if((mimaset_in == 1) || (mima_in == 1))
        begin
           acc < = 0;
           if(count < 4)                       //只保存前 4 个输入值
              begin
                 if(key_value == 12)           //当清除键有效时,将所有输入密码值清除
                    begin
                       acc < = 0;
                       count < = 0;
                    end
                 else if(key_value == 13)      //到倒退键有效时,将上一次按下的一位密码值清除
                    begin
                       acc < = {4'b0,acc[15:4]}; //采用右移的方式
                       count < = count − 1;
                    end
                 else
                    begin
                       acc < = {acc[11:0],key_value};    //连续保存按键键值,采用左移方式
                       count < = count + 1;
                    end
              end
           else
              count < = 0;
        end
   end
always@(posedge clk)
   begin
      if(mimaset_in)                           //设置密码
         if(count == 4)
            begin
               reg_1 < = acc;
               lampa < = 1;
               lampb < = 0;
            end
      else if(mima_in)                         //输入密码
         if(count == 4)
```

```
                begin
                   if(reg_1 == acc)
                      begin
                         lampa < = 0;
                         lampb < = 1;
                         end
                   else
                      begin
                         lampa < = 0;
                         lampb < = 0;
                         end
                end
         end
   assign lock = lampb&(~lampa);              //产生锁控制信号
   assign data_bcd = acc;                     //4 个密码值输出
endmodule
```

利用 Quartus Ⅱ软件进行仿真的波形如图 12-52 至图 12-55 所示。图 12-52 为设置密码的仿真波形。当设置密码按键 A(键值为 10)按下后,输入的 4 个数字将作为密码锁的密码。图 12-52 中设置的密码为 5793,即 reg_1 的内容。在设置密码的过程中,如果更改上一次输入的值或全部输入的值,可以按下倒退键 D(键值为 13)或清除键 C(键值为 12)。图 12-52 中键值 15 为没有按键按下。设置完密码后,上锁指示灯为高电平,为亮状态,同时锁控制信号为低电平,为上锁状态。

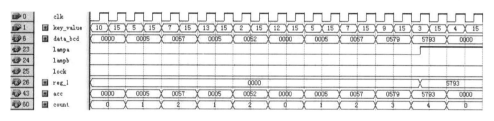

图 12-52　设置密码的仿真波形

图 12-53 为输入密码错误的仿真波形。在输入密码过程中,也可以采用倒退键和清除键清除上一次的键值或全部的键值。如果设置的密码为 5793,当输入的密码为 5794 时,与设置的密码不相同,这时开锁指示灯为低电平,为熄灭状态,并且锁控制信号为低电平,为上锁状态。

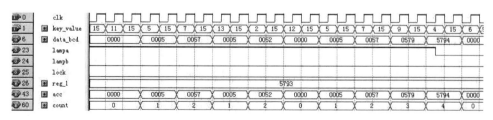

图 12-53　输入密码错误的仿真波形

图 12-54 为输入密码正确的仿真波形。如果设置的密码为 5793,当输入的密码为 5793时,与设置的密码相同,这时开锁指示灯为高电平,为亮状态,并且锁控制信号为高电平,为开锁状态。

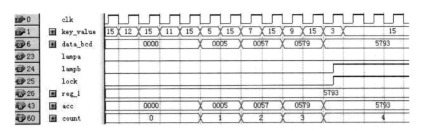

图 12-54 输入密码正确的仿真波形

图 12-55 为更改密码的仿真波形。如果旧的密码为 5793,可以再按下设置密码按键 A (键值为 10),输入 4 个数字,将取代原有的密码,作为新的密码。图 12-55 中的新密码为 4682。当输入 4682 时,就开启密码锁,如果还输入旧密码,将不能开启密码锁。

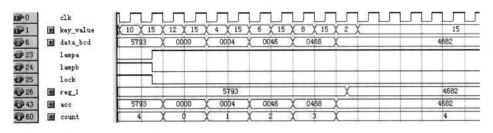

图 12-55 更改密码的仿真波形

3. 扫描显示模块

扫描显示模块包括扫描模块和显示译码模块两部分。

1) 扫描模块

扫描模块的作用是将输入的多位 BCD 码分次传输并译码,每次只传输一组 BCD 码,并产生数码管位选择信号,将传输的 BCD 码与位选择信号相对应。扫描模块程序如例 12-23 所示。

【例 12-23】 扫描模块程序

```
//clk1k:扫描数码管的扫描时钟信号
//data_bcd:输入的多个 BCD 码
//sel:数码管的位选择信号
//dout:输出一组 BCD 码
module scan(clk1k,data_bcd,sel,dout);
 input clk1k;
 input[15:0] data_bcd;
 output[1:0] sel;
 output[3:0] dout;
 reg[1:0] sel;
 reg[3:0] dout;
 always@(posedge clk1k)                //产生位选择信号
   begin
     if(sel<3)
       sel<=sel+1;
     else
```

```
            sel < = 0;
        end
    always@(sel)                          //分次传输多个 BCD 码
        begin
          case(sel)
            0:dout < = data_bcd[15:12];
            1:dout < = data_bcd[11:8];
            2:dout < = data_bcd[7:4];
            3:dout < = data_bcd[3:0];
            default:dout < = 4'bx;
          endcase
        end
endmodule
```

利用 Quartus Ⅱ软件进行仿真的波形如图 12-56 所示。可以看出,输入的数值为 6789,
将在 4 个数码管上显示,sel 的值 0~3 代表 4 个数码管,6、7、8 和 9 在对应的 4 个数码管上
显示出来。

图 12-56　扫描模块的仿真波形

2)显示译码模块

显示译码模块的作用是将 BCD 码转换成相应的 7 段码进行显示,本系统采用的是共阴
极数码管。显示译码模块程序如例 12-24 所示。

【例 12-24】　显示译码模块程序

```
module display_decode(din,dout);
  input[3:0] din;
  output[6:0] dout;
  reg[6:0] dout;
  always@(din)
    begin
      case(din)                          //译码过程
        0: dout = 7'b1111110;            //7E
        1: dout = 7'b0110000;            //30
        2: dout = 7'b1101101;            //6D
        3: dout = 7'b1111001;            //79
        4: dout = 7'b0110011;            //33
        5: dout = 7'b1011011;            //5B
        6: dout = 7'b1011111;            //5F
        7: dout = 7'b1110000;            //70
        8: dout = 7'b1111111;            //7F
        9: dout = 7'b1111011;            //7B
        10:dout = 7'b1110111;            //77
        11:dout = 7'b0011111;            //1F
```

```
        12:dout = 7'b1001110;                    //4E
        13:dout = 7'b0111101;                    //3D
        14:dout = 7'b1001111;                    //4F
        15:dout = 7'b1000111;                    //47
        default:dout = 7'b0000000;
      endcase
    end
endmodule
```

利用 QuartusⅡ软件进行仿真的波形如图 12-57 所示。图中 dout 的 7 段数值用十六进制显示。可以看出,仿真的功能与设计相符。

图 12-57　显示译码模块的仿真波形

4. 密码锁的顶层设计

密码锁的顶层设计可以采用两种方式实现:文本方式和原理图方式。如果采用文本方式,就是用 Verilog HDL 进行设计,将上述的几个功能模块进行例化来实现顶层设计;而采用原理图方式,则需将上述各个功能模块生成符号,通过连接各个功能模块的符号实现顶层设计。其文本方式和原理图方式如例 12-25 和图 12-58 所示。

【例 12-25】 密码锁的顶层设计程序

```
module coded_lock(clk,reset,key_lie,key_hang,lampa,lampb,lock,sel,dout);
  input clk,reset;
  input[3:0] key_lie;
  output[3:0] key_hang;
  output lampa,lampb,lock;
  output[1:0] sel;
  output[6:0] dout;
  wire clk_scan,clk_eli_buff,clk1k;
  wire[3:0] key_lie_reg,key_value_reg,temp;
  wire[15:0] data_bcd_reg;
  clock_scan U1(.clk(clk),.reset(reset),.clk_scan(clk_scan),.clk_eli_buff(clk_eli_buff),
              .clk1k(clk1k));
  keyscan U2(.clk_scan(clk_scan),.reset(reset),.key_hang(key_hang));
  elimination_buffeting_4_4 U3(.clk_eli_buff(clk_eli_buff),.reset(reset),.din(key_lie),
                    .dout(key_lie_reg));
  keyboard_decoder U4(.clk_scan(clk_scan),.key_hang(key_hang),.key_lie(key_lie_reg),
                  .key_value(key_value_reg));
  state_convert U5(.clk(clk),.key_value(key_value_reg),.lampa(lampa),.lampb(lampb),
              .lock(lock),.data_bcd(data_bcd_reg));
  scan U6(.clk1k(clk1k),.data_bcd(data_bcd_reg),.sel(sel),.dout(temp));
  display_decode U7(.din(temp),.dout(dout));
endmodule
```

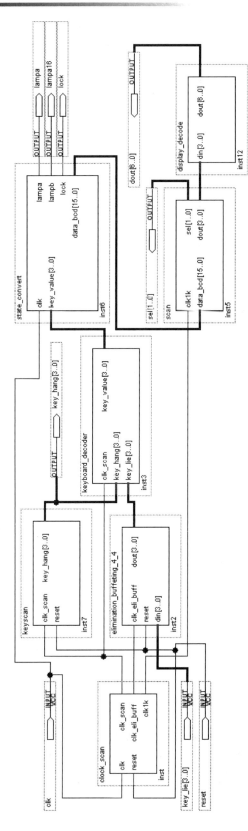

图 12-58 密码锁的顶层电路图

12.4　数字滤波器的FPGA设计

在数字信号处理中,最普通的低通滤波器主要分为有限脉冲响应(FIR)滤波器和无限脉冲响应(IIR)滤波器。两种滤波器最大的区别在于:IIR滤波器的内部结构中包含反馈回路;而FIR滤波器中只有前向支路,没有反馈回路,因此IIR滤波器实现滤波时所需的阶数较少。但是,由于FIR滤波器设计时可以得到线性相移的频率响应,又因为数字信号已经经过抽取频率器的抽取处理,采样频率已经降低,这使得设计较高阶数的数字滤波器完成滤波处理成为可能,因此,在设计中经常采用具有线性相移特性的FIR滤波器作为基带低通滤波器。本节主要实现FIR滤波器的FPGA设计。

12.4.1　FIR滤波器的结构

FIR滤波器的特点是单位脉冲响应是一个有限长序列,因此系统函数一般写成如下形式:

$$H(z) = \sum_{n=0}^{N-1} h(n) z^{-n} \tag{12-1}$$

其中 N 是 $h(n)$ 的长度,即FIR滤波器的抽头数。

由于 $H(z)$ 是 z^{-1} 的 $N-1$ 次多项式,它在 z 平面上有 $N-1$ 个零点,原点 $z=0$ 是 $N-1$ 阶重极点,因此 $H(z)$ 肯定是稳定的。此外,线性相移特性也是FIR滤波器的一个优点,常用的线性相移FIR滤波器的单位脉冲响应均为实数,且满足偶对称或奇对称的条件,即

$$h(n) = h(N-1-n) \quad \text{或} \quad h(n) = -h(N-1-n)$$

FIR滤波器的直接型结构如图12-59所示,其输出可表示为

$$y(n) = \sum_{i=0}^{N-1} h(i) x(n-i) \tag{12-2}$$

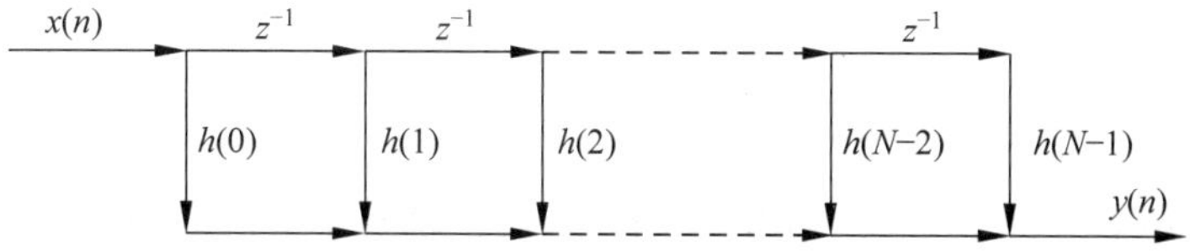

图12-59　直接型FIR滤波器结构

用加法器和乘法器很容易就能够实现这种结构的FIR滤波器,图12-60即为一个直接型FIR滤波器的实现方案。但这种直接实现的FIR滤波器不论在速度上还是在资源耗用上都不理想。

在使用FIR滤波器的实际系统中,多应用了FIR滤波器线性相移的特点,因此根据线性相移FIR滤波器的系数具有对称性这一特点,可用如图12-61所示的结构来实现滤波器,在这种结构中,滤波器的输出可写成下面的形式:

$$y(n) = \sum_{n=0}^{(N-1)/2} (x(n) + x(N-1-n)) h(n) \tag{12-3}$$

这种形式的滤波器根据对称性减少了乘法器的数量,从而节省了器件的资源。

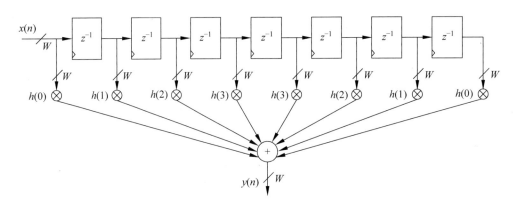

图 12-60　直接型 FIR 滤波器实现方案

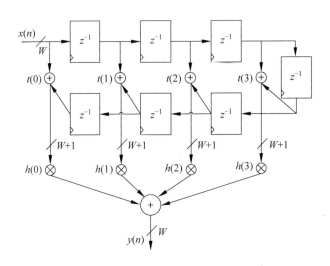

图 12-61　线性相移的 FIR 滤波器结构

12.4.2　抽头系数的编码

FIR 滤波器的抽头系数多为小数,且有符号,因此抽头系数的编码也是必须考虑的一个问题。常用的编码方式有二进制补码、反码、有符号数值表示法等。

还可以采用另一种编码方式,即将十进制数用 2^n 数相加减的形式表示出来,这种编码方式称为 SD(Signed Digit,有符号数位)编码,该编码与传统的二进制编码不同,它使用 3 个数值来表示数字,即 0、1、-1,其中 -1 经常写成为 $\bar{1}$。例如:

$$27_{10} = 32_{10} - 4_{10} - 1_{10} = 100000_2 - 100_2 - 1_2 = 100\bar{1}0\bar{1}_{SD}(下标表示进制)$$

通常可以通过非零元素的数量来估计乘法的效率,例如乘法操作:$A_{10}x[n]$,其具体实现过程如下:

若　　$A_{10} = (a_{k-1}a_{k-2}\cdots a_0)_2$

则　　$A_{10}x[n] = (a_{k-1}a_{k-2}\cdots a_0)_2 x[n] = a_{k-1}2^{k-1}x[n] + a_{k-2}2^{k-2}x[n] + \cdots + a_0x[n]$

可以明显看到,乘法器的成本与 A 中非零元素 a_k 的数量有直接的关系。而 SD 编码表示法可有效降低乘法成本。例如十进制数 93,如果用二进制进行编码可表示为 $93_{10} =$

1011101_2,如果用 SD 编码可表示为

$$93_{10} = 128_{10} - 32_{10} - 4_{10} + 1_{10} = 10000000_2 - 100000_2 - 100_2 + 1_2 = 10\overline{1}00\overline{1}01_{SD}$$

用普通二进制编码需要 4 个加法器,用 SD 编码只需要 3 个加法器。

SD 编码通常不是唯一的,例如:

$$15_{10} = 16_{10} - 1_{10} = 1000\overline{1}_{SD}$$

$$15_{10} = 16_{10} - 2_{10} + 1_{10} = 100\overline{1}1_{SD}$$

$$15_{10} = 16_{10} - 4_{10} + 2_{10} + 1_{10} = 10\overline{1}11_{SD}$$

在上面的 SD 编码中,由于第一种方式具有数量最少的 1 和 $\overline{1}$,因此它的乘法成本最低。应该尽量减少编码中 1 和 $\overline{1}$ 的数量,以将乘法器实现的成本降到最低,通常将这种包含数量最少的 1 和 $\overline{1}$ 的 SD 编码称为最佳 SD 编码。

12.4.3 FIR 滤波器的设计

设计一个低通 FIR 滤波器,指标如下:采样频率为 8kHz,通带截止频率为 3.4kHz,阻带衰减大约为 10dB,输入输出数据宽度为 8 位,滤波器阶数为 10。

根据以上指标,首先用 MATLAB 软件仿真并确定抽头系数。MATLAB 软件仿真的滤波器的抽头系数为 $0.0036, -0.0127, 0.0417, -0.0878, 0.1318, 0.8500, 0.1318, -0.0878, 0.0417, -0.0127, 0.0036$。

抽头系数是奇对称的,即:$h(0) = h(10) = 0.0036, h(1) = h(9) = -0.0127, h(2) = h(8) = 0.0417, h(3) = h(7) = -0.0878, h(4) = h(6) = 0.1318, h(5) = 0.8500$。

FIR 滤波器采用对称结构,每个抽头的输出分别乘以相应加权的二进制值,再将结果相加。同时利用滤波器系数奇对称的特性,将输入信号 $x[n]$ 进行如下等效:

$$t_0 = x(5)$$
$$t_1 = x(4) + x(6)$$
$$t_2 = x(3) + x(7)$$
$$t_3 = x(2) + x(8)$$
$$t_4 = x(1) + x(9)$$
$$t_5 = x(0) + x(10)$$

10 阶线性相移 FIR 滤波器的结构如图 12-62 所示。

在滤波器系数的处理上,采用优化 SD 编码方式,以减少对器件资源的耗用。滤波器系数的 SD 编码如下,每个抽头系数均先左移 7 位(乘以 128)。

$128 \cdot h(0) = 128 \times 0.0036 = 0.4608 = 0.5 - 0.03125 = (0.1000\overline{1})_{SD}$

$128 \cdot h(1) = 128 \times 0.0127 = 1.6256 = 1 + 0.5 + 0.125 = (1.101)_{SD}$

$128 \cdot h(2) = 128 \times 0.0417 = 5.3376 = 4 + 1 + 0.25 + 0.0625 + 0.03125 = (101.01011)_{SD}$

$128 \cdot h(3) = 128 \times 0.0878 = 11.2384 = 8 + 4 - 1 + 0.25 = (110\overline{1}.01)_{SD}$

$128 \cdot h(4) = 128 \times 0.1318 = 16.8704 = 16 + 1 - 0.125 = (10001.00\overline{1})_{SD}$

$128 \cdot h(5) = 128 \times 0.8500 = 108.800 = 128 - 16 - 4 + 0.5 + 0.25 + 0.0625 = (100\overline{1}0\overline{1}00.1101)_{SD}$

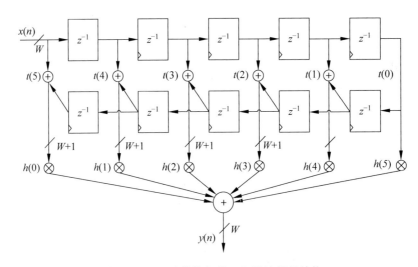

图 12-62　10 阶线性相移 FIR 滤波器的结构

这样,10 阶 FIR 滤波器的输出就可以用下面的算式得到:

$$
\begin{aligned}
\text{sum} <= &(t0 \ll 7) - ((t0 \ll 2) \ll 2) - (t0 \ll 2) + \{t0[7], t0[7:1]\} + \{t0[7], t0[7], t0[7:2]\} + \\
&\{t0[7], t0[7], t0[7], t0[7], t0[7:4]\} + (t1 \ll 4) + t1 - \{t1[7], t1[7], t1[7], t1[7:3]\} \\
&- (t2 \ll 3) - (t2 \ll 2) + t2 - \{t2[7], t2[7], t2[7:2]\} \\
&+ (t3 \ll 2) + t3 + \{t3[7], t3[7], t3[7:2]\} + \{t3[7], t3[7], t3[7], t3[7], t3[7:4]\} \\
&- t4 - \{t4[7], t4[7:1]\} - \{t4[7], t4[7], t4[7], t4[7:3]\} \\
&+ \{t5[7], t5[7:1]\} - \{t5[7], t5[7], t5[7], t5[7], t5[7], t5[7:5]\}
\end{aligned}
$$

得到结果后,再将结果右移 7 位,即得到正确的结果。根据以上设计思路,其 Verilog HDL 程序如下:

```
module fir_10(clk, x, out, y);
 input clk;
 input[7:0] x;
 output[7:0] y;
 output[15:0] out;
 reg[15:0] out;
 reg[7:0] tap0,tap1,tap2,tap3,tap4,tap5,tap6,tap7,tap8,tap9,tap10;
 reg[7:0] t0,t1,t2,t3,t4,t5;
 reg[15:0] sum;
 always@(posedge clk)
    begin
      t0 <= tap5;
      t1 <= tap4 + tap6;
      t2 <= tap3 + tap7;
      t3 <= tap2 + tap8;
      t4 <= tap1 + tap9;
      t5 <= tap0 + tap10;
      sum <= (t0 << 7) - ((t0 << 2) << 2) - (t0 << 2) + {t0[7],t0[7:1]} + {t0[7],t0[7],t0[7:2]}
           + {t0[7],t0[7],t0[7],t0[7],t0[7:4]} + (t1 << 4) + t1 - {t1[7],t1[7],t1[7],t1[7:3]}
           - (t2 << 3) - (t2 << 2) + t2 - {t2[7],t2[7],t2[7:2]}
```

```
                + (t3 << 2) + t3 + {t3[7],t3[7],t3[7:2]} + {t3[7],t3[7],t3[7],t3[7],t3[7:4]}
                - t4 - {t4[7],t4[7:1]} - {t4[7],t4[7],t4[7],t4[7:3]}
                + {t5[7],t5[7:1]} - {t5[7],t5[7],t5[7],t5[7],t5[7],t5[7:5]};
        tap10 <= tap9;
        tap9 <= tap8;
        tap8 <= tap7;
        tap7 <= tap6;
        tap6 <= tap5;
        tap5 <= tap4;
        tap4 <= tap3;
        tap3 <= tap2;
        tap2 <= tap1;
        tap1 <= tap0;
        tap0 <= x;
        out <= {sum[15],sum[15],sum[15],sum[15],sum[15],sum[15],sum[15],sum[15:7]};
    end
    assign y = out[15:8];
endmodule
```

10 阶 FIR 滤波器的仿真波形如图 12-63 所示。其中负数用补码形式给出。可以看出,由于输入是一个常量,所以输出也是稳定的;当输入是变化的量时,输出也会变化。输出 out 是 16 位,最终输出 y 只取 out 的高 8 位,使得滤波效果更好。

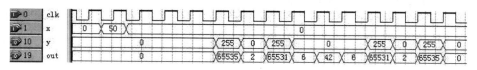

图 12-63　10 阶 FIR 滤波器的仿真波形

12.5　直扩通信系统的 FPGA 设计

数字传输系统分为基带传输系统和频带传输系统。在数字频带传输系统中,数字信号对高频载波进行调制,变成频带信号,通过信道传输,在接收端解调后恢复成数字信号。所以,对载波的调制和解调是整个通信系统最重要的部分。

数字信号对载波的调制与模拟信号对载波的调制类似,它同样可以控制正弦振荡的振幅、频率或相位的变化。但由于数字信号的特点——时间和取值的离散性,使受控参数离散化而出现开关控制,称为键控法。

数字信号对载波振幅调制称为振幅键控(Amplitude Shift Keying,ASK),对载波频率调制称为频移键控(Frequency Shift Keying,FSK),对载波相位调制称为相移键控或相位键控(Phase Shift Keying,PSK)。

扩频系统中,扩频信号是通过载波调制后发送到信道中的,在直接序列扩频中,通常采用的调制方式是对载波进行相位键控。最简单也是用得最多的是二进制相位键控(BPSK),较为复杂的相位键控是正交相位键控(QPSK)和偏移正交相位键控(OQPSK)。

12.5.1 二进制相位键控调制

相位键控是用数字基带信号控制载波的相位,使载波的相位发生跳变的一种调制方式。二进制相位键控用同一个载波的两种相位来代表数字信号。由于 PSK 系统抗噪声性能优于 ASK 和 FSK,而且频带利用率较高,所以,在中高速数字通信中被广泛采用。

相位键控常分为绝对调相(CPSK)和相对调相(DPSK)。二进制的绝对调相记为 2CPSK,相对调相记为 2DPSK。

1. 绝对调相

绝对调相即 CPSK,是利用载波的不同相位去直接传送数字信息的一种方式。对 2CPSK,若用相位 π 代表 0 码,相位 0 代表 1 码,即规定数字基带信号为 0 码时,已调信号相对于载波的相位为 π;数字基带信号为 1 码时,已调信号相对于载波的相位为 0。按此规定,2CPSK 信号的数学表达式为

$$u_{2CPSK}(t) = \begin{cases} A\cos(2\pi f_c t + \theta_0), & \text{为 1 码} \\ A\cos(2\pi f_c t + \theta_0 + \pi), & \text{为 0 码} \end{cases} \tag{12-4}$$

式中,θ_0 为载波的初相位。

受控载波在 0、π 两个相位上的变化如图 12-64 所示。其中图 12-64(a)为数字基带信号 $S(t)$(也称绝对码)波形,图 12-64(b)为载波波形,图 12-64(c)为 2CPSK 绝对调相波形,图 12-64(d)为双极性数字基带信号波形。

从图 12-64 可以看出,2CPSK 信号可以看成是双极性数字基带信号乘以载波产生的,即

$$u_{2CPSK}(t) = u(t)A\cos(2\pi f_c t + \theta_0) \tag{12-5}$$

式中,$u(t)$ 为双极性数字基带信号,其波形如图 12-64(d)所示。

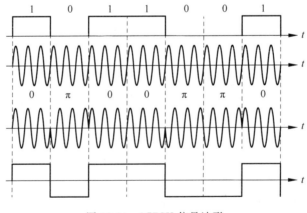

图 12-64　2CPSK 信号波形

CPSK 波形相位是相对于载波相位而言的。因此画 CPSK 波形时,必须先把载波画好,然后才能根据相位的规定画出它的波形。

2. 相对调相

相对调相即 DPSK,也称为差分调相,这种方式用载波相位的相对变化来传送数字信号,即利用前后码之间载波相位的变化表示数字基带信号。所谓相位变化又有向量差和相

位差两种定义方法。向量差是指前一码元的终相位与本码元初相位发生的变化,而相位差是指前后两码元的初相位发生的变化,图 12-65 给出了两种定义的 DPSK 波形。从图 12-65 可以看出,对同一个基带信号,按向量差和相位差画出的 DPSK 波形是不同的。例如在相位差法中,在绝对码出现 1 码时,前后两码元的初相位相对改变 π;出现 0 码时,前后两码元的初相位相对不变。在向量差法中,在绝对码出现 1 码时,DPSK 的载波初相位相对前一码元的终相位改变 π;出现 0 码时,DPSK 的载波初相位相对前一码元的终相位连续不变。在画 DPSK 波形时,第一个码元波形的相位可任意假设。

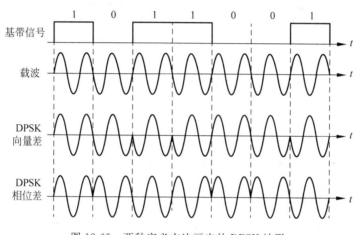

图 12-65 两种定义方法画出的 DPSK 波形

由以上分析可以看出,绝对调相波形规律比较简单,而相对调相波形规律比较复杂。绝对调相是用已调载波的不同相位来代表基带信号的,在解调时,必须先恢复载波,然后把载波与 CPSK 信号进行比较,才能恢复基带信号。由于接收端恢复载波常常采用二分频电路,它存在相位模糊,即用二分频电路恢复的载波有时与发送载波同相,有时反相,而且还会出现随机跳变,这样就给绝对调相信号的解调带来困难。而相对调相的基带信号是由相邻两码元相位的变化来表示的,它与载波相位无直接关系,即使采用同步解调,也不存在相位模糊问题,因此在实际设备中,相对调相得到了广泛运用。

12.5.2 CPSK 信号的产生

DPSK 信号应用较多,但由于它的调制规律比较复杂,难以直接产生,目前 DPSK 信号的产生较多地采用码变换加 CPSK 调制来获得。

CPSK 调制有直接调相法和相位选择法两种方法。

1. 直接调相法

直接调相法的电路如图 12-66 所示,它是一个典型的环形调制器。在 CPSK 调制中,1、2 端接载波信号 $A\cos(2\pi f_c t + \theta_0)$,5、6 端接双极性基带信号,3、4 端为输出,二极管 D1、D2、D3 和 D4 起着倒接开关的作用。当基带信号为正时,D1、D2 导通,输出载波与输入同相;当基带信号为负时,D3、D4 导通,输出载波与输入反相。这样就实现了 CPSK 调制。

2. 相位选择法

相位选择法的电路如图 12-67 所示,设振荡器产生的载波信号为 $A\cos(2\pi f_c t)$,它加到与门 1,同时该振荡器信号经过反相变为 $A\cos(2\pi f_c t + \pi)$,加到与门 2,基带信号和它的反相信号分别作为与门 1 和与门 2 的选通信号。基带信号为 1 码时,与门 1 选通,输出为 $A\cos(2\pi f_c t)$;基带信号为 0 码时,与门 2 选通,输出为 $A\cos(2\pi f_c t+\pi)$,即可得到 CPSK 信号。

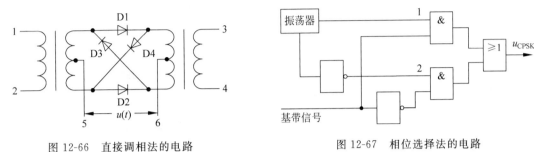

图 12-66　直接调相法的电路　　　　　　　图 12-67　相位选择法的电路

12.5.3　DPSK 信号的产生

1. DPSK 信号

相对调相信号(DPSK)是通过码变换加 CPSK 调制产生的,其产生原理如图 12-68 所示。这种办法是把原基带信号经过绝对码-相对码变换后,用相对码进行 CPSK 调制,其输出便是 DPSK 信号。

2. 绝对码-相对码变换关系

假设绝对调相按 1 码同相、0 码 π 相的规律调制,而相对调相按 1 码相位变换(调相 π)、0 码相位不变的规律调制。按此规定,绝对码记为 a_k,相对码记为 b_k,绝对码-相对码变换如图 12-69 所示。

图 12-68　相对调相信号产生原理　　　　图 12-69　绝对码-相对码变换

绝对码-相对码之间的关系为

$$b_k = a_k \oplus b_{k-1} \tag{12-6}$$

按照图 12-69 所示的变换画出相对码,然后再按绝对调相的规定画出调相波,并把此调相波与按相对调相定义直接画出的调相波比较,如图 12-70 所示。为方便作图,这里设 $T_B = T_C$,T_B 是码元宽度,T_C 是载波周期。由图 12-70 可以看出,按相对码进行 CPSK 调制与按原基带信号(即绝对码)进行 DPSK 调制,两者波形相同,因此相对调相可以用绝对码-相对码变换加上绝对调相来实现。

根据上述关系,绝对码与相对码(差分码)可以相互转换。图 12-71 为绝对码转换为相对码的电路及波形,图 12-72 为相对码转换为绝对码的电路及波形。

3. 产生 DPSK 信号电路

产生 DPSK 信号时,需要先将绝对码转换为相对码,然后用相对码对载波进行绝对调相,即可得到相对码调相(DPSK)信号。图 12-73 给出了相对调相法产生 DPSK 信号的电路图及各点对应的波形。图 12-74 给出了选择相位法产生 DPSK 信号的电路图。

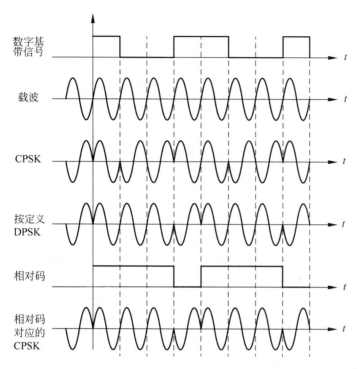

图 12-70　按相对码进行 CPSK 调制与按绝对码进行 DPSK 调制的波形

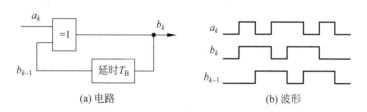

图 12-71　绝对码转换为相对码的电路及波形

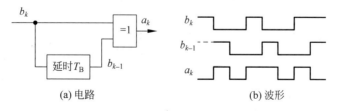

图 12-72　相对码转换为绝对码的电路及波形

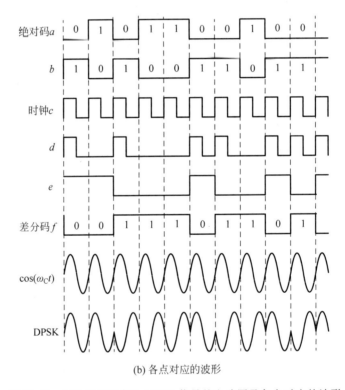

(a) 用相对调相法产生DPSK信号的电路

(b) 各点对应的波形

图 12-73　相对调相法产生 DPSK 信号的电路图及各点对应的波形

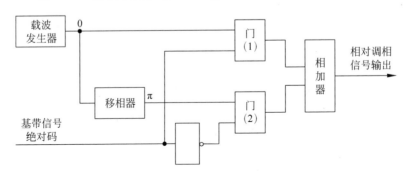

图 12-74　选择相位法产生 DPSK 信号的电路

12.5.4　CPSK 调制器的设计

CPSK 调制器的结构如图 12-75 所示。主要由计数器和二选一开关等组成。计数器对外部时钟信号进行分频与计数,并输出两路相位相反的数字载波信号。二选一开关的功能是:在基带信号的控制下,对两路载波信号进行选通,输出的信号即为 CPSK 信号。需要注意的是,图 12-75 中没有包含模拟部分,输出信号为数字信号。

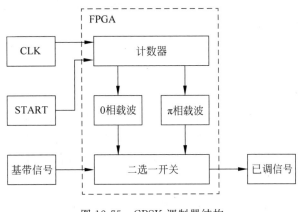

图 12-75　CPSK 调制器结构

根据图 12-75 的 CPSK 调制器的结构,利用 Verilog HDL 对其进行建模,程序如下:

```verilog
module Modulator_CPSK(clk,start,x,y);
 input clk;                          //系统时钟信号
 input start;                        //开始调制信号
 input x;                            //基带信号
 output y;                           //已调制信号
 reg y;
 reg[1:0] q;                         //计数器
 reg f1,f2;                          //载波信号
 always@(posedge clk)                //分频和计数
   begin
     if(!start)
       begin q<=0;f1<=0;f2<=0;end
     else if(q<=1)
       begin
         f1<=1;
         f2<=0;
         q<=q+1'b1;
       end
     else if(q==3)
       begin
         f1<=0;
         f2<=1;
         q<=0;
       end
     else
       begin
```

```
                    f1 < = 0;
                    f2 < = 1;
                    q < = q + 1'b1;
                end
            end
        always@(posedge clk)                //对基带信号的调制
            if(q[0])
                begin
                if(x)
                    y < = f1;
                else
                    y < = f2;
                end
        endmodule
```

　　CPSK 调制器的时序仿真波形如图 12-76 所示。其中 f1 和 f2 是通过系统时钟 clk 分频得到的载波信号,f1 与 f2 反相,相位差为 π。根据基带信号的不同,对两路载波进行选择,从图 12-76 中可以看出,当基带信号为 1 时选择 f1,当基带信号为 0 时选择 f2,从而得到 CPSK 的调制信号。

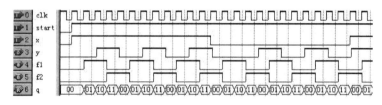

图 12-76　CPSK 调制器的时序仿真波形

12.5.5　DPSK 调制器的设计

1. DPSK 调制器的结构

　　DPSK 调制器的结构如图 12-77 所示。异或门与寄存器共同完成绝对码到相对码的转换功能。CPSK 调制器与前面所设计 CPSK 调制器相同。

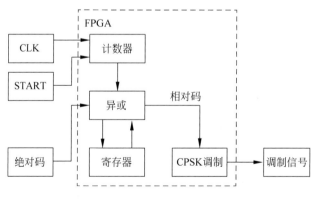

图 12-77　DPSK 调制器结构

2. 绝对码到相对码的转换程序设计

绝对码到相对码的转换是 DPSK 调制器的核心,根据前面所讲述的绝对码到相对码的转换原理,可以得到其 Verilog HDL 程序如下:

```verilog
module absolute_relative_code(clk,start,x,y);
 input clk;                          //系统时钟
 input start;                        //开始转换信号
 input x;                            //绝对码输入信号
 output y;                           //相对码输出信号
 reg y;
 reg w;                              //寄存器
 reg[3:0] q;                         //计数器
 always@(posedge clk)                //绝对码到相对码的转换
    begin
     if(!start)
        begin
          q<=0;
          w<=0;
        end
     else if(q==0)
        begin
          q<=1;
          w<=w^x;
          y<=w^x;                    //输入信号与前一个输出信号进行异或
        end
     else if(q==3)
        q<=0;
     else
        q<=q+1'b1;
    end
endmodule
```

绝对码到相对码转换的时序仿真波形如图 12-78 所示。当 start=1 时,开始绝对码到相对码的转换。在 q=0 时,输出信号 y 是输入信号 x 与中间寄存信号 w 的异或。

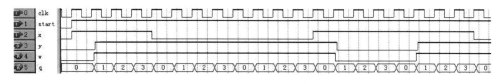

图 12-78　绝对码到相对码转换的时序仿真波形

12.5.6　CPSK 解调器的设计

CPSK 解调器的结构如图 12-79 所示。计数器 Q 输出与发端同步的 0 相数字载波。判决器的工作原理是:把计数器输出的 0 相载波与数字 CPSK 信号中的载波进行逻辑与运算,当两个比较信号在判决时刻都为 1 时,输出为 1,否则输出为 0,以实现解调的目的。需要注意的是,图 12-79 中没有包含模拟部分,输出信号为数字信号。

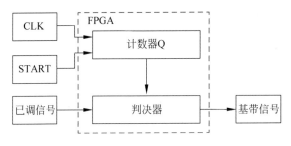

图 12-79　CPSK 解调器的结构

根据图 12-79 的 CPSK 解调器的结构，利用 Verilog HDL 对其进行建模，程序如下：

```
module Demodulator_CPSK(clk,start,x,y);
 input clk;
 input start;
 input x;
 output y;
 reg y;
 reg[1:0] q;
 always@(posedge clk)
    begin
      if(!start)
         q <= 0;
      else if(q == 0)
         begin
           q <= q + 1'b1;
           if(x)
              y <= 1;
           else
              y <= 0;
        end
   else if(q == 3)
     q <= 0;
   else
     q <= q + 1'b1;
 end
 endmodule
```

CPSK 解调器的时序仿真波形如图 12-80 所示。当 start＝0 时，开始 CPSK 的解调。当 $q=0$ 时，如果 $x=1$，则输出 $y=1$；如果 $x=0$，则输出 $y=0$。

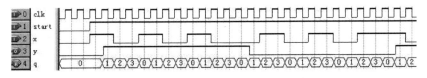

图 12-80　CPSK 解调器的时序仿真波形

12.5.7　DPSK 解调器的设计

1. DPSK 信号解调的方法

DPSK 信号的解调方法有两种：极性比较法（又称同步解调或相干解调）和相位比较法（是一种非相干解调）。

1) 极性比较法

极性比较法电路如图 12-81 所示。输入的 CPSK 信号经带通滤波器加到乘法器，乘法器将输入信号与载波极性比较。极性比较电路符合绝对调相定义（因绝对调相信号的相位是相对载波而言的），经低通滤波器和取样判决电路后还原基带信号。

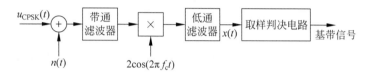

图 12-81　极性比较法电路

若输入为 DPSK 信号，经图 12-81 的电路解调，还原的是相对码。要得到原基带信号，还必须经相对码-绝对码变换器，该变换器电路如图 12-72 所示。因此 DPSK 信号极性比较法解调电路如图 12-82 所示。

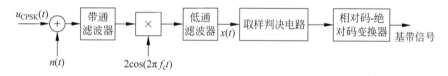

图 12-82　DPSK 信号极性比较法解调电路

由图 12-82 不难看出，极性比较原理是将 DPSK 信号与参考载波进行相位比较，恢复相对码，然后进行差分译码，由相对码还原成绝对码，得到原绝对码基带信号。

DPSK 解调器由 3 部分组成：乘法器和载波提取电路实际上就是相干检测器；后面是相对码（差分码）-绝对码的变换电路，即相对码（差分码）译码器；其余部分完成低通判决任务。

当输入为 1 码时，$u_{CPSK}(t) = u_{ASK} = A\cos(2\pi f_c t)$，因此 CPSK 解调的情况完全与 ASK 解调相同，此时低通输出为

$$x(t) = A + n_c(t)$$

式中 A 为载波振幅，$n_c(t)$ 为窄带高斯噪声余弦项的振幅，即同相分量。

当输入为 0 码时，$u_{CPSK}(t) = A\cos(2\pi f_c t + \pi) = -A\cos(2\pi f_c t)$，此时与 ASK 解调的情况不同。

由于 $u_{CPSK}(t) = -A\cos(2\pi f_c t)$，则

$$x(t) = -A + n_c(t)$$

综上所述可知：

$$x(t) = \begin{cases} A + n_c(t), & \text{发 1 码} \\ -A + n_c(t), & \text{发 0 码} \end{cases} \tag{12-7}$$

2) 相位比较法

DPSK 相位比较法解调器原理如图 12-83 所示。其基本原理是：将接收到的前后码元所对应的调相波进行相位比较,它是以前一码元的载波相位作为后一码元的参考相位,所以称为相位比较法或差分检测法。该电路与极性比较法不同之处在于乘法器中与信号相乘的不是载波,而是前一码元的信号,该信号相位随机且有噪声,它的性能低于极性比较法的性能。

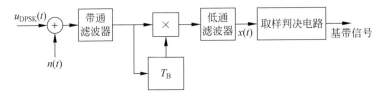

图 12-83　DPSK 相位比较法解调器的原理

输入的 u_{DPSK} 信号一路直接加到乘法器,另一路经过一个码元的线延迟时间 T_B 后加到乘法器作为相干载波。若不考虑噪声影响,设前一码元载波的相位为 φ_1,后一码元载波的相位为 φ_2,则乘法器的输出为

$$\cos(\omega_c t + \varphi_1) \cdot \cos(\omega_c t + \varphi_2) = \frac{1}{2}\left[\cos(\varphi_1 + \varphi_2) + \cos(2\omega_c t + \varphi_1 + \varphi_2)\right]$$

经低通滤波器滤除高频项,输出为

$$u_0 = \frac{1}{2}\cos(\varphi_1 - \varphi_2) = \frac{1}{2}\cos(\Delta\varphi)$$

式中,$\Delta\varphi = \varphi_1 - \varphi_2$,是前后码元对应的载波相位差。

由调相关系知,$\Delta\varphi = 0$ 时发送 0,$\Delta\varphi = \pi$ 时发送 1,则取样判决器的判决规则为

$$\begin{cases} u_0(t) > 0, & \text{判为 } 0 \\ u_0(t) < 0, & \text{判为 } 1 \end{cases} \tag{12-8}$$

可直接解调出原绝对码基带信号。

这里应强调的是,相位比较法电路是将本码元信号相位与前一码元信号相位比较,它适用于按相位差定义的 DPSK 信号的解调,而对于码元宽度为非整数倍载波周期的按向量差定义的 DPSK 信号,该电路不适用。对 CPSK 信号解调,该电路输出端应增加相对码变为绝对码的转换电路。

2. 相对码到绝对码的转换结构

相对码到绝对码的转换结构如图 12-84 所示。DPSK 解调采用 CPSK 解调加相对码到绝对码转换

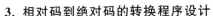

图 12-84　相对码到绝对码的转换结构

即可实现。相对码到绝对码转换的过程是以计数器输出信号为时钟的控制下完成的。

3. 相对码到绝对码的转换程序设计

根据图 12-84 的相对码到绝对码的转换结构,利用 Verilog HDL 对其进行建模,程序如下:

```
module relative_absolute_code(clk,start,x,y);
 input clk;
```

```
input start;
input x;
output y;
reg y;
reg[1:0] q;
reg w;
always@(posedge clk)
  begin
    if(!start)
      q<=0;
    else if(q==0)
      q<=1;
    else if(q==3)
      begin
        q<=0;
        y<=w^x;
        w<=x;
      end
    else
      q<=q+1'b1;
  end
endmodule
```

相对码到绝对码转换的时序仿真波形如图 12-85 所示。当 start＝1 时,进行相对码到绝对码的转换。当 $q=3$ 时,输出信号 y 是信号 x 与 w(输入信号 x 延时一个基带码长)的异或。

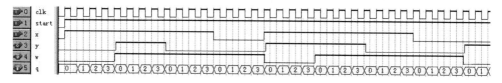

图 12-85　相对码到绝对码转换的时序仿真波形

思考与练习

1. 设计 16 路节日彩灯控制系统,要求如下:

(1) 花型 1:16 路彩灯同时亮灭,亮、灭交替进行。

(2) 花型 2:16 路彩灯每次 8 路灯亮,8 路灯灭,且亮、灭相间,交替进行。

(3) 花型 3:16 路彩灯先从左至右逐路点亮,到全亮后再从右至左逐路熄灭,循环进行。

(4) 花型 4:16 路彩灯分成左、右各 8 路,左 8 路从左至右逐路点亮,右 8 路从右至左逐路点亮,到全亮后,左 8 路从右至左逐路熄灭,右 8 路从左至右逐路熄灭,循环进行。

(5) 彩灯亮灭一次的时间为 2s,每 256s 自动转换一种花型。花型顺序为:花型 1、花型 2、花型 3、花型 4,花型转换循环进行。

2. 设计 15 位二进制数密码锁系统,要求如下:

(1) 具有密码设置功能。

（2）输入密码采用串行方式，输入过程中不提供密码数位信息。

（3）当输入 15 位密码完全正确时，密码锁打开。密码锁一旦打开，只有按下复位键时才能脱离开锁状态，并返回初始状态。

（4）密码输入过程中，只要输错 1 位密码，系统便进入错误状态。此时，只有按下复位键才能脱离错误状态，返回初始状态。

（5）如果连续 3 次输错密码，系统将报警。一旦报警，将清除错误次数记录，且只有按下复位键才能脱离报警状态，返回初始状态。

3. 设计步进电机位置系统，要求如下：

（1）有定速、加速、减速、定位功能，且速率和加减速度都能做到连续可调。

（2）基准时钟频率为 65 536Hz。

（3）输出脉冲个数设定范围为 1～16 777 215。

（4）输出脉冲速率设定范围为 1～65 535p/s(1pps/step)。

（5）输出脉冲加速度设定范围为 0～65 535p/s^2。

4. 设计电梯控制器。

主控器要求如下：

（1）完成 9 个楼层的载客服务。

（2）电梯运行时可以显示电梯的运行方向和楼层。

（3）当电梯到达选择楼层时，电梯自动开门。

（4）可以控制提前关电梯门和延时关电梯门。

（5）响应各楼层分控制器的请求，符合条件并且到达相应的楼层后，电梯自动开门。

（6）实现与分控制器之间的数据有效传输。

分控制器要求如下：

（1）显示电梯当前的运行状态。

（2）显示电梯当前所在的楼层。

（3）显示乘客的上升和下降请求。

（4）实现与主控制器之间的数据有效传输。

Verilog HDL(IEEE 1364—1995)关键字

always	and	assign	begin
buf	bufif0	bufif1	case
casex	casez	cmos	deassign
default	defparam	disable	edge
else	end	endcase	endfunction
endmodule	endprimitive	endspecify	endtable
endtask	event	for	force
forever	fork	function	highz0
highz1	if	ifnone	initial
inout	input	integer	join
large	macrmodule	medium	module
nand	negedge	nmos	nor
not	notif0	notif1	or
output	parameter	pmos	posedge
primitive	pull0	pull1	pullup
pulldown	rcmos	real	realtime
reg	release	repeat	rnmos
rpmos	rtran	rtranif0	rtranif1
scalared	small	specify	specparam
strong0	strong1	supply0	supply1
table	task	time	tran
tranif0	tranif1	tri	tri0
tri1	triand	trior	trireg
vectored	wait	wand	weak0
weak1	while	wire	wor
xnor	xor		

Verilog HDL（IEEE 1364—2001）关键字

always	and	assign	automatic
begin	buf	bufif0	bufif1
Case	casex	casez	cell
Cmos	config	deassign	default
defparam	design	disable	edge
Else	end	endcase	endconfig
endfunction	endgenerate	endmodule	endprimitive
endspecify	endtable	endtask	event
for	force	forever	fork
function	generate	genvar	highz0
highz1	if	ifnone	incdir
include	initial	inout	input
instance	integer	join	large
Liblist	library	localparam	macrmodule
medium	module	nand	negedge
nmos	nor	noshowcancelled	not
Notif0	notif1	or	output
parameter	pmos	posedge	primitive
pull0	pull1	pulldown	pullup
pulsestyle_onevent	pulsestyle_ondetect	rcmos	real
realtime	reg	release	repeat
rnmos	rpmos	rtran	rtranif0
rtranif1	scalared	showcancelled	signed
small	specify	specparam	strong0
strong1	supply0	supply1	table
task	time	tran	tranif0
tranif1	tri	tri0	tri1
triand	trior	trireg	unsigned
use	vectored	wait	wand
weak0	weak1	while	wire
wor	xnor	xor	

附录 C Verilog-2001 语法结构

Verilog HDL 语言处于不断的发展中。本书介绍的 Verilog HDL 语法结构主要是基于 IEEE 1364—1995(Verilog-1995),后来又推出了 IEEE 1364—2001 标准(Verilog-2001),很多 Verilog HDL 综合器、仿真器(如 Quartus Ⅱ、Synplify Pro 等)都支持 Verilog-2001 语法结构。

Verilog-2001 对 Verilog HDL 语言作了增强,修改和增加了一些语法结构,包括:增加了运算符,如指数运算符、算术移位运算符等;增加了关键字;增加了系统函数和系统任务;增强了对符号的支持;增强了对 SDF 的支持;编程语言接口的功能也得到了加强;此外在可配置的 IP 模型、深亚微米结构和设计管理方面增加了更多的支持。

C.1　语法结构的扩展与增强

1. 模块声明的扩展

Verilog-1995 标准中定义模块的语法结构如下:

```
module 模块标识名 [端口列表];
{模块内容}
endmodule
```

Verilog-2001 标准规定可在模块声明时将参数定义及端口声明放在模块标识名之后,格式如下:

```
(属性)module 模块标识名 [模块参数列表] [端口声明列表]
{模块内容}
endmodule
```

module 关键字前面的"(属性)"用于向综合工具传递信息,将在后面加以说明。

下面举例说明。在 Verilog-1995 标准中,可采用以下方式声明一个 FIFO 模块:

```
module fifo(in, clk, read, write, reset, out, full, empty);
    parameter MSB = 3,
              LSB = 0,
              DEPTH = 4;
    input[MSB:LSB] out;
    output full, empty;
```

```
reg[MSB:LSB] out;
reg full, empty;
```

上面的模块声明方式在 Verilog-2001 中可以写为下面的形式：

```
module fifo # (parameter MSB = 3, LSB = 0, DEPTH = 4)
            (input [MSB:LSB] in, input clk, read, write, reset,
             output reg[MSB:LSB] out, output reg full, empty);
```

注意：模块参数列表前面有 #。

2. 对符号和运算符的扩展

1）对符号的扩展

在 Verilog-1995 中，整数可以带负号，但 net 型和 reg 型的变量是不允许带符号的。在 Verilog-2001 中，对带符号的算术运算作了如下扩充：

- net 型和 reg 型的变量可以声明为符号（signed）变量。
- 函数的返回值可以带符号。任何宽度的证书都可以带符号。操作数可以从无符号数转换为有符号数。
- 增加了算术移位操作符。

signed 是 Verilog-1995 中的保留字，但没有使用。在 Verilog-2001 中，用 signed 保留字来定义数据类型、端口、整数、函数等，例如：

```
wire signed[3:0] a;
reg signed[7:0] out;
output signed[15:0] sum;
function signed[31:0] alu;
16'sh54af
parameter   p0 = 2'sb00,
            p1 = 2'sb01;
```

2）敏感信号列表中的逗号分隔符

在 Verilog-1995 中，书写敏感信号列表时，通常用 or 来连接敏感信号，例如：

```
always @(a, b, cin)
   {cout, sum} = a + b + cin;
always @(posedge clk or negedge clr)
   if(!clr) q <= 0;
   else     q <= d;
```

在 Verilog-2001 中可用逗号分隔敏感信号，上面的语句可写为下面的形式：

```
always @(a, b, cin)
   {cout, sum} = a + b + cin;
always @(posdege clock, negedge clr)      //用逗号分隔信号
   if(!clr)    q <= 0;
   else        q <= d;
```

3）敏感信号列表中的通配符 *

用 always 过程块描述组合逻辑时，应在敏感信号列表中列出所有的输入信号，在 Verilog-2001 中可用通配符 * 来包括 always 过程块中的所有信号变量。

例如,在 Verilog-1995 中,一般这样写敏感信号列表:

```
always @ (a or b or cin)
  {cout, sum} = a + b + cin;
```

上面的敏感信号列表在 Verilog-2001 中可表示为如下两种形式,这两种形式是等价的。

```
always @ ( ∗ )                          //形式 1
  {cout , sum} = a + b + cin;
always @ ∗
  {cout, sum} = a + b + cin;            //形式 2
```

4) 新增的算术移位操作符和指数运算符

Verilog-2001 增加了算术移位操作符>>>和<<<,对于有符号数,执行算术移位操作时,将用符号位填补移出的位。例如,如果定义了符号数 A=8'sb10100011,则执行逻辑移位操作和算术移位操作后的值分别如下:

```
A >> 3;                                 //逻辑右移后其值为 8'b00010100
A >>> 3;                                //算术右移后其值为 8'b11110100
```

Verilog-2001 还增加了指数运算符 ∗ ∗ ,执行指数运算。例如:

```
Result = base ∗ ∗ exponent;
```

一般使用得较多的是底数为 2 的指数运算。

3. 对向量部分选择的扩展

Verilog-1995 标准中,可以从向量中取出相连的若干个比特,语法结构如下:

```
vect[msb_expr : lsb_expr]
```

并且 msb_expr 和 lsb_expr 必须是常量表达式。Verilog-2001 对向量的部分选择进行了扩展,增加了一种方式:索引的部分选择(indexed part-select)。其形式如下:

```
reg[15:0] big_vect;
reg[0:15] little_vect;
big_vect[lsb_base_expr + :width_expr]
little_vect[msb_base_expr + :width_expr]
big_vect[msb_base_expr - :width_expr]
little_vect[lsb_base_expr - :width_expr]
```

其中,width_expr 必须为常量表达式,而 msb_base_expr 和 lsb_base_expr 在程序运行期间可以改变。第 3、4 行程序是升序的索引部分选择,而 5、6 行程序是降序的索引部分选择。以下的程序片段给出了一个应用实例:

```
reg[31:0] big_vect; reg[0:31] little_vect;
reg[63:0] dword; integer sel;
initial
  begin
    if(big_vect[0 + :8] == big_vect[7:0])
      begin / … / end
    if(little_vect[0 + :8] == little_vect[0:7])
```

```
     begin /…/ end
  if(big_vect[15 - :8] == big_vect[15:8])
     begin /…/ end
  if(little _vect[15 - :8] == little _vect[8:15])
     begin /…/ end
  if(sel > 0 && sel < 8)
     dword[8 * sel + 8] = big_vect[7:0]          //对选中的部分比特赋值
end
```

4. 矩阵扩展

Verilog-1995 标准只允许一维矩阵变量(即 memory)。Verilog-2001 对其进行了扩展,允许使用多维矩阵,如下所示:

```
reg[7:0] array1[0:255]                    //变量为 8 位寄存器的一维矩阵
reg[7:0] array2[0:255][0:255][0:255]      //变量为 8 位寄存器的三维矩阵,Verilog-2001 支持
```

在 Verilog-1995 标准中不允许直接访问矩阵的某一位或某几位,必须首先将要进行操作的单元转移到相同大小的变量中,然后再进行访问。例如:

```
reg[7:0] mem[0:1023];                     //memory
reg[7:0] temp;reg[3:0] little_vect;
initial
  begin
    temp = mem[55];
    little_vect = temp[3:0];              //合格
    little_vect = mem[55][3:0]            //非法
  end
```

而在 Verilog-2001 标准中,可以直接访问矩阵的某个单元的一位或几位。例如在如下程序片段中,twod_array 是一个二维矩阵,可以直接访问它的某个单元的一位或几位。

```
twod_array[14][1][3:0]                    //访问一个单元的第 4 位
twod_array[1][3][6]                       //访问一个单元的第 6 位
twod_array[1][3][sel]                     //使用变量访问一个单元中的一位
```

5. 表达式确定的数据位宽的改动

在 Verilog-1995 标准中,i * j 的结果的数据位宽规定为 i 和 j 的数据位宽之和。而在 Verilog-2001 标准中,i * j 的结果位宽规定为与 i、j 位宽较大的相同。对于 Verilog-2001 标准新增的指数运算符 ** ,i ** j 的结果位宽与 i 的位宽相等。在应用时应当注意这些问题。例如:

```
reg[3:0] a;
reg[5:0] b;
reg[15:0] c;
initial
  begin
    a = 4'hF;
    b = 6'ha;
    $ display("a * b = % x",a * b);
    c = {a ** b};
    $ display("a * * b = % x",c);
    c = a * * b;
```

```
    $ display("c = % x",c);
  end
```

输出结果为

a * b = 16   //a * b 得 96,但只取其低 6 位,所以结果为 16
a * * b = 1   //结果只以 4 位表示
c = 21   //结果以 16 位表示

6. 变量声明赋值

Verilog-2001 标准规定可以在变量声明时对其赋值,所赋的值必须是常量,并且在下次赋值之前,变量都会保持不变。但是需要注意,对变量在声明时的赋值并不适用于矩阵,而且只允许模块级的变量声明赋值。

例如,声明一个 4 位的寄存器 a,并为其赋值 4'h4:

```
reg[3:0] a = 4'h4;
```

这等同于先声明一个寄存器 a,而后在 initial 块中为其赋值为十六进制数 4,即

```
reg[3:0]a;
initial a = 4'h4;
```

在声明矩阵时为其赋值是非法的。例如,如下代码是不允许的:

```
reg[3:0] array[3:0] = 0;
```

也可同时声明多个变量,为其中的一个或者几个赋值,例如:

```
integer i = 0,j; real r1 = 2.5,n300k = 3E6;
```

注意:如果一个变量既在声明时被赋值,又在 initial 块中被赋值,那么对变量的赋值顺序是不确定的,若两次赋予变量的值不等,则变量的初始值不确定。

7. generate 语句

Verilog-2001 新增了 generate 语句,通过 generate 循环,可以产生一个对象(例如一个元件或一个模块等)的多个例化,为可变尺度的设计提供了方便。generate 语句一般在循环和条件语句中使用。为此,Verilog-2001 增加了 4 个关键字:generate、endgenerate、genvar和 localparam。genvar 是一个新的数据类型,用在 generate 循环中的标尺变量必须定义为genvar 型数据。

下面是一个用 generate 循环描述的多位加法器的例子,它采用了一个 generate for 循环产生的元件的例化和元件间的连接关系。

```
module nbit_add(a,b,cin,sum,cout);
  parameter size = 4;
  input[size - 1:0]a,b;
  input cin;
  output[size - 1:0] sum;
  output cout;
  wire{size:0}c;
  genvar i;
  assign c[0] = cin;
```

```
        assign cout = c[size];
        generate
        for(i = 0;i < size;i = i + 1)
            begin
                wire n1,n2,n3;
                xor g1(n1,a[i],b[i]);
                xor g2(sum[i],n1,c[i]);
                and g3(n2,a[i]);
                and g4(n3,n1,c[i]);
                or g5(c[i + 1],n2,n3); end
        endgenerate
    endmodule
```

8. 在任务和函数定义中增加的关键字 automatic

Verilog-2001 增加了关键字 automatic,可用于任务和函数的定义中,将任务分为两种类型。若在定义任务时没有使用 automatic,则定义一个静态任务(static task);若定义任务时使用了 automatic,则定义一个自动任务(automatic task)。这两种类型的任务所消耗的资源是不同的。

一个任务有可能被多次调用,并行执行。对于自动任务来说,其定义的所有变量将被并行执行的每一个任务所复制,以存储其特定的状态。而对静态任务来说,不管并行调用了多少次,其变量始终是静态的。也就是说,任务内部声明的每一个变量都将共享使用,而不进行复制。

如果将 automatic 用于函数,表示函数的迭代调用。例如下面的例子中,通过函数自身的迭代调用,实现了 32 位无符号证书的阶乘运算($n!$)。

```
function automatic[63:0] factorial;
    input[31:0] n;
    if(n == 1) factorial = 1;
    else        factorial = n * factorial(n - 1);      //迭代调用
endfunction
```

由于 Verilog-2001 标准增加了一类特殊的函数——常数函数,它是 Verilog HDL 函数集的一个子集,其定义和其他 Verilog HDL 函数的定义相同。常数函数主要用来支持在详细描述(elaboration)时进行的复杂计算的结构。

常数函数有助于创建可改变位数和规模的可重用模型。例如,下例定义了一个常数函数 clogb2,根据 ram 的深度来确定 ram 地址线的宽度。

```
module ram_model(addrss,write,chip_select,data);
parameter data_width = 8;
parameter ram_depth = 256;
localparam adder_width = clogb2(ram_depth);
input[adder_width - 1:0] address;
input write,chip_selet;
inout[data_width - 1:0] data;
function integer clogb2;                          //定义 clogb2 函数
    input depth;
    integer i,result;
```

```
        begin
          for(i = 0;2 * * i < depth;i = i + 1)
            result = i + 1;
          clogb2 = result;
        end
    endfunction
```

注意：常数函数只能调用常数函数，不能调用系统函数，常数函数内的系统任务将被忽略。常数函数内部用到的参数必须在该函数被调用之前定义。

9. 模块实例化时的参数重定义

当一个模块在另一个模块中被实例化时，其内部定义的参数值是可以改变的。有两种方法改变其全局参数值，一种方法是使用 defparam 语句显式地重新定义，另一种方法是模块实例化时重新定义参数值。在 Verilog-1995 中可使用♯符号隐式地重新定义参数，定义的顺序必须与参数在实例化模块中声明的顺序相同，并且不能跳过任何参数。由于这种方法的含义不易理解，且容易出错，所以 Verilog-2001 标准增加了一种在线显式重新定义参数的方式，这种方式允许在线参数值按照任意顺序排列。如下例所示：

```
module m;
  reg clk;
  write[0:4] out_c,in_c;
  wire[1:10] out_a,in_a;
  wire[1:5]out_b,in_b;
  vdff♯(10,15) mod_a(out_a,in_a,clk);        /* 创建一个实例,隐式地定义参数,mod 中的参数
                                               size 变为 10,delay 变为 15 */
  vdff mod_b(out_b,in_b,clk);                //创建一个实例,保留其默认参数
  vdff♯(.delay(12)) mod_c(mod_c,in_c,clk);  /* 在线显式地重新定义参数 mod_c 中的参数 size
                                               仍为 5,而 delay 变为 12 */
endmodule
module vdff(out,in,clk);
  parameter size = 5,delay = 1; input[ - :size - 1] in; input clk;
  output[0:size - 1] out;
  reg[0:size - 1] out;
  always @(posedge clk)
    ♯delay out = in;
endmodule
```

10. 新增条件编译语句

Verilog-2001 标准增加了条件编译语句`elsif 和`ifndef。通常`ifdef、`else、`elsif 和`endif 作为一组条件编译语句使用，而`ifndef、`else、`elsif 和`endif 也可以作为一组条件编译语句使用。例如：

```
module test;
  `ifdef first_block
    `ifndef second_nest
      initial $ display("first_block is defined.");
    `else
      initial $ display("first_block and second_nest are defined.");
    `endif
```

```
  `elsif second_block
     initial $ display("econd_block is defined,first_block is not.");
  `else
    `ifndef last_result
       initial $ display("first_block, second_block, and last_result are not defined.");
    `elsif real_last
         initial $ display("first_block and second_block are not defined,last_result and real_
last are defined.");
      `else
        initial $ display("Only last_result is defined!");
      `endif
   `endif
endmodule
```

C.2 设计管理

Verilog-1995 标准将设计管理工作交给软件来承担,但各仿真工具的设计管理方法各不相同,不利于设计的共享。为了更好地在设计人员之间共享 Verilog HDL 设计,并且提高某个特定仿真的可重用性,Verilog-2001 标准加强了对设计内容的管理和配置。

下面用一个例子说明配置的作用。假如有两个加法器模块,分别用 RTL 级和门级描述,对应的源文件分别为 adder. v 和 adder. vg。在一个顶层模块(top. v)中实例化两个加法器 a1 和 a2,如下所示。若希望加法器实现 a1 采用 RTL 级描述,a2 采用门级描述,并且不改变源程序,这时可通过配置设计来解决此问题。top. v 文件如下:

```
module top();
  …/ * 程序代码 * /
  adder a1( … );   adder a2( … );
endmodule
```

为了将 Verilog HDL 实例映射为对资源的描述,首先引入库(library)的概念,也就是一组设计单元(如模块、宏模块、原语块)的集合。此例中,假设 top. v 和 adder. v 已经映射到 rtlLib 库中,adder. vg 映射到 gateLib 库中。以下的配置块(configuration block)指定了 top. a1 采用 RTL 级描述的加法器,而 top. a2 采用门级描述的加法器。

```
config cfg1;
  design rtlLib.top;
  default liblist rtlLib;
  instance top.a2 liblist gateLib;
endconfig
```

Verilog-2001 为配置块增加了以下关键字:config、endconfig、design、instance、cell、use 和 liblist。配置块 cfg1 包含在 config-endconfig 结构中,design 语句指定了顶层模块及其源代码来源,rtlLib. top 表示顶层模块的源代码来自 rtlLib,实际就是 top. v。default 和 liblist 语句相配合指定了所有在顶层模块中实例化的模块均来自 rtlLib 库,这不符合设计要求,因此又用 instance 语句指定了顶层模块中的加法器实例 a2 的源程序来自 gateLib 库。instance 语句可以重新指定实例来自某个库,而忽略前面对这些实例来源的指定。

　　配置块位于模块定义之外,可以指定每一个 Verilog HDL 模块的版本及其源代码的位置。Verilog HDL 程序设计从顶层模块开始执行,找到在顶层模块中实例化的模块,进而确定其源代码的位置,照此顺序进行下去,直到确定整个设计的源程序。在分析源文件时,首先必须读取库映射文件(library map file)中的相关信息。下面还是以例子来说明配置的应用。

　　源文件如下:

top.v 文件	adder.v 文件	adder.vg 文件
module top(…);	module adder(…);	module adder(…);
…	… //RTL 级	… //门级
adder a1(…);	foo f1(…);	foo f1(…);
adder a2(…);	foo f2(…);	foo f2(…);
endmodule	endmodule	endmodule
module foo(…);	module foo(…);	module foo(…);
… //RTL 级	… //RTL 级	… //门级
endmodule	endmodule	endmodule

　　库映射文件 lib.map:

```
library rtlLib top.v;
library aLib adder. * ;
library gateLib adder.vg;
```

　　以下的例子都是基于这样的假设:top.v、adder.v 和 adder.vg 都已通过编译,产生了如下的文件结构:

　　rtlLib.top(来自 top.v)

　　rtlLib.foo(来自 top.v)

　　aLib.adder(来自 adder.v)

　　aLib.foo(来自 adder.v)

　　gateLib.adder(来自 adder.vg)

　　gateLib.foo(来自 adder.vg)

1. 库映射文件的默认配置

　　若没有进行配置,库文件的搜索将按照库映射文件声明的顺序进行。这意味着顶层中所有的实例化加法器都来自 aLib.adder,因为 aLib 是在库映射文件声明中第一个包含名为 adder 的单元(cell)的库。同样道理,所有的 foo 也都来自 rtlLib.foo。

2. default 语句的使用

　　下面是一个配置块的例子:

```
config cfg1;
   design rtlLib.top
   default liblist aLib rtlLib;
endconfig
```

　　以上的程序可以使 foo 始终引用 adder.v 文件,因为 default liblist 覆盖了 lib.map 文件声明的库搜索顺序,使 aLib 始终在 rtlLib 之前被搜索。而 gateLib 没有包含在 liblist 中,因此,门级的 adder 和 foo 不会被引用。若要引用门级描述的 adder 和 foo,则可按以下方式配置,道理同前面一样。

```
config cfg2;
    design rtlLib.top
    default liblist gateLib aLib rtlLib;
endconfig
```

3. cell 语句的使用

配置块示例如下：

```
config cfg3;
    design rtlLib.top
    default liblist aLib rtlLib;
    cell foo use gateLib.fool;
endconfig
```

以上的程序可以引用来自 aLib 的 RTL 级 adder 和 gateLib 的门级 foo。cell 语句指定了所有名为 foo 的单元均引用 gateLib 库中的门级描述。

4. instance 语句的使用

配置块示例如下：

```
config cfg4;
    design rtlLib.top
    default liblist gateLib rtlLib;
    instance top.a2 liblist aLib;
endconfig
```

以上的程序可以让 top.a1 adder(及其所包含的 foo)使用来自 gateLib 的门级 adder，top.a2 adder(及其包含的 foo)使用来自 aLib 的 RTL 级 adder。

5. 层次化的配置

配置块示例如下：

```
config cfg5;
    design aLib.adder;
    default liblist gateLib aLib;
    instance adder.f1 liblist rtlLib;
endconfig
```

本例中指定 aLib.adder 为顶层文件。并且 f1 引用来自 rtlLib 的 foo，f2 使用来自 gateLib 的 foo。

C.3 系统任务和系统函数的扩展

Verilog-2001 标准对系统任务和函数做了如下的调整和增强：

(1) 增加了 17 个文件输入输出任务，包括 $fgetc、$ungetc、$fflush、$ferror、$fgets、$rewind、$swrite、$swriteb、$swriteo、$swriteh、$sformat、$sdf_annotate、$fscanf、$sscanf、$fread、$ftell、$fseek。

(2) 增加了命令行输入(command line input)系统任务 $test$plusarge 和 $value$plusargs 等。

(3) 增加了两个转换函数：＄signed 和＄unsigned。

另外,在 Verilog-2001 标准中,不再把定时检查作为系统任务,但是仍沿用以前的习惯,以＄符号开头,并且对其进行了扩展。定时检查出现在指定块(specify block)中,而且 Verilog-2001 标准规定指定块中不能包含任何系统任务。

Verilog-2001 还有一些细节上的调整和增强。例如,在显示系统任务中增加了％lor％L、％uor％U、％zor％Z 格式控制符。％lor％L 表示显示相关的库信息,以 library. cell 的格式显示,即包含当前模块的库以及其在库中对应单元的名称；％uor％U 表示无格式 2 值数据；％zor％Z 表示无格式 4 值数据。

Verilog-1995 标准中,系统函数＄fopen 和＄fclose 的语法结构如下：

```
integer mcd = $ fopen("file_name");
$ fclose(mcd);
```

在 Verilog-2001 标准中,＄fopen 增加了参数 type。＄fopen 和＄fclose 的语法结构如下：

```
integer mcd = $ fopen("file_name");
| integer fd = $ fopen("file_name",type);
$ fclose (mcd);
| $ fclose(fd);
```

type 是一个字符串,它决定了文件以何种方式打开,也决定了＄fopen 返回一个 32 位的多通道描述符(multi channel descriptor),还是返回一个 32 位的文件描述符(file descriptor)。若省略 type,则以写方式打开文件,并返回多通道描述符；若指定了 type,则以指定的方式打开文件,并返回一个文件描述符。

多通道描述符 mcd 是一个 32 位的寄存器型变量,其某位为 1,则表示某个文件被打开。多个 mcd 按位相或可指向多个打开的文件。mcd 的最高位是保留位,始终为 0。文件描述符 fd 也是一个 32 位的变量,其最高位是保留位,始终为 1。其余的比特保持一个较小的值,以表示打开什么文件。3 个文件描述符 STDIN、STDOUT 和 STDERR 提前打开,它们的值分别是 32'h8000_0000、32'8000_0001、32'8000_0002。

若文件无法打开(例如文件不存在,而选择的 type 是 r、rb、r＋、r＋b 或 rb＋),那么不论是 mcd 还是 fd,返回值都是 0。type 参数的说明见表 C-1。

表 C-1　type 参数说明

参　　数	说　　明
"r","rb"	以读方式打开文件
"w","wb"	以写方式打开文件
"a","ab"	打开文件,在文件尾部追加内容；若文件不存在,则首先创建一个文件
"r＋","r＋b","rb＋"	打开文件进行更新(读取和写入)
"w＋","w＋b","wb＋"	打开文件进行更新(读取和写入)。如果该文件存在,则将其长度截为 0；如果文件不存在,则首先创建一个文件
"a＋","a＋b","ab＋"	打开文件进行更新(读取和写入),但只能在文件尾部追加内容。若文件不存在,则首先创建一个文件

1. ＄swrite、＄swriteb、＄swriteh 和＄swriteo

语法结构如下：

```
string_output_task :: = string_output_tasks_name(output_reg,list_of_arguments);
```

系统函数 $ swrite 与 $ fwrite 类似,唯一的不同就是 $ fwrite 将格式化的文本写到 mcd 指定的文件中,而 $ swrite 将文本写到寄存器中。

2. $ fgetc 和 $ ungetc

$ fgetc 的用法如下:

```
c = $ fgetc(fd);
```

$ fgetc 从 fd 指定的文件中读取一个字节,若发生错误,则 c 被置为 EOF(−1)。将 c 设置为数据宽度大于 8 位的变量可以区别 EOF(−1)和值为 0xFF 的字符。

$ ungetc 的用法如下:

```
code = $ ungetc(c.fd);
```

$ ungetc 将 c 代表的字符插入 fd 指定的缓存中。

3. $ fgets

$ fgets 可从文件中读取字符串,用法如下:

```
integer code = $ fgets(str,fd);
```

$ fgets 从 fd 指定的文件中读取字符串到寄存器型变量 str 中,直到 str 装满,或者读到换行符(newline character),或者遇到文件结束条件,指令结束。当出现错误时,code 中的返回值为 0,否则为读取的字符数。

4. $ fscanf 和 $ sscanf

$ fscanf 和 $ sscanf 用于读取格式化数据。用法如下:

```
integer code = $ fscanf(fd,format,args);
integer code = $ sscanf(str,format,args);
```

两个任务都可以读取字符,并按照指定的格式进行存储。两者的区别是:系统任务 $ fscanf 从 fd 指定的文件中读取,$ sscanf 从寄存器变量 str 中读取。参数 format 指定了转换的格式,args 指定了转换后数据存储的位置。

5. $ fread

$ fread 可从文件中读取二进制数据,用法如下:

```
integer code = $ fread(myreg,fd);
integer code = $ fread(mem,fd);
integer code = $ fread(mem,fd,start);
integer code = $ fread(mem,fd,start,count);
integer code = $ fread(mem,fd,count);
```

$ fread 从 fd 指定的文件中读取二进制数据放到寄存器变量 myreg 中或一维矩阵 mem 中。start 是可选的参数,指定 mem 开始存储的单元地址。若省略 start,则从 mem 的首地址开始存储。count 也是可选的参数,它指定了使用多少个 mem 存储单元,若省略 count,则将所有可能的数据存入 mem。

6. $ ftell、$ fseek 和 $ rewind

$ ftell 可用于确定文件中正在进行读写操作的字节位置,用法如下:

```
integer pos = $ ftell(fd);
```

$ ftell 返回 fd 指定的文件中正在进行读写操作的字节距文件开头的偏移量。而后使用 $ fseek 或 $ rewind 可对文件进行重定位,用法如下:

```
code = $ fseek(fd,offset,operation);
code = $ rewind(fd);
```

offset 可正可负,表示距文件头、尾或当前位置的偏移值。位置的确定取决于 operation 的值:

- 0:取 offset 值为新位置。
- 1:以当前位置加上 offset 值作为新位置。
- 2:以 EOF 位置加上 offset 值作为新位置。

$ rewind(fd)等同于 $ fseek(fd,0,0)。用 $ fseek 和 $ rewind 对当前文件进行重定位操作终止 $ ungetc。若出现错误,则返回-1 给 code;否则返回 0。

7. $ fflush

系统任务 $ fflush 用于将输出缓存的内容写到文件中。用法如下:

```
$ fflush(mcd);
$ fflush(fd);
$ fflush();
```

$ fflush 将输出缓存写入到 mcd 或 fd 指定的文件中,若省略了 mcd 或 fd,则写入到所有打开的文件中。

8. $ ferror

$ ferror 用于检测错误,并提供对错误的描述。用法如下:

```
integer errno = $ ferror(fd,str);
```

$ ferror 以一个字符串描述最近一次文件 I/O 操作错误,此字符串存储在 str 中,一个标明错误号的整数将返回给 errno,若最近一次操作没有发生错误,则返回 0,并将 str 清零。

9. $ signed 和 $ unsigned

系统函数 $ signed 和 $ unsigned 用于有符号数和无符号数的转换。$ signed 返回有符号数,$ unsigned 返回无符号数。例如:

```
reg[7:0] regA;
reg signed[7:0] regS;
regA = $ unsigned(-4);   //regA = 4'b1100
regS = $ signed(4'b1100);//regS = -4
```

C.4　VCD 文件的扩展

VCD 文件用于存储选定的变量数值变化的信息,信息的记录由 VCD 系统任务来完成。在 Verilog-1995 标准中只有一种类型的 VCD 文件,即 4 状态类型,这种类型的 VCD 文件只记录变量在 0、1、x 和 z 状态之间的转换,而且不记录信号强度信息。而在 Verilog-2001

标准中增加了一种扩展型 VCD 文件,能够记录变量在所有状态之间的转换,同时记录信号强度信息。

下面着重说明扩展型 VCD 文件以及相应的 VCD 系统任务。扩展型 VCD 文件的建立流程可分为两个步骤:第一步,将扩展型 VCD 系统任务插入 Verilog HDL 源代码中,指定 VCD 文件名称及要观察的变量;第二步,运行仿真器。下面对扩展型 VCD 系统任务进行介绍。

1. $dumpports

VCD 系统任务 $dumpports 用于指定 VCD 文件名称及需要存储其数值变化信息的端口,语法如下:

```
$dumpports(scope_list,file_pathname);
```

参数含义如下:

Scope_list:模块的标识名的列表,不能是变量,若指定多个模块标识名,则用逗号隔开。若省略了 scope_list,则默认为调用 $dumpports 的模块。

file_pathname:VCD 文件的路径名,若省略了 file_pathname,则将文件名命名为 dumpports.vcd,存储在当前工程所在的文件夹中。

$dumpports 可以在模块中多次调用,但是它们都在同一仿真时间执行,并且 file_pathname 不能相同。

2. $dumpportsoff 和 $dumpportson

VCD 系统任务 $dumpportsoff 和 $dumpportson 用于中断和恢复数值存储,这提供了一种控制存储数值变化时间的手段。其语法如下:

```
$dumpportsoff(file_pathname);
$dumpportson(file_pathname);
```

当执行 $dumpportsoff 任务时,在 file_pathname 对应的 VCD 文件中产生一个检查点(check point),从此刻开始不再存储指定的变量,而代之以 x。若省略 file_pathname,则中断所有打开的 VCD 文件记录。

$dumpportson 系统任务用于恢复被 $dumpportsoff 中断的 VCD 文件记录。若省略 file_pathname,则恢复所有 VCD 文件的记录。

3. $dumpportsall

VCD 系统任务 $dumpportsall 可以在 VCD 文件中产生一个检查点,以显示在当前仿真时间所有指定的端口的值,而不管其是否发生了变化。其语法如下:

```
$dumpportsall(file_pathname);
```

若省略 file_pathname,则对由 $dumpports 打开的所有 VCD 文件进行操作。

4. $dumpportslimit

$dumpportslimit 用于控制 VCD 文件的大小。其语法如下:

```
$dumpportslimit(filesize,file_pathname);
```

参数 filesize 是一个整形变量,以字节为单位指定 file_pathname 所确定的 VCD 文件的大小。flie_pathname 不是必需的,若省略 flie_pathname,则 filesize 应用于 $ dumpports 打开的所有 VCD 文件。

5.　$ dumpportsflush

为了提高性能,仿真器经常将 VCD 输出数据存入缓冲区,然后一并写入 VCD 文件, $ dumpportsflush 的作用就是将缓冲区的数据写入 VCD 文件,并清空缓冲区。其语法如下:

```
$ dumpportsflush(file_pathname);
```

6.　$ vcdclose

扩展型 VCD 增加了系统任务 $ vcdclose。

$ vcdclose 指定关闭 VCD 文件的时间,不管此时变量是否发生变化,文件都将被关闭。其语法如下:

```
$ vcdclose final_simulation_time $ end
```

Verilog-2002 语法结构

为了使综合器输出的结果和基于 IEEE 1364—2001 标准的仿真和分析工具的结果一致,IEEE 1364[1].1—2002 标准(Verilog-2002)为 Verilog HDL 的 RTL 级综合定义了一系列的建模准则,它将 Verilog HDL 的语法结构分为如下 3 类:

- 支持(supported):RTL 综合器可将此类结构解释和映射为硬件电路。
- 忽略(ignored):RTL 综合器将忽略此类结构,不将其映射到硬件上。遇到此类结构并不会导致失败,但有可能使综合的网标和 RTL 模型之间出现功能失配。
- 不支持(not supported):RTL 综合工具不支持此类结构。当遇到此类结构时,综合失败。

1. 硬件单元建模

下面通过例子对各种硬件单元的建模准则进行说明。

1) 组合逻辑建模

组合逻辑建模只能使用 always 结构、连续赋值和 net 型变量声明时赋值。在一个 always 块中不能同时对一个变量进行阻塞赋值(=)和非阻塞赋值(<=)。

组合逻辑的敏感信号列表中不能包含 posedge 和 negedge。为了不使综合结果和仿真结果出现功能上的失配,应将 awayls 块中所有出现在右手侧(RHS)的变量都包含在敏感信号列表中。可以使用@或@(*)结构。以下的程序片段分别说明了一些应注意的问题:

```
always@(in1 or in2)
    out = in1 + in2              //always 块用组合逻辑建模
always@(posedge a or b)
            //不能以组合逻辑建模,敏感信号列表中包含 posedge
always@(in)
    if(ena) out = in;
    else out = 1'b1;
            //为保证仿真和综合的结果等价,应将 ena 放入敏感信号列表 always@(in or ena)
always@(in1 or in2 or sel)
    begin
        out = in1;               //阻塞赋值
        if(sel)
            out <= in2;          //非阻塞赋值
    end //不能在一个 always 块中对同一变量进行阻塞赋值和非阻塞赋值
always @ *
    begin
```

```
      tmp1 = a&b;
      tmp2 = c&d;
      z = tmp1|tmp2;
    end
```

/ *支持组合逻辑建模。@ * 表示仿真工具和综合工具自动对 always 块中的所有赋值信号敏感;编
    写大型组合逻辑模块时,为防止遗漏敏感信号导致仿真和综合结果功能失配,可使用@ *符号 * /

2) 边沿敏感时序逻辑建模

时序逻辑建模必须使用 always 块,且其敏感信号列表中应包含关键字 posedge 或
negedge。对于只包含一个边沿事件的 always 块,其中的变量用边沿敏感存储器来建模。
赋值方式推荐使用非阻塞赋值以避免竞争。

```
reg out;
...
always@(posedge clock)
    out <= in;                  //out 建立的模型是一个上升沿触发的寄存器
always@(posedge clock)
    if(reset)
        out <= 1'b0;
    else
        out <= in;              //out 建立的模型是一个带同步复位的上升沿触发的寄存器
always@(posedge clock)
    begin
        out <= 0;
        @(posedge clock);
        out <= 1;
        @(posedge clock);
        out <= 1;
    end                         //不支持建模,一个 always 块中包含多个敏感信号列表
```

带异步复位/置位的边沿敏感存储器也使用 always 块建模,且其敏感信号列表中应包
含表示时钟的边沿事件及异步控制变量。注意,不能有电平敏感变量,并且 always 块中必
须包含 if 结构以实现异步控制。例如:

```
always@(posedge clock or posedge set)
    if(set)
        out <= 1'b1;
    else
        out <= din;             //out 建模为一个带异步置位的边沿敏感存储器
always@(posedge clock or posedge reset)
    out <= in;
always@(posedge clock or negedge clear)
    if(~clear)
        out <= 0;
    else if(ping)
        out <= in;              //同步控制逻辑
    else if(pong)
        out <= 8'hFF;
    else
        out <= pdata;           //else 之后为异步控制逻辑
```

3）电平敏感存储器建模

当满足以下两个条件时，使用电平敏感存储器为变量建模：

- 变量在 always 块中赋值，敏感信号列表中没有边沿事件（组合逻辑建模风格）。
- 在 always 块外部没有对此变量赋值。

赋值方式推荐使用非阻塞赋值以避免竞争。

```
always@(enable or d)
  if(enable)
    q<=d;                    //q建模为一个电平敏感的寄存器
always@(enable or d)
  if(enable)
    q<=d;
  else
    q<=1'b0;                 //q并没有建模为电平敏感的寄存器，因为对q的赋值是完整的
```

4）三态驱动器建模

当变量被赋值为 z 时使用三态驱动器建模。若一个信号的任意一个驱动器可以是 z，则所有的驱动器都可以是 z。z 不能通过赋值在变量之间传递。

```
module ztest(test2,test1,test3,ena);
  input[0:1] ena;
  input[7:0] test1,test3;
  output[7:0] test2;
  wire[7:0] test2;
  assign test = (ena == 2'b01) ? test1 : 8'bz;
  assign test = (ena == 2'b10) ? test3 : 8'bz;
endmodule                         //当ena为2'b00或2'b11时，test2也为三态
module ztest;
  wire test1,test2,test3;
  input test2;
  output test3;
  assign test1 = 1'bz;
  assign test3 = test1 & test2;   //test3永远也不会被赋值为z
endmodule
always @ (in)
  begin
    tmp = 'bz;
    out = tmp;
  end                             //out不会被三态驱动器驱动，因为z不会在变量赋值之间传递
```

5）ROM 建模

当寄存器变量在 case 结构中赋值或者一维矩阵（memory 型变量）在 initial 块中初始化时，可以以 ROM 形式建模，当然也可以以组合逻辑形式建模。使用 rom_block 属性（attribute）可指定以 ROM 形式建模，使用 logic_block 属性可指定以组合逻辑形式建模。关于属性的含义及用法将在后面介绍。注意，若没有指定属性为 rom_block 或者 logic_block，那么综合工具可能会以 ROM 形式建模，也有可能以组合逻辑形式建模。

当 ROM 中的所有数据都在一个 case 结构中定义，并且对每一个地址所赋的值都是静态表达式时，指定属性为 rom_block，则以 ROM 形式建模。ROM 的地址和 case 控制表达

式相同,在 case 结构中可以包含其他的赋值,不管对 ROM 中的值有没有影响。必须对 case 控制表达式的所有可能情况赋值。例如:

```
module rom_case(
  ( * synthesis, rom_block = "ROM_CELLXYZ01" * )output reg[3:0] z,
   input wire[2:0] a);          //地址线 3 位
   always @ *
     case(a)
     3'b000:z = 4'b1011;
     3'b001:z = 4'b0001;
     3'b100:z = 4'b0011;
     3'b110:z = 4'b0010;
     3'b111:z = 4'b1110;
     default:z = 4'b0000;
     endcase
endmodule                       //z 是一个 ROM,地址线宽度由 a 决定
```

一个带有 rom_block 属性的 memory 型变量也可以以 ROM 形式建模,ROM 的数据线和地址线宽度在 memory 声明时指定。ROM 中的数据在 initial 块中定义,并且对 ROM 赋值。Initial 块中也可包含其他的结构。这样的 ROM 只能在包含它的过程块中使用,而不能被其他过程块使用。例如:

```
module rom_2dimarray_initial (output wire[3:0] z, input wire[2:0] a);//地址线 3 位
  ( * synthesis, rom_block = "ROM_CELL XYZ01" * ) reg[3:0] rom[7:0];
                        //声明一个 memory 型变量,具有 8 个 4 位的寄存器
    initial
      begin
        rom[0] = 4'b1011;
        rom[1] = 4'b0001;
        rom[2] = 4'b0011;
        rom[3] = 4'b0010;
        rom[4] = 4'b1110;
        rom[5] = 4'b0111;
        rom[6] = 4'b0011;
        rom[7] = 4'b0100;
      end
    assign Z = rom[a];
endmodule
```

memory 中的数据也可使用系统任务 $readmemb 和 $readmemh 读取,建模方式与上例相同,只不过数据来自文件,例如:

```
module rom_2dimarray_initial_readem (output wire[3:0] z,
                                     input wire[2:0] a);
  ( * synthesis, rom_block = "ROM_CELL XYZ01" * )  reg[3:0] rom[0:7];
                        //声明一个 memory,具有 8 个 4 位的寄存器
  initial $ readmemb("rom.data", rom);
  assign z = rom[a];
endmodule
```

以下是一个 rom.data 文件的例子:

```
1011              //addr = 0
1000              //addr = 1
0000              //addr = 2
1000              //addr = 3
0010              //addr = 4
0101              //addr = 5
1111              //addr = 6
1001              //addr = 7
```

6）RAM 建模

一个带有 ram_block 属性的 memory 型变量可以以 RAM 形式建模。RAM 可能以边沿敏感存储单元形式建模，也可能以电平敏感存储单元形式建模。其数据的读取也可能是同步的或者是异步的。例如：

```
module ram_test(output wire[7:0] q, input wire[7:0] d, input wire[6:0] a, input wire clk, we);
  ( * synthesis, rom_block * ) reg[7:0] mem[127:0];
  always @(posedge clk)
    if(we) mem[a]<= d;
    assign q = mem[a];
endmodule
            //每个 RAM 单元以边沿敏感存储器形式建模
module ramlatch(output wire[7:0] q, input wire[7:0] d, input wire[6:0] a, input wire we);
  ( * synthesis, rom_block * )reg[7:0] mem [127:0];
              //声明一个 memory 型变量,有 128 个 8 位的寄存器
  always @ *  if(we) mem[a]<= d;
              //每个 RAM 单元以电敏感存储器形式建模
  assign q = mem[a];
endmodule
```

2. 属性

Verilog-2001 增加了属性机制。属性用来向综合工具传达信息,以控制综合工具的行为和操作。属性包含在两个 * 之间,可用于对象的所有实例调用,也可只用于某个实例调用。Verilog-2002 标准中定义了一系列的属性,其语法结构如下：

```
( * synthesis, async_set_reset[ = "signal_name1, signal_name2, …" ] * )
( * synthesis, black_box[ = < optional_value >] * )
( * synthesis, combinational[ = < optional_value >] * )
( * synthesis, fsm_state[ = < encoding_scheme >] * )
( * synthesis, full_case[ = < optional_value >] * )
( * synthesis, implementation[ = < value >] * )
( * synthesis, keep[ = < optional_value >] * )
( * synthesis, label[ = "name" * )
( * synthesis, logic_block[ = < optional_value >] * )
( * synthesis, op_sharing[ = < optional_value >] * )
( * synthesis, parallel_case[ = < optional_value >] * )
( * synthesis, ram_block[ = < optional_value >] * )
( * synthesis, rom_block[ = < optional_value >] * )
( * synthesis, sync_set_reset[ = "signal_name1, signal_name2, …" ] * )
( * synthesis, probe_port[ = < optional_value >] * )
```

下面分别对这些属性进行介绍。

1）full_case 属性

这个属性用于告诉综合器，对于在 case 结构中没有指定的可能分支项，其对应输出的赋值为 x。通常并不鼓励使用 full_case 属性。

2）parallel_case 属性

这个属性用于告诉综合器，对所有的 case 分支项都要进行检验，即使可能存在多个 case 分支项同时满足控制表达式的情况。

注意：Verilog HDL 的 case 结构中可以出现多个分支项同时满足 case 表达式的情况。在这种情况下，将执行第一个满足控制表达式的分支项，而后中断 case 语句，不再检验其余的分支项。而 parallel_case 属性使综合电路每次都要检验所有的 case 分支项。RTL 级 case 结构以门级实现时，此属性通常用于去除门级结构中的优先编码器。除了一位热码状态机设计外，通常并不鼓励使用 parallel_case 属性。

full_case 和 parallel_case 可以同时出现在一个属性中。例如：

```
( * synthesis, full_case, parallel_case * )
```

注意：严格地讲，full_case 并不是必需的。其目的是将同样能从建模风格中得到的信息传递给综合器，风险是用户有可能错误理解此属性的含义，导致综合结果和仿真不符，因而并不鼓励使用 full_case 属性。例如，以下两个程序片段可综合出相同的电路，但是第二段程序更加安全。

```
always @(sel)                          //程序片段 1
( * synthesis,full_case * ) case(sel)
    2'b01 : out = op1;2'b10:out = op2;2'b11:out = op3; endcase
always @(sel) begin out = 'bx;         //程序片段 2
    case(sel) 2'b01 : out = op1;2'b10:out = op2;2'b11:out = op3;endcase
```

3）ram_block 属性

此属性用于指示以 RAM 形式建模及选择 RAM 的风格。

4）rom_block 属性

此属性用于指示以 ROM 形式建模及选择 ROM 的风格。

5）logic_block 属性

此属性用于指定以组合逻辑形式建模，与 ROM 或 RAM 形式相对应。

6）fsm_state 属性

此属性用于从模型中提取有限状态机，也就是从 RTL 模型中提取状态转换表，硬件电路在时钟作用下，依照此表进行状态转换。此属性帮助综合工具识别状态寄存器，并且可以按照指定的方法覆盖模型中的状态编码方式。

在其语法格式中，encoding_scheme 不是必需的。若省略 encoding_scheme，则按模型中指定的方式编码。标准中并没有对 encoding_scheme 做出规定，可由工具厂商规定。例如：

```
( * encoding_scheme * )reg[4:0] next_state;
                    //默认的状态编码方式,next_state 是状态寄存器
( * synthesis , fsm_state = "onehot" * )reg[7:0] rst_state;
                    //以 onehot 方式进行状态编码,rst_state 是状态寄存器
```

7）async_set_reset 属性

此属性用于包含电平敏感存储器的 always 块，也可作用于模块，实际上是作用于模块中的所有 always 块。此属性使 set/reset 逻辑直接作用于电平敏感存储器 set/reset 端口。

注意：set 使存储器输出为 1，reset 使存储器输出为 0。

当省略信号名时，set/reset 逻辑直接作用于存储器的 set/reset 端口。当指定了信号名时，只有指定的信号才直接和存储器的 set/reset 端口相连，其他的信号通过存储器数据输入端与其相连。例如：

```
( * synthesis,async_set_reset = "set" * )
always @( * )
    if(reset)
        qlatch < = 0;
    else if(set)
        qlatch < = 1;
    else if(cnable)
qlatch < = data;                      //reset 和 enable 通过数据输入端和器件相连
```

8）black_box 属性

此属性作用于模块实例或者作用于模块，实际上相当于作用于在其内部例化的所有模块。此属性仅定义模块的接口综合，模块本身的内容应为空，在综合时不能被优化。例如：

```
( * synthesis, black_box * )
module add2(data,datab,cin,result,cout,overflow);
    input[7:0] data,datab;
    input,cin;
    output[7:0] result;
    output cout,overflow;
endmodule
( * synthesis, black_box * )
( *                            //以下为非标准的综合属性
LPM_WIDTH = 8, LPM_DIRECTION = "ADD",
ONE_INPUT_IS_CONSTANT = "NO",
LPM_HINT = "SPEED",
LPM_TYPE = "LPM_ADD_SUB" * )
module add2 (input[7:0] data,input[7:0] datab,input cin,output[7:0]result,
             output cout,output overflow);
endmodule
```

9）combinational 属性

此属性作用于 always 块或者作用于模块，实际上是作用于其包含的所有 always 块。此属性表明从 always 块中生成的只能是组合逻辑，否则发生错误。例如：

```
( * synthesis, combinational * )
always @( * )
    if(reset)
        q = 0;
    else
        q = d;
```

10) implementation 属性

此属性只作用于操作符。value 并没有在标准中定义,可由工具厂商定义。例如:

```
assign x = a + ( * synthesis, implementation = "ripple" * )b;
```

11) keep 属性

此属性可作用于 net、reg 型变量或模块实例。当此属性作用于实例或模块时,它们被保护起来,不允许删除和复制,即使它们的输出端口没有连接。它们的内部也不允许优化。类似地,带有 keep 属性的 net、reg 也被保护。

如果一个 reg 同时具有 keep 属性和 fsm_state 属性,则 fam_state 属性被忽略。

例如:

```
( * synthesis, keep * ) wire[2:0] opcode;
( * synthesis, keep * ) add2 a1(.dataa(da),.datab(db),.cin(carry),.result( ),.cout( ),
.overflow(nextstage));
( * synthesis, keep * ) reg[3:0] count_state;
( * synthesis, keep * ) wire[7:0] outa;          //keep 默认为 1
( * synthesis, keep * ) reg[7:0]b;
( * synthesis, keep * ) my_design my_design1(out1,in1,clkin);
                                       //保护此实例,它不能被优化
( * synthesis, keep * ) my_design my_design2(out,in,clkin);
                                       //此实例可以被优化
( * synthesis, keep * )
module count (reset,clk,counter,flag)
...
always @ (posedge clk)
   begin
     if(reset)
        begin
          counter < = 0;
          flag < = FALSE;
        end
     else
        begin
          counter < = counter + 1;
        flag < = counter > 10?TRUE:FALSE;
      end
  end
endmodule
```

12) label 属性

任何可以使用属性的对象都可以使用此属性添加一个标识名。例如:

```
( * synthesis, label = "incrementor1" * ) counter = counter + 1;
   a = b * ( * synthesis, label = "mult1" * )c * ( * synthesis, label = " mult2" * )d;
```

13) op_sharing 属性

此属性应用于模块,可使运算符在模块内共享使用。例如:

```
( * synthesis, op_sharing = 1 * )
```

```
module ALU( input[3:0]a,b, input[1:0]op_code,output[3:0] alu_out)
    always @ ( * )
        case(op_code)
            ADD:        alu_out = a + b;
            SUB:        alu_out = a − b;
            GT:         alu_out = a > b;
            default :   alu_out = 4'bz;
        endcase
    endmodule
```

14) sync_set_reset 属性

此属性作用于包含边沿敏感存储器的 always 块。也可作用于模块,实际上是作用于模块中的所有 always 块。此属性使 set/reset 逻辑直接作用于边沿敏感存储器 set/reset 端口。

当省略信号名时,set/reset 逻辑直接作用于存储器的 set/reset 端口。当指定了信号名时,只有指定的信号才直接和存储器的 set/reset 端口相连,其他的信号通过存储器的数据输入端与其相连。例如:

```
( * synthesis, sync_set_reset * )
always @ (posedge clk)
    if(rst)
        q < = 0;
    else if (set)
        q < = 1;
    else
        q < = d;
```

15) probe_port 属性

此属性应用于 net 或 reg 型变量。带有此属性的 net 或 reg 可用于检测,并且使其类似于其所在模块的输出端口,称之为检测端口。如果这个模块在其他模块中被实例化,那么对于实例将创建一个新的检测端口。

若带有此属性的 net 或 reg 被优化,那么就不能映射到检测端口上,因此还需要一个 keep 属性。

检测端口的名称并没有在 Verilog-2002 标准中规定,可由综合工具决定。例如:

```
( * synthesis, probe_port * ) reg[3:0] current_state;
( * synthesis, probe_port * ) wire q0,q1,q2;
```

3. 编程语言接口

编程语言接口包括 3 个 C 语言功能库,分别是 ACC、TF 和 VPI。Verilog-2001 标准清理和更正了旧的 ACC 和 TF 库中的许多定义,但并没有增加任何新的功能。Verilog-2001 对编程语言接口的所有改进都体现在 VPI 库中,增加了 6 个 VPI 子程序:vpi_control()、vpi_get_data()、vpi_get_userdata()、vpi_put_data()、vpi_put_userdata()和 vpi_flush(),为用户提供了更大的便利。这 6 个函数的功能如下:

- vpi_control()的作用是传递用户给仿真器的指令。
- vpi_get_data()和 vpi_put_data()相对应,从一次执行的 save/restart 位置获取数据。

语法格式为

```
vpi_get_data(id,dataLoc,numOFBytes)
```

- vpi_get_userdata()和 vpi_put_userdata()相对应,从系统任务或系统函数实例的存储位置读取用户数据。语法格式为

```
vpi_get_userdata(obj)
```

- vpi_put_data()的作用是将数据放到一次仿真 save/restart 位置。其语法格式为

```
vpi_put_data()(id,dataLoc,numOFBytes)
```

其中,numOFBytes 是个正整数,以字节为单位指定要放置的数据的数目。dataLoc 代表数据所在的位置。id 代表 vpi_get(vpiSaveRestartID, NULL)返回的 save/restart ID。函数的返回值是数据的字节数,若出错则返回 0。

- vpi_put_userdata()将用户数据放置到系统任务/函数实例的存储位置。其语法格式为

```
vpi_put_userdata(obj,userdata)
```

其中,obj 是指向系统任务或系统函数的句柄,userdata 代表要和系统任务或系统函数相关连的用户数据。函数的返回值为 1,出错时返回值为 0。

- vpi_flush()的作用是将仿真器输出缓冲区和 log 文件输出缓冲区清空。

参 考 文 献

[1] 潘松,陈龙.EDA 技术与 Verilog HDL[M].2 版.北京：清华大学出版社,2013.
[2] 褚振勇.FPGA 设计及应用[M].3 版.西安：西安电子科技大学出版社,2012.